“十三五”国家重点出版物出版规划项目
现代机械工程系列精品教材
普通高等教育3D版机械类规划教材

机械工程实习（3D版）

张进生　王　飞　孙　芹　李　玲　陈清奎　编著

机械工业出版社

本书围绕在实习过程中学生能力与素质的培养工作，选取了机械制造业的典型产品——机床和内燃机作为代表，着重分析了车床和柴油机的装配工艺特点，介绍了数控机床的机械结构以及车削加工、铣削加工。以车床和柴油机的主要零件——主轴、主轴箱、丝杠、齿轮、活塞、连杆、机体和气缸盖为例，系统分析了典型零件的加工工艺过程及其工装，同时将先进制造技术的内容融于其中，实例内容均取自生产实际。书中工艺管理方面的内容可进一步拓展学生的知识面。为了配合实习指导，本书第1章重点论述了实习纲要、指导、考核等内容。

本书配套了利用虚拟现实（VR）技术、增强现实（AR）技术等开发的3D虚拟仿真教学资源。

本书可作为机械类专业学生生产实习或毕业实习的教材，也可作为机械工程技术人员的参考资料和技术培训教材。

图书在版编目（CIP）数据

机械工程实习：3D版/张进生等编著. —北京：机械工业出版社，2019.3

“十三五”国家重点出版物出版规划项目　现代机械工程系列精品教材　普通高等教育3D版机械类规划教材

ISBN 978-7-111-62019-8

Ⅰ.①机…　Ⅱ.①张…　Ⅲ.①机械工程-实习-高等学校-教材　Ⅳ.①TH-45

中国版本图书馆CIP数据核字（2019）第029211号

机械工业出版社（北京市百万庄大街22号　邮政编码100037）
策划编辑：蔡开颖　责任编辑：蔡开颖　朱琳琳　任正一
责任校对：陈　越　封面设计：张　静
责任印制：孙　炜
保定市中画美凯印刷有限公司印刷
2020年1月第1版第1次印刷
184mm×260mm · 14.5印张 · 357千字
标准书号：ISBN 978-7-111-62019-8
定价：38.00元

电话服务	网络服务
客服电话：010-88361066	机　工　官　网：www.cmpbook.com
010-88379833	机　工　官　博：weibo.com/cmp1952
010-68326294	金　　书　　网：www.golden-book.com
封底无防伪标均为盗版	机工教育服务网：www.cmpedu.com

普通高等教育3D版机械类规划教材
编审委员会

序

虚拟现实（VR）技术是计算机图形学和人机交互技术的发展成果，具有沉浸感（Immersion）、交互性（Interaction）、构想性（Imagination）等特征，能够使用户在虚拟环境中感受并融入真实、人机和谐的场景，便捷地实现人机交互操作，并能从虚拟环境中得到丰富、自然的反馈信息。在特定应用领域中，VR 技术不仅可满足用户应用的需要，若赋予丰富的想象力，还能够使人们获取新的知识，促进感性和理性认识的升华，从而深化概念，萌发新的创意。

机械工程教育与 VR 技术的结合，为机械工程学科的教与学带来显著变革：通过虚拟仿真的知识传达方式实现更有效的知识认知与理解。基于 VR 的教学方法，以三维可视化的方式传达知识，表达方式更富有感染力和表现力。VR 技术使抽象、模糊变得具体、直观，将单调乏味变得丰富多变、极富趣味，令常规不可观察变为近在眼前、触手可及。通过虚拟仿真的实践方式实现知识的呈现与应用。虚拟实验与实践让学习者在创设的虚拟环境中，通过与虚拟对象的主动交互，亲身经历与感受机器拆解、装配、驱动与操控等，获得现实般的实践体验，增加学习者的直接经验，辅助将知识转化为能力。

教育部编制的《教育信息化十年发展规划（2011—2020 年）》（以下简称《规划》），提出了建设数字化技能教室、仿真实训室、虚拟仿真实训教学软件、数字教育教学资源库和 20000 门优质网络课程及其资源，遴选和开发 1500 套虚拟仿真实训实验系统，建立数字教育资源共建共享机制。按照《规划》的指导思想，教育部启动了包括国家级虚拟仿真实验教学中心在内的若干建设工程，力推虚拟仿真教学资源的规划、建设与应用。近年来，很多学校陆续采用虚拟现实技术建设了各种学科专业的数字化虚拟仿真教学资源，并投入应用，取得了很好的教学效果。

“普通高等教育 3D 版机械类规划教材”是由山东高校机械工程教学协作组组织驻鲁高等学校教师编写的，充分体现了“三维可视化及互动学习”的特点，将难于学习的知识点以 3D 教学资源的形式进行介绍，其配套的虚拟仿真教学资源由济南科明数码技术股份有限公司开发完成，并建设了“科明 365”在线教育云平台（www.keming365.com），提供了适合课堂教学的“单机版”、适合集中上机学习的“局域网络版”、适合学生自主学习的“手机版”，构建了“没有围墙的大学”“不限时间、不限地点、自主学习”的学习资源。

古人云，天下之事，闻者不如见者知之为详，见者不如居者知之为尽。

该系列教材的陆续出版，为机械工程教育创造了理论与实践有机结合的条件，很好地解决了普遍存在的实践教学条件难以满足卓越工程师教育需要的问题。这将有利于培养制造强国战略需要的卓越工程师，助推中国制造 2025 战略的实施。

张进生

于济南

前言

本书是山东高校机械工程教学协作组组织编写的“普通高等教育3D版机械类规划教材”之一。

随着中国制造2025战略的实施，制造强国建设对应届大学生的实践能力的要求越来越高。生产实习和毕业实习是大学生在校期间实践能力培养的主要教学环节。

长期以来，机械工程专业学生的生产实习主要在机床和内燃机等生产企业进行，为搞好机械工程专业学生的生产实习，许多学校以机械工业具有代表性的机床和内燃机生产企业为主建立起了稳定的生产实习基地，厂校合作，经过多年的教学实践，逐步形成了一套完整有效的生产实习体系和具体措施。

生产实习是工科院校的重要实践教学环节，是课堂教学的必要前提，同时，也为学生学习后续课程及以后从事机械工程方面的工作打下良好的实践基础。

随着企业生产过程中自动化、智能化技术与装备应用的普及，许多加工设备的运行状态和工艺流程在现场难以看到，再者，由于企业生产繁忙，学生在实习现场动手的机会越来越少，而专业课的教学内容又要求学生通过实习具备感性知识和验证、补充、巩固所学知识，这成为当前生产实习迫切需要解决的关键问题。针对上述矛盾，我们组织有关人员结合多年实习教学经验和积累的丰富资料编写了这本《机械工程实习》，以期使学生能更全面快捷地掌握实习内容，取得更好的实习效果。同时也为学有余力的同学深入钻研指出了思路和方法，使学生对生产状况、工装构造、工艺规程等有一个更加形象、直观和系统的了解。

本书的突出特点是按照生产实习大纲的要求，结合工厂生产实际，目的明确，内容翔实，既有机床和内燃机的基本知识，又包括了装配和典型零件加工工艺的有关内容，以及引导学生深入思考的问题，同时简要介绍了先进制造技术的知识。力求通过本书，使学生了解作为机械工程技术人员应具备的素质和应掌握的知识及工作特点。本书以应用为主，为避免重复，对于学生在理论课中已学过的和即将学习的内容，力求精练，并着重于理论在实践中的应用与结合，以达到丰富实践知识的目的。

全书内容叙述具体，说理清楚，深浅适度，便于自学。学生进厂，人手一册，通过现场对照，边看边学，再辅以教师的指导，则可逐步深入，既能巩固课堂所学基本理论，又能培养学生分析解决实际问题的能力，必将大大提高生产实习的质量。

为了更好地提高学习效果，本书的编写充分利用VR、AR等技术开发的虚拟仿真教学资源，体现“三维可视化及互动学习”的特点，将难于学习的知识点以3D教学资源的形式进行介绍，力图达到“教师易教、学生易学”的目的。本书配有手机版的3D虚拟仿真教学资源，扫描封底右上角的二维码可下载本书的APP，图中标有图标的表示免费使用，标有

图标的表示收费使用。本书提供免费的教学课件，欢迎选用本书的教师登录机工教育服务网（www. cmpedu. com）下载。济南科明数码技术股份有限公司还开发有单机版、局域网版、互联网版的3D虚拟仿真教学资源，本书配套的部分免费资源可至 www. keming365. com 下载使用。

本书编者均为熟悉学生实习要求和具有指导经验的教师和工程技术人员。由张进生负责组稿，编写分工为：第1章张进生，第2章张进生、李玲、陈清奎，第3章孙芹、王飞，第4章张进生、孙芹、王飞、李玲、陈清奎，第5章张进生、李玲，第6章王飞、孙芹、陈清奎，附录张进生。本书配套的3D虚拟仿真教学资源由济南科明数码技术股份有限公司开发完成，并负责网上在线教学资源的维护、运营等工作，主要开发人员包括陈清奎、陈万顺、刘海、许继波、邵辉笙等。

在拟定编写内容时，山东大学机械工程学院的有关教师对本书内容做了细致的审定，有关企业的领导和技术人员给予了大力协助，在此深表谢意。

由于我们水平有限，不当之处望读者指正。

编　者

目录

第1章

概　述

1.1　实习概论

实习是工科教学中重要的实践性教学环节之一。它对学生理解、巩固、深化、应用所学理论，分析问题和解决问题能力的培养，工程观念、劳动观点和群众观点的树立，以及对生产知识、管理知识的获得等都起着重要的作用。通过实习，使学生增强对生产工程的感性认识，缩小从学生到工程技术人员的差距。

纵观工科学生在校期间的各个实践环节：金工实习是学生学完部分基础理论课后，使学生对机械制造各种方法有一个初步了解，为后续课程的学习做好准备；毕业实习是学生针对毕业设计课题有目的地去搜集有关设计参考资料，尽管具有基本实习要求，但实习目的有所侧重，再加之毕业实习时间短、任务重，这自然限制了毕业实习的广度。

生产实习成为学生在大学阶段的学习中全面了解企业生产过程的重要实践环节，这就给生产实习提出了明确的目的和要求。

生产实习不仅仅是为了学习后续的专业课和巩固已学过的知识而进行的教学环节，而且还应使学生通过生产实习了解整个企业的生产组织结构、生产流程、车间布置、厂区规划以及企业物流和信息流状况，使学生了解作为一个工程技术人员所面临的具体工作，作为一个即将走向工作岗位的工科大学生应如何做好思想和业务准备等。这些都需要通过生产实习来全面培养，以提高其独立工作能力和主动适应社会的素质。

通过社会调查，也充分说明了后者的重要性，企业也急切地要求毕业生具备上述能力。

针对上述情况，生产实习的安排、组织、场所选择、指导、考核等方面应形成一套较为完整的工作体系。

1. 明确实习目的、要求、内容

1）使学生验证、加深、巩固和扩大已学过的专业基础理论和部分专业知识，了解和掌握本专业的生产实际知识，为后期的专业理论课程的教学打下基础，提高学习效果。

2）培养学生理论联系实际，在生产实际中观察、调查、研究生产过程，善于运用所学知识分析生产中技术问题的方法和能力，提高独立工作能力。

3）了解工厂组织、管理、车间与有关职能部门的关系，使学生对工厂的组织结构、管理及其物流和信息流状况有一个较全面的初步认识。

4）虚心向工人师傅和工程技术人员学习，使学生了解作为一名工程技术人员的工作特

点和应具备的素质，增强学生热爱劳动、热爱自己专业的兴趣，以适应社会主义市场经济建设的需求。

5）考察先进制造技术在实际生产中的应用情况，掌握本专业的发展动态。

6）认识制造业信息化、数字化、智能化发展的重要性和必要性。

2. 校企合作，建立稳定的生产实习基地

实习场所除保证教学要求和能力的培养外，还要有助于学生视野的开阔。因此实习基地应是：①本行业代表国家水平的大型骨干企业，以便使学生看到正规的生产组织、管理模式，了解本行业的生产特点和发展水平；②技术力量雄厚，热心参与指导；③便于组织，节约经费。

通过建立稳定的实习基地，避免每次组织生产实习都要为实习地点和实习内容而发愁的情况。随着基地的建立，相应的实习内容也基本固定了，为校企合作培养学生打下了基础。这样不仅使工厂技术人员参与指导学生实习成为可能，而且也为教师指导实习创造了良好的条件，经过长期合作，教师熟悉工厂的生产情况，工厂技术人员了解教学要求。遇到问题时，互相商量，共同解决，相互受益，经过几年的共同努力，实习基地也得到日益巩固、完善。

3. 固定负责人员，落实组织，巩固、加强实习效果

为了便于巩固学生生产实习的改革成果，并不断完善、扩大，应固定一名有一定经验和责任心强的教师负责组织生产实习工作，其职责是：①与工厂联系、协商有关事宜；②落实实习内容，安排、帮助、督促其他教师做好实习准备；③制订实习计划；④检查、了解学生实习情况、总结实习经验；⑤修订生产实习大纲。

4. 完善指导方法、提高实习效果、加强学生工作能力的培养

生产实习的指导，直接影响实习效果和学生能力的培养，在学生进厂之前，指导教师应针对实习场所和要求写出详细的实习指导计划、指导方法、内容和启发学生思考、深入实习的思考题。另外，针对近几年指导实习的年轻教师较多的情况，在教师准备期间，最好组织曾多次带过生产实习的中、老年教师，发扬传、帮、带的优良传统，使其尽快成长、成熟。

在具体指导中，根据实际情况，应着重抓好以下几方面的工作：

（1）做好实习动员，解决好实习教学中的心理学问题　实习是工科类专业的重要实践性教学环节，指导教师应该从对学生心理活动发生、发展规律的研究入手，调节、控制实习过程中学生的心理状态，使实习发挥最佳作用。

1）端正学生实习的动机，培养学生实习的兴趣。学生实习的动机和兴趣是多种多样的、复杂的，所以要培养和激发良好的实习动机和兴趣，有效地调节学生在实习中的心理状态，指导教师应做好以下具体工作：

① 结合实习目的和意义的教育，培养学生树立良好的实习动机和兴趣。使学生认识到，实习是理论联系实际的重要环节和对工科学生的重要性，从而调动学生实习的主观能动性。在布置实习任务的同时，向学生宣讲实习大纲和实习计划，使学生明确实习的具体要求和考核方式。实习考核除平时考核与审阅实习报告外，还采用笔试、现场提问等方式，使学生在实习中能够“有的放矢”，从而引起学生对实习的直接兴趣。

② 在实习中激发学生的学习热情。经过实习目的和意义的教育后，学生的积极性都很高，注意力也集中，认真做好笔记。但是经过了几天实习后，便觉得“就那么回事”，认为

没什么可看的了，这是学生尚未入门的表现。这时将工艺、设备等专业预备知识提前交代给学生是引导学生入门的有效途径。这样可以循序渐进地引导学生进入角色，产生进一步求知的需要，激发深入实习的动机。

按实习阶段组织讨论会也是激发学生学习兴趣行之有效的办法。实习前期讨论会采取学生提问题、大家讨论、教师最后解答的方法，着重培养学生发现问题的能力；随着实习的深入，则由老师提问题、学生解答，着重提高学生解决问题的能力。学生在实习过程中发现的问题，如果在指导教师启发下，由他自己找到答案，则他解答的问题越多、越复杂，他的积极性就越高，兴趣也就更浓。当学生在实习中为解决、理解某些问题而深入下去时，他们的实习动机就更强烈、兴趣就更浓厚了。

③ 充分运用信息反馈法。在实习过程中，对学生平时的实习情况以及讨论会和阶段实习报告的情况，及时评价与反馈，即对每个学生在实习中的点滴进步给予表扬、肯定和鼓励，对不足的地方明确指出。这样可以使学生看到进步，激起学生深入实习的兴趣；同时又看到不足，通过教师的帮助和学生的自我调节，引起强烈的求知欲，改进学习活动。

2）提高学生对实习内容的注意力。教师要善于在教学过程中培养学生的注意力，这是使教学取得良好效果的重要保证。在实习刚开始时，因为学生有新鲜感而使注意力自然而然地集中。但是随着实习时间的延续，而实习的内容有时也是比较枯燥的，学生就容易产生不应有的分心现象。

对于教师来说，要掌握学生的年龄特点和心理特征，注意引导学生完成实习任务，培养学生迎难而上、勇于探索的意志品质，以丰富多样的实习内容和教学方法来引起学生的注意。实习中，可开展以下工作：

① 把实习思考题交给学生，让他们到生产现场找答案。

② 请技术人员做专题报告，请工人师傅进行现场讲解。这种生动、直观的教学形式，会收到课堂教学难以达到的效果。

③ 在学生对实习现场熟悉后，让他们查阅现场生产的设备图样、工艺资料等技术文件，使他们结合现场情况找到问题的答案。

④ 让学生调查某一零件、某道工序的工艺装备情况和检验方法，以及夹具和量具的设计、使用过程，使学生对实习内容既全面了解，又重点深入。

（2）抓好实习工作的“三要素”

1）充实实习内容。根据实际情况，把实习内容分为两大部分：一部分是深度部分（基本部分）。此部分的内容基本上是学生在学校已学过的，实习中应以应用为主，在实习中进一步深入掌握，做到能够站在工程技术人员的立场上，对生产中的问题进行分析、解释，并对一些不合理的问题，运用已学过的知识去解决，提出改进方案，做到理论联系实际。此部分内容，着重在于培养学生独立思考和处理、解决问题的工作能力。

另一部分是广度部分，此部分内容是学生在学校接触较少或尚未接触的，但在实际工作中必然会遇到的问题，可通过参观、听报告的形式使学生对机械工业发展的新技术、新工艺等有所了解，同时也开阔了学生的思路和视野。

2）全面考核。考核是对学生在整个实习阶段的表现和工作质量的全面评价，也是调动学生实习积极性的一个措施。例如，将考核分三个方面进行：①工作态度和组织纪律占总成绩的20%；②实习日记和实习报告占40%；③书面考试占40%，另外对在个别方面有突出

表现者，也做适当调整。这样，对学生在整个实习中的表现和能力进行全面考核，也是督促学生认真实习的一个必不可少的措施和手段。

3）解决好实习中常出现的问题。学生实习是在一个新的环境中进行的，容易疲劳，常出现一些违纪和消极现象，对于这些问题，可采取如下措施予以解决：①实习前，做好充分的动员和思想工作，反复说明此次实习的目的、意义、组织纪律和注意事项，介绍将去单位的基本情况，列举以往实习中出现的问题等，使学生在思想上有充分的准备和警惕。②在实习过程中，与实习单位紧密合作，及时调整工作进程和工作量，使整个过程尽量做到张弛有度。③组织好学生的业余活动，如在实习期间利用午休时间与车间工会和团组织开展文艺联欢、体育比赛等，这样既活跃了气氛，又密切了关系，为以后的工作打下良好的基础。

（3）调整理论课程教学与生产实习的关系，促进理论与实践的结合　为了加强生产实习效果，可先讲实习中用到的一些理论知识，然后再去实习，这样便于学生在实习中应用理论知识去分析实际问题，加强实习效果，同时也为后续课程的学习打下良好的基础。

（4）教师定点指导　为了便于教师熟悉生产现场的情况，指导教师采用定点指导方式。这样，便于教师熟悉生产现场的情况，集中精力和时间，对所在地点及有关实习内容全面深入考虑、安排，教师准备更加充分，以提高实习指导效果。

（5）改革指导方法，强化能力培养　提高学生的工作能力，是整个实习过程的一条主线。

1）适时引导、启发，培养学生的观察、分析能力。在实习中，面向生产实际使学生勤于动脑，以自己为主，教师适当启发、引导，进行实习，把学生的积极性、能动性充分发挥出来，善于观察问题、发现问题、思考问题、解决问题，培养其观察力和思考能力。

2）开展讨论、辩论，锻炼学生的表达能力。当实习进行到一定程度时，及时引导学生进行讨论，使每个学生都能将看到、想到的问题或是受启发最大的问题讲出来，学生在讨论中，集思广益，互相启发、补充、拓宽、充实实习内容，使实习不断深化。另外，为了使学生能将自己的观点充分表达出来，鼓励其开展辩论，教师再适时地启发、引导，使学生加深对有关问题的理解。另外，还可以“假若我是车间技术员、车间主任”为题来开展讨论，使学生畅所欲言，学生的表达能力在无形中得到培养、锻炼。

3）自己动手，开展“五小”活动，培养学生的动手能力和创造力。在实习过程中，要求学生针对生产现场某些不尽合理之处，利用学过的知识，开展小改造、小革新等“五小”活动，并在适当时候进行讲评，及时鼓励。希望学生将其整理在实习报告中，以此来培养学生的动手能力和创造力。

4）培养其自学能力。针对生产现场，提出问题，请学生去寻找、查阅有关资料、图书做出答案，培养其自学能力。

5）培养学生的自制能力和适应能力。实习期间，事先按实习场所，在学生中建立起各级组织，明确负责人、职责和纪律，实行学生自己管理自己的制度，从入厂联系到离厂辞行，以及借阅有关资料，都要求学生自己做，并鼓励他们主动去向工人师傅请教，以培养其自制能力和对新环境的适应能力。

6）注意培养学生的互助思想和劳动观念。实习期间，要求学生之间互相帮助、互相学习，并尽量给工厂、工人师傅提供帮助，以融洽关系创造良好的实习环境，同时也培养了学生的互助思想和劳动观念。

7）认真抓好实习日记、实习报告的撰写，培养学生的归纳、分析能力。

（6）注意生产实习与课程设计的连续性　生产实习与课程设计是不可分割的两个教学环节。为了保证学生在课程设计过程中能够顺利进行，以及将在生产实习中所学到的知识应用到课程设计中，在指导生产实习时，有意提示学生，使其注意课程设计方面的资料的搜集和学习。这样不仅为课程设计做好了准备，同时也丰富了生产实习的内容。

（7）加强实习过程的思想教育工作，培养合格人才　生产实习是理论联系实际的综合性教学过程，也是对学生进行思想政治教育和道德品质教育的重要教学环节。入厂后，一方面可请厂领导做企业创业、发展史报告，另一方面，请在工作中做出突出成绩的工程技术人员介绍工作经验等。实践证明，在实习中做好思想教育和引导工作，效果非常好，不仅促进了学生思想感情的转变，而且树立起了正确的专业思想，激发了学习业务知识的积极性。

（8）及时总结，发扬成绩　生产实习结束后，应召集全体学生开座谈会，指导教师根据座谈的情况及时补充、引导、总结，使学生将实习内容深化、升华。通过谈收获、谈体会、谈感想，使学生从思想上、业务知识等方面的收获得以巩固、提高，达到预期的目的。

1.2　生产实习纲要

1. 生产实习的目的

生产实习是专业教学的一个重要的实践性教学环节。其目的是：

1）使学生巩固、印证、加深、扩大已学过的基础理论和部分专业知识，并且通过实习，使学生了解和掌握本专业基本的生产实际知识，为后继专业课程的学习打下良好的基础。

2）培养学生理论联系实际，在生产实际中调查研究，发现问题，并善于运用所学的知识分析、解决实际生产技术问题的能力。

3）了解工厂的组织情况、管理方法及车间与有关科室的关系，使学生对工厂的组织管理机构有一个初步的认识。

4）虚心向工人师傅学习，向工程技术人员学习，使学生了解作为一名工程技术人员的工作特点，增强学生热爱劳动、热爱自己专业的兴趣，以适应社会主义市场经济建设的需求。

5）了解本专业的科技发展动态，考察先进制造技术在实际生产中的应用情况。

2. 生产实习的内容和要求

为了达到上述目的，在实习过程中，学生应了解机械产品的结构及其装配工艺过程、典型机械零件的机械加工工艺过程及所用的工装、设备，以及工厂的生产组织和管理情况。具体内容和要求如下：

1）分析机械产品的结构和典型部件的装配工艺过程。

① 了解机械产品的构造、工作原理和使用性能。

② 阅读并研究有关产品装配图，深入了解其中一个典型部件的构造和用途，分析装配技术要求，了解其装配工艺性。

③ 了解该部件的装配工艺过程，并注意装配线的组织形式。

④ 研究保证装配技术要求的措施和达到装配精度要求的方法及其所使用的装配工艺

装备。

⑤ 研究零件加工精度对部件装配的影响以及对总装工作的影响。

2）分析典型机械零件的结构和机械加工工艺过程。根据所实习工厂的情况，选择 2~3 个典型零件作为主要实习对象，进行深入实习，并且选择其他类型的两种零件做一般了解。

① 阅读并研究主要实习零件的图样，了解其结构和用途，技术要求，从而了解零件的结构工艺性与技术要求制定的合理性。

② 熟悉主要实习零件的毛坯制造方法、余量的大小，以及毛坯的技术要求。

③ 深入分析上述零件的机械加工工艺过程，观察各工序的加工方法，画出主要工序的草图，分析基准的选择，加工阶段的划分，加工顺序的安排。

④ 了解工序间的余量，以及各工序尺寸、公差的确定，了解现场切削用量的选用情况，并与手册中的推荐值进行对比、分析。

⑤ 调查车间工时定额的计算方法，实测几道工序的工时，与计算或查表所得的结果对比，确定折合系数。

⑥ 分析现场几个典型夹具及辅具的结构，弄清工件的定位、夹紧方法，机床的性能特点和典型机构、有关尺寸的调整方法，刀具的结构特点和几何参数。

⑦ 了解零件主要技术要求的检验方法和所使用的量具，分析影响检验精度的因素。

⑧ 观察零件的加工质量，找出影响加工精度的因素和保证加工精度的措施，以及提高生产率和经济效益的途径。

3）了解零件热处理工序的安排及其作用，热处理的工艺方法及设备，热处理对零件精度的影响及减少热处理变形的方法。

4）机械加工车间及装配车间的生产组织和管理情况。

5）刀具、夹具、量具的制造工艺过程及其特点，注意工具车间的设备（如特种设备、精密设备等）和特点。

3. 生产实习的方式

（1）听取报告

1）在实习开始时，请工厂有关人员向学生做全厂情况及安全保密教育的报告，使学生了解工厂的任务、组成、生产和技术管理系统，以及发展情况，懂得生产中的安全知识和工厂的规章制度。

2）在实习期间，结合深入实习的典型零件，由工厂技术人员或指导教师向学生做技术性专题报告，使学生掌握下列内容，使实习深化。

① 工厂产品的功用、构造、性能及其发展。

② 工厂机械加工工艺的编制方法及工（夹）具、专机设计制造经验。

③ 新工艺、新工具、新技术的采用。

④ 生产组织及管理方面的经验及问题。

（2）车间实习　学生在车间实习是生产实习的主要方式。实习的车间主要是机械加工车间和装配车间。学生要按照实习计划进行实习，通过观察分析，向车间工人师傅和技术人员请教，完成规定的实习任务。

（3）参观　在实习开始时安排全厂参观，以了解全厂概貌。在实习期间组织学生到其他有关厂家进行专业性参观，学习先进的工艺方法，先进的工装设备等，以补充实习中的不足和扩大学生的知识面。

(4) 实习日记 在实习中，学生应将每天的工作，观察和研究的结果，收集的资料，所听报告的内容随时记录在实习日记中。实习日记是学生编写实习报告的主要资料依据，也是检查学生实习情况的一个方面。

(5) 实习报告 学生在实习完成后，要将个人的实习收获，参阅有关专业书籍按撰写要求写出实习报告。实习报告应理论联系实际，分析问题应条理清楚，论据充分。

实习报告的内容包括：

1) 所实习机械产品或产品部件、组件的装配工艺规程的制定。

2) 所实习典型零件的机械加工工艺规程的制定。

3) 生产中所使用的夹具、量具、刀具、辅具的分析。

4) 生产中某个技术问题或难题的分析及解决办法或思路。

5) 对实习工厂的生产管理、工厂布置等的看法及改进意见；提出提高加工质量和生产效率，改善工人工作环境和条件等的设想和建议。

6) 专题报告或专题分析内容。

7) 实习的收获和体会或总结。

8) 参考资料。

实习报告应从实习开始后就按实习有重点地进行撰写。其质量是评定学生成绩的重要方面。

(6) 自学 为了深入进行车间实习和完成实习报告，在实习过程中，学生应结合实习内容预习和复习实习教程，自学由教师指定的有关参考资料。

4. 生产实习的指导和检查

生产实习由工厂指导人员和学校教师共同组织、指导，并由双方进行检查。

学生应当按照实习纲要和实习计划的要求，在规定的地点进行实习，学生在实习前要预习实习纲要。在实习过程中，要求学生主动、积极地按照实习提纲的要求，观察、分析问题，虚心向工人师傅和技术人员请教，对疑难问题与指导教师或现场人员进行带有主见的技术性讨论和研究，并将所见所闻的重要问题随时记录下来，整理在实习报告中，对于结构方面的问题进行讨论时，应以必要的简图加以描述。

学生在实习中，要服从领导，遵守工厂纪律和制度，保守国家机密，参加必要的劳动。

指导教师的作用是：及时检查学生的实习情况，了解和解决实习中的问题，引导、启发学生深入理解实习中遇到的技术问题，并且注意避免把生产实习当成“现场教学”的倾向，掌握实习进度，检查实习质量、实习日记和实习报告，在生产实习中贯彻改革的思想，以改革的精神组织好生产实习。

5. 实习考核

实习结束前，教师应对每个学生进行考核，可以以口试或笔试的形式进行。

学生生产实习成绩的评定，应根据学生在实习期间的学习心得、实习日记、实习报告以及在整个实习过程中的表现，并结合各阶段的考核成绩按五级计分制（即优、良、中、及格和不及格）评定成绩。

6. 生产实习的时间安排和实习地点

根据教学计划，生产实习一般为 3~4 周，具体分配如下：

（1）入厂教育、全厂参观　4%
（2）机械结构及装配工艺实习　16%
（3）典型零件及加工工艺实习　40%
（4）工具与机修实习　4%
（5）铸、锻、焊、热处理等热加工实习　4%
（6）专题报告　8%
（7）有关厂家参观　8%
（8）整理报告、考查　8%
（9）机动　8%

7. 开展向社会、向产业工人和技术人员学习的活动

在完成好生产实习业务内容要求的同时，利用实习现场的各种有利条件，开展向社会、产业工人和工程技术人员学习的活动。在工厂的帮助下，组织各种形式的思想教育活动，请厂领导讲工厂的创业历史，请技术人员讲生产技术改造给企业带来的活力及技术发展前景，请先进人物做报告，请企业领导做企业如何走向市场经济的报告。并结合学生与工人座谈、请老校友谈工作体会等，对学生进行思想教育，鼓励学生做对社会有用的人才。

学生也可在实习空余时间与工厂党团组织开展联谊活动。

1.3　机床生产企业实习指导提纲

1. 概述

（1）目的和要求

1）观察分析车床的装配工艺过程，了解普通车床的结构、组成及各部件的作用，了解机床所确定的检测项目及采用的检测方法。

2）观察主轴箱、溜板箱及刀架的装配工艺过程及采用的装配方法，并进行分析比较。

3）观察各典型零件（主轴箱、床身、主轴、丝杠、齿轮、尾座体等）的加工工艺过程。着重分析其关键工序。注意主要加工精度是怎样保证的。

4）了解上述几个零件的毛坯制造方法及采用的热处理方法。

5）观察了解各种数控车床的组成、功用及设计特点等，对数控车床有一定的了解。观察分析加工中心，了解其组成及各部件的功用。

（2）实习内容　以车床主要零、部件的装配、加工工艺为主要实习内容，并了解有关毛坯的制造方法和特点。

2. 主轴加工

通过对车床主轴零件的实习理解清楚下列问题：

1）主轴的技术条件。

2）主轴毛坯的制造方法，毛坯的材料和热处理。

3）主轴定位基准的选择。

4）主轴的轴颈内外锥面需要经过哪些加工工序？

5）仿形车的切削用量各为多少？生产率如何？所使用的刀具有什么特点？

6）深孔加工的特点，深孔钻床的运动及刀具的结构，切削用量，断屑、排屑和冷却方法。

7）在车床上加工锥面有几种方法？各有什么特点？

8）主轴上的花键采用何种定心方式？加工刀具有什么特点？

9）磨削有什么特点？砂轮具备哪些特性？应如何进行平衡和修整？了解粗磨、半精磨和精磨的切削用量及所能达到的精度和表面粗糙度。

10）外圆磨削有几种形式？比较它们的优缺点。

11）主轴加工中为何使用锥孔定位？为何要修磨中心孔？

12）在加工中，主轴的内外锥面的精度如何检验？

13）主轴加工结束后，要检验哪些精度要求？

14）主轴加工为何以“外表面粗加工—钻深孔—锥孔粗加工—外表面精加工—锥孔精加工”为序？

15）在主轴加工工艺过程中，定位基准是如何转换的？为什么？

16）分析主轴加工工艺过程的合理性。

3. 轴套类工件及光杠、丝杠的加工

在实习中应了解：

（1）外圆表面加工

1）多刀半自动车床的刀具如何布置？前后刀架如何分工？

2）转塔车床的基本运动，刀具的调整，刀架的使用，并分析其适合于加工哪类零件。

3）分析立式车床与卧式车床的异同，它们适合于加工哪类零件？

4）在无心磨床上，工件如何装夹？如何送进？如何引导？磨轮与导轮的作用、材料、转速有何不同？它适合于加工哪类工件？

5）多刀半自动车床、液压仿形车床、数控车床加工复杂轴类工件时，各以何种途径来提高生产率？

（2）螺纹表面加工

1）细长轴类工件加工有什么特点？加工时应采取什么措施？

2）旋风铣的工作原理是什么？其主运动、进给运动以及加工质量和生产率各有何特点？

3）精车丝杠时，对机床、装夹、刀具安装以及切削用量各有何要求？

4）分析比较铣、磨、滚压、旋风铣、丝锥、板牙加工螺纹的工艺特点及使用范围。

4. 齿轮加工

在实习中应了解：

1）齿轮加工的主要工序。

2）齿坯的选择，齿轮的材料及热处理方法。

3）加工齿轮的各类机床所具有的基本运动及其作用。

4）齿轮滚刀、插齿刀和剃齿刀的精度分为几级？各适合于加工几级精度的齿轮？加工表面粗糙度如何？

5）滚齿时，径向进给量如何确定？

6）顺滚齿与逆滚齿各具有什么特点？

7）滚刀对中的原因及对中的方法。

8）滚齿与插齿各具有何种工艺特点？

9）剃齿的原理及应用场合。

10）珩齿的切削过程与剃齿有何不同？

11）珩齿与磨齿相比所具有的优缺点。

12）注意观察生产中常用的齿形精度检测方法。

13）齿形加工方案应根据什么选择？如何选择？

5. 主轴箱加工

（1）阅读零件图及加工工艺卡

1）主轴箱的结构有什么特点？它有哪些技术要求？

2）箱体的平面与平面、平面与孔、孔与孔之间有怎样的位置要求？为何要提出这些要求？

3）箱体主轴孔的精度要求与其他孔的精度要求是否相同？

（2）车间实习

1）观察毛坯的制造质量，毛坯余量的大小，了解其制造方法及所用的材料，了解人工时效的作用及方法。

2）分析主轴箱选用了什么样的粗基准。为什么要这样选？

3）注意观察主轴箱联动镗的组成及加工顺序。分析箱体在夹具上是如何定位的，刀具与刀杆是怎样连接和调整的，动力头的进退是怎样控制的。

4）主轴孔的加工经过了哪几道工序？各道工序的加工余量分别是多少？每道工序的主要目的是什么？

5）观察主轴箱主轴孔的珩磨过程及珩磨头的结构，了解珩磨用量及所能达到的加工质量。

6）纵观主轴箱的加工过程是否体现了先面后孔、先粗后精、先主后次、粗精分开、基准先行的原则？是否遵循了基准重合与基准统一的原则？

（3）其他

1）床身导轨有哪些技术要求？加工时采用哪些工艺措施保证？导轨表面是否需进行热处理？表面粗糙度值是否越小越好？为什么？导轨为什么要求中凸？这一点在加工时是怎样保证的？

2）注意观察尾座体套筒孔的加工过程（主要看精镗与珩磨）。

3）注意观察开合螺母的加工。

6. 装配工艺

（1）总装

1）阅读机床说明书时注意以下几点：

① 机床的哪些部位进行了润滑？采用了怎样的润滑方式？

② 机床设计了哪些调整环节？为什么要设计这些调整环节？

2）阅读装配工艺卡时注意以下几点：

① 装配工艺卡的作用是什么？采用了怎样的格式？涉及了哪些内容？

② 装配工艺卡中对机床规定了哪些检测项目？采用什么样的检测方法和工具？

3）车间实习时应注意以下几点：

① 注意观察装配车间的布置、厂房结构及所用的运输工具。

② 机床由哪几个部件组成？各部件各起什么作用？各部件间的相互位置精度是怎样保证的？主轴箱在床身上是怎样定位的？位置精度怎样保证？变速箱在床身上怎样连接？为什么这样连接？

③ 主轴对床身导轨有哪些位置要求？装配时是怎样达到要求的？主轴径向圆跳动（内锥与外锥）和轴向窜动是怎样检测的？

④ 进给箱的运动是怎样传入溜板箱的？

⑤ 该机床中各主要部件（如主轴与轴承、尾座体与套筒、尾座体与底盘等）分别采用了怎样的装配方法？这些装配方法各有什么特点？

⑥ 车床主轴轴线与尾座顶尖中心线的等高性是怎样测量的，这项精度为什么规定只允许顶尖高？装配过程中是怎样保证其精度的？

⑦ 车床三杠（光杠、丝杠、开关杠）有什么装配精度要求？是怎样测量和达到的？采用了什么装配方法？有什么优缺点？

（2）部装

1）主轴箱。在阅读装配图和车间实习过程中应注意以下几点：

① 主轴箱展开图表达了哪些装配关系？横截面图表达了哪些装配关系？各标注了哪些尺寸？采用了怎样的轴承配合？轴承精度怎样？

② 主轴的轴承精度与其他轴的轴承精度是否相同？主轴本身前后轴承的精度是否相同？主轴的轴向和径向是怎样定位的？轴承间隙是怎样调整的？

③ 观察主轴箱的装配工艺过程，注意组装及部装的顺序。

④ 详细观察主轴部件的组装过程，注意各个件是怎样装上主轴的。主轴轴承与主轴采用什么装配方法？这种方法有什么优缺点？注意观察装配过程。

⑤ 主轴上各部件是怎样轴向定位的？箱体内滑移齿轮是怎样轴向定位的？

⑥ 观察滑移齿轮与固定齿轮的啮合与脱开情况，观察倒角后的齿轮轮齿的形状。注意操纵机构的结构形式。

⑦ 卸荷机构是怎样卸荷的？注意观察交换齿轮机构的工作原理。

⑧ 主轴箱内的各摩擦副是怎样润滑的？主轴箱是怎样密封的？观察密封件的形状。

2）进给箱及溜板箱。

① 注意观察进给箱中各操纵手柄的作用和动作原理，并注意操纵机构的结构形式。

② 观察滑移齿轮与固定齿轮的啮合与脱开情况，观察倒角后齿轮轮齿的形状。

③ 观察溜板箱中如何实现纵、横向机动进给。

④ 对开螺母的作用是什么？如何保证丝杠和光杠不会同时传递动力？

⑤ 溜板箱内的各摩擦副是怎样润滑的？

3）尾座和刀架。

① 注意观察尾座的夹紧机构的动作原理，尾座体与底板的连接形式及尾座偏移量的调整方法。

② 尾座套筒是怎样装入尾座孔内的？采用了怎样的装配方法？

③ 仔细观察刀架的内部结构及转位过程。

1.4 内燃机生产企业实习指导提纲

1. 概述

(1) 目的与要求

1) 阅读现场使用的工艺文件，了解各种工艺文件的形式、内容，以及在机械加工过程中的作用。

2) 通过分析、研究现场机械加工工艺过程，使学生对编制零件机械加工工艺过程时所考虑的问题有一个感性认识。例如，粗、精基准的选择，加工方法、机床设备的选择，工艺路线安排，加工阶段划分，加工余量和切削用量的确定等。

3) 分析某一具体工序或保证某一项具体技术要求所采用的工艺方法，深入研究机械加工过程中的各种因素（如夹具、刀具、机床、操作、基准选择、加工方法、加工顺序等）对不同加工精度（如尺寸精度、几何形状精度和相互位置精度等）的影响。

4) 分析机械加工过程中的热、力等动态因素对加工精度的影响，调查、研究现场工艺，使学生了解在工艺编制时应该怎样采取相应的措施。

5) 阅读2~3张机床设备典型机构部件或夹具结构装配图，培养学生看结构图的能力。

6) 通过了解某一零件加工的全过程，使学生了解车间生产过程的组织、管理，以及工厂、车间、工段技术人员的具体分工和职责，了解本专业技术人员的工作特点。

(2) 实习内容　根据现场生产情况，选择12V190型柴油机的连杆、活塞零件作为主要实习对象，此外，还要重点参观油泵油嘴的加工、曲轴加工、气缸盖和机体加工的若干工序，以补充主要实习零件不能看到的加工方法，并且了解上述种类零件在机械加工方面的特点。

2. 连杆加工

(1) 阅读零件图、装配图及工艺文件

1) 连杆零件在柴油机中起什么作用？分析其结构特点。

2) 了解连杆的工作条件，分析其工作时的受力情况。并由此讨论连杆零件材料的选择，毛坯制造方法以及图样上提出的各项技术要求的合理性。

3) 找出连杆零件的主要加工面，主要技术要求，分清其中哪些是表面本身的精度要求，哪些是表面之间（包括孔及其他表面间距离尺寸）的精度要求。并且考虑加工中应当如何保证这些要求。

4) 本车间所使用的技术管理文件有工序卡片、综合卡片、技术检查卡、协作卡片、毛坯卡片等，了解它们的内容、形式及作用。

5) 从机械加工工艺性方面分析连杆体与连杆盖间的定位方式为何采用齿形式结构，并与其他定位方式（如止口式结构）进行比较。

6) 连杆与活塞销之间的润滑问题是如何解决的？有无其他方式？并分析、比较其优缺点。

7) 根据图样技术要求和零件结构应当如何选择精基准？该厂连杆加工中，精基准为什么采用辅助基准？什么情况下使用辅助基准？

8) 连杆加工中粗基准是如何选择的？有什么优缺点？还有没有其他可行方案？

（2）现场实习中的思考题

1）粗铣一平面。

① 本工序为什么提出对称度要求？如何定位和加工？

② 注意铣削特点（特别是粗铣），在设计铣夹具时要考虑什么问题？并弄清本工序所用夹具的结构和考虑的问题。

2）粗铣另一平面。了解强力电磁吸盘夹紧工件的原理。

3）仿形铣大头内孔。

① 本工序所用仿形铣的工作原理是什么？

② 加工的内孔为什么不是圆的？加工的目的是什么？

4）粗镗大小头孔。

① 组合镗床镗孔时，工件是怎样定位夹紧的？

② 大头孔的非正圆是怎样加工的？

5）套车大头外圆。

① 本工序所用的机床是什么形式的？

② 工件是怎样定位的？

③ 刀具的安装与调整是怎样进行的？

6）铣工艺侧边。本工序的目的是什么？这对工艺有什么好处？

7）打编号。

① 为什么要打编号？（具体内容是年号、月号、顺序号）

② 编号的另一面是以后定位用的工艺侧边，为什么要打两处？

8）粗铣螺栓面、铣开。注意锯片铣刀的安装，在三工位组合铣床上加工时，工件是怎样定位的？

9）精铣结合面，精加工螺栓面及肩部。

① 注意三个工序所用的夹具特点，工件是怎样翻转的？

② 为什么要精磨螺栓面肩部？

10）加工螺栓孔。

① 弄清本工序所使用机床（八工位组合机床）的形式、驱动方法及特点。

② 钻模板起什么作用？刀具与主轴之间采用什么连接方式？为什么？

③ 了解回转工作台的结构、转位、定位的工作原理。

11）钻油孔。

① 深孔加工有什么工艺特点？加工中容易出现什么问题？

② 现场用的两台机床是什么配置形式？

③ 钻孔为什么要钻钻停停，机床每次行程长度，行程的次数是如何控制的？

12）磨齿形。

① 强力齿形磨床采用什么样的磨削方式？

② 砂轮的修整使用什么方法？什么工具？

③ 齿形（位置、牙距、牙高）精度是如何保证的？

④ 如何检验测量？

13）了解工序图和工序卡。了解工序图的内容、工序图中尺寸标注是否完整，工序卡

的具体内容。

14）磨大头两平面（装配后）。

① 大头两平面加工过几次？各安排在加工工艺过程的什么位置？加工的目的是什么？

② 选择平面定位时，前后加工阶段采取不同的方案，为什么？（以前以大小头两平面定位，以后为大头端面定位，小头端面作为辅助支承）

15）精镗大小头孔。

① 夹具的结构与前面粗镗有何不同？为什么？

② 用假销定位（小头孔），辅助支承（小头端面）有何好处？

③ 注意刀具的调整，刀杆的结构。

④ 分析影响加工精度的因素。

⑤ 为什么两孔同时加工？孔距如何保证？

16）珩磨大头孔。

① 了解珩磨头的结构及工作原理。

② 本道工序有什么要求？珩磨从保证尺寸精度方面来说属于什么加工方法？

③ 珩磨头与机床主轴是如何连接的？分析了解珩磨本身能够保证精度的原因。

17）去重。去重的目的是什么？

18）精镗大、小瓦孔。

① 了解金刚镗床镗孔的工艺特点。

② 为什么要有镗瓦孔工序？

③ 这样对产品的维修会产生什么影响？

（3）综合问题

1）根据现有生产规模、具体零件（连杆）的技术要求，分析车间在布局、工段安排、机床设备、加工方法的选择等方面有什么特点。

2）围绕着连杆的孔与孔之间、孔与端面之间的相互位置精度要求，分析各有关工序的要求，使用的机床、夹具的情况，各有关工序间的联系，以及对工件最后加工精度的影响。

3）围绕连杆孔的本身尺寸精度和形状精度要求，分析现场工艺各有关工序的工序尺寸、工序公差的确定，加工方法的选择，工序间余量的分配，切削用量的选择等情况。

4）现场连杆加工工艺的安排中粗、精基准的选择遵循了哪些原则？有无待改进之处？

5）以各种不同的加工表面为线索（如孔、平面、型面等），总结出在现场所见到的各种加工方法所能达到的加工精度，以及使用的机床、刀具的种类及结构形式。

6）以某工序为例说明如下概念：安装、工位、工步、工时定额等。

7）调查车间在质量管理中采用的措施及其效果。

8）根据连杆的结构特点和加工要求，分析在选择精、粗基准时的特点以及对加工的影响。

9）连杆加工工艺过程中工序的先后安排遵循了哪些原则？分析现场连杆加工工艺的合理性。

10）联系连杆加工中各工序所采用的定位方案，加深对定位的理解，弄清楚何谓完全定位？何谓不完全定位？何谓过定位？何谓欠定位？举例加以说明。

11）比较连杆新、旧生产线的特点。

3. 活塞加工（配活塞图）

（1）零件图、工序卡片

1）了解活塞的作用、工作条件及应具备的技术要求。从活塞工作条件出发分析其结构。弄清裙部、各环槽、燃烧室、销孔及止口所起的作用，并分析活塞的加工工艺性。

2）讨论分析活塞的各项技术要求，哪些要求是比较关键的？为什么提出这些要求？

3）区分哪些是表面本身的要求，哪些是表面与表面之间的相互位置要求（包括距离要求）。

4）仔细阅读工序卡片，弄清各工序的加工表面、加工方法、所用工装、设备及工序要求等。

（2）毛坯材料及毛坯制造

1）活塞材料采用铝合金有什么优点？

2）如何选择毛坯的制造方法？根据其生产规模选择更好的、能达到更高精度的毛坯制造方法。

3）现工艺中活塞是采用什么方法铸造的？这种方法有什么特点？

4）了解活塞热处理的方法、要求及其作用。

（3）切削加工工序

1）粗车外圆、顶面及底面。

① 现场为什么以内腔作为粗基准？能否用外圆作为粗基准？

② 分析内腔定位消除自由度的情况。

③ 分析车夹具的定位、夹紧原理。

2）铣内腔。

① 分析工件的定位夹紧原理。

② 观察整个加工过程。圆周进给是如何实现的？回转角度是如何调整的？

③ 分析铣刀结构、铣削方式等。

3）粗锪燃烧室、车底面、止口。

① 分析定位夹紧原理。为什么上扇形压块做成浮动的？扇形压块的尺寸取多少较好？

② 自动定心夹具有什么特点？如不用自动定心而用固定 V 形块定位是否可以？

③ 活塞径向刚性一端好一端差，夹紧力对加工精度会产生什么影响？现场是如何考虑这一问题的？用双 V 形块和双扇形块各有何特点？

④ 工作时，工件的轴线与机床的主轴回转轴线应该是重合的，如不重合，应怎样调整？

⑤ 燃烧室是如何加工的？怎样检查？止口怎样检查？

⑥ 止口加工刀具是如何布置的？刀具的进给方式是怎样的？有无其他的进给方式？

⑦ 所用机床属于何种类型？由几个大部分组成？各部分之间是怎样连接的？如何调整主轴轴线垂直方向的位置？

⑧ 滑台运动的动力是液压的还是机械的？如何调整工进长度？

⑨ 刀盘上滑块是如何实现径向进给的？分析不同的止口加工进给方式在各尺寸的保证方法方面有何不同。

4）钻环槽油孔及销座油孔。

① 分析定位夹紧原理。

② 钻模有什么作用？能否更换？画出钻模的草图。

③ 仔细观察整个工作循环过程。

④ 观察小型动力头的动作循环，它与大型动力头有何区别？

5）车外圆、顶面、切环槽。

① 活塞是如何定位夹紧的？在各个工位是否相同？

② 观察机械手装卸工件的过程，分析机械手有几个自由度。

③ 弄清工件加工循环过程。

④ 切屑是如何排除的？

⑤ 观察液压站的结构、管路布置及管路连接方式等。

⑥ 工序图上有哪些技术要求？本工序需检查哪些？如何检查？

6）镗销孔、切挡圈槽。

① 工件是如何定位的？是如何消除各个自由度的？这道工序为何不以止口定位？

② 工件是如何夹紧的？

③ 挡圈槽是如何加工出来的？

④ 销孔尺寸是如何测量的？用百分表能否测出销孔的具体尺寸？

7）精车燃烧室。

① 燃烧室顶部曲线是如何加工形成的？为什么不用成形车刀？

② 分析车刀的结构、角度。

8）精车顶部外圆、中凸椭圆。

① 分析工件的定位、夹紧方案，从整个加工过程来分析，本工序如此定位夹紧有什么好处？

② 分析其成形原理。

③ 了解该机床的结构特点。

9）精镗销孔。

① 分析定位面消除自由度的情况。与前面的加工比较，在定位上有何区别？为什么？

② 本工序能否提高销孔的位置度？为什么？能否提高销孔与外圆的垂直度？为什么？

③ 分析金刚镗镗孔的工艺特点。

④ 金刚镗对刀具有何要求？如何对刀？对机床有何要求？

⑤ 本工序如采用双头镗削，你有何看法？如产生振动，它有何影响？对精度有无影响？

⑥ 本工序与前面工序镗刀头之间的距离相比较，在布置上有何特点？为什么？还有其他布置方法吗？

⑦ 假设镗出的孔有圆柱度误差，分析可能存在的误差因素。采用静压轴承有何好处？

⑧ 所镗出的孔有无刀痕？现场有无采取消痕措施？分析有哪些消除方法。

（4）整线问题讨论

1）精基准的选择遵循了哪些原则？活塞为什么要以止口作为辅助基准？表面本身的要求与表面之间的相互位置要求（包括距离）在保证方法上有何区别？主要的影响因素分别是什么？

2）什么是加工阶段的划分？为什么要划分加工阶段？活塞加工工序先后安排，遵循了哪些原则？分析活塞加工顺序安排的合理性。

3）什么是工序集中和工序分散？活塞加工哪些表面加工比较集中，哪些比较分散？讨论这样做对生产率、精度的影响。

4）什么是流水线作业？什么是机群式作业？什么是自动线？各有什么特点？各适用于什么场合？

5）车削、铣削、镗削各有何特点？分析总结车夹具、铣夹具、镗夹具的结构特点。

6）你看到的平面、孔加工方法有多少种？各种方法能达到多高的精度和表面粗糙度？由高至低进行排序。

7）销孔的精度要求为多少？经几次加工？每次加工的作用是什么？精度为多少？为什么销孔采用单头镗削刀而不采用别的方法？

8）你所看到的保证尺寸精度的方法有几种？不同方法影响尺寸精度的主要因素有哪些？销孔中心距活塞顶面的距离、环槽宽度、销孔直径尺寸是用什么方法保证的？

9）气阀坑深度尺寸与哪几道工序的加工尺寸有关？加工的活塞总长尺寸要求为什么比图样要求高？

10）销孔与活塞头部外圆及顶面的相互位置要求是如何保证的？与哪些因素有关？

11）销孔与活塞轴线的垂直度与哪几道工序有关？具体有哪些因素？

12）销孔中心线对活塞中心线的垂直度如何检测？销孔位置度如何检测？分析其原理，画出简图。

13）从加工顺序安排和基准选择方面分析该加工工艺过程的特点。

4. 其他零件加工

（1）曲轴加工

1）了解曲轴的加工过程与加工特点。

2）观察曲轴铣床的工作，注意用铣削加工曲轴的方法及其特点。

3）曲轴磨削机床、夹具有什么特点？

（2）机体加工

1）了解机体加工过程与加工特点。

2）观察机体缸孔镗削加工机床的特点。

3）观察浮动镗刀加工机体三轴孔的情况，机床如何工作？刀具如何刃磨？刀具与镗杆如何连接？这种加工方法主要用于保证什么精度？与一般镗孔方法有何不同？

（3）气缸盖自动线

1）为何要在自动线前增加几台多工位铣床？

2）自动线机床的形式有什么特点？工件如何输送？切屑如何排除？

3）工件的翻转和转位机构有什么特点？

4）了解自动线的控制、生产节拍等问题。

（4）油泵油嘴加工

1）了解油泵油嘴的加工过程及其加工特点。

2）注意油嘴加工中的配磨、研磨——偶件加工的特点。

3）观察自动机床自动上下料机构。

4）了解磨床的砂轮自动修磨和调整。

1.5　典型零件机械加工工艺实习报告撰写提纲

在实习中，针对典型零件进行分析，在撰写实习报告时可参照下列撰写提纲进行：

1. 零件分析

1）零件的名称、编号。

2）零件在主机中的功用和结构特点。

3）零件的材料、毛坯、热处理。

4）零件主要加工表面和技术要求。

2. 零件的机械加工工艺过程的拟定

1）定位基准的选择。

2）加工方法的选择。

3）工序的安排。

4）确定工艺过程。

5）分析零件整个工艺过程安排是否合理。如何改进？

3. 主要工序分析

主要分析以下问题：

1）尺寸精度是怎样保证的？

2）形状精度是怎样保证的？

3）位置精度是怎样保证的？

4）表面粗糙度是怎样保证的？

5）工艺方法是否技术上先进、经济上合理？

6）机床设备是否充分发挥了作用？如何进一步提高生产率？

7）哪些技术要求易超差、出现废品？什么原因？如何解决？

主要工序分析应具有下列内容：

1）工序图：标出加工面及技术要求，定位、夹紧符号。

2）工序说明：说明所用机床名称、型号、规格，刀具、量具、辅具、夹具，切削用量、加工余量、工时定额。

3）所使用工艺参数和工艺装备是否合理？有何特点？

4. 典型夹具结构分析

1）零件以双点画线作为透明体画在夹具上。

2）夹具应画工件夹紧状态（工作位置）。

3）画出定位、夹紧、导向、对刀等元件及夹具体。

4）画出气缸、油缸等动力源及力的传递、放大、换向及夹紧元件。

5）画出夹具与机床的连接形式。

6）标注必要的夹具安装技术要求。

7）分析定位误差。

8）夹具的使用、调整说明。

9）论述夹具的优缺点，并提出改进意见。

5. 总结

根据实习的情况，分析推广应用先进制造技术的必要性，同时写出实习总结和体会。

第 2 章

车床装配

在机械制造过程中，所使用的机床以车床居多，占金属切削机床总数的 20%～35%。因此，下面以生产中应用最普遍的 C6132 型卧式车床为例，来分析其结构和装配工艺过程。

2.1 车床的结构与传动系统

1. 车床的结构

如图 2-1 所示，C6132 型卧式车床由主轴箱、进给箱、溜板箱、刀架、尾座、床身、后床腿、前床腿以及电气控制柜和冷却润滑装置组成。

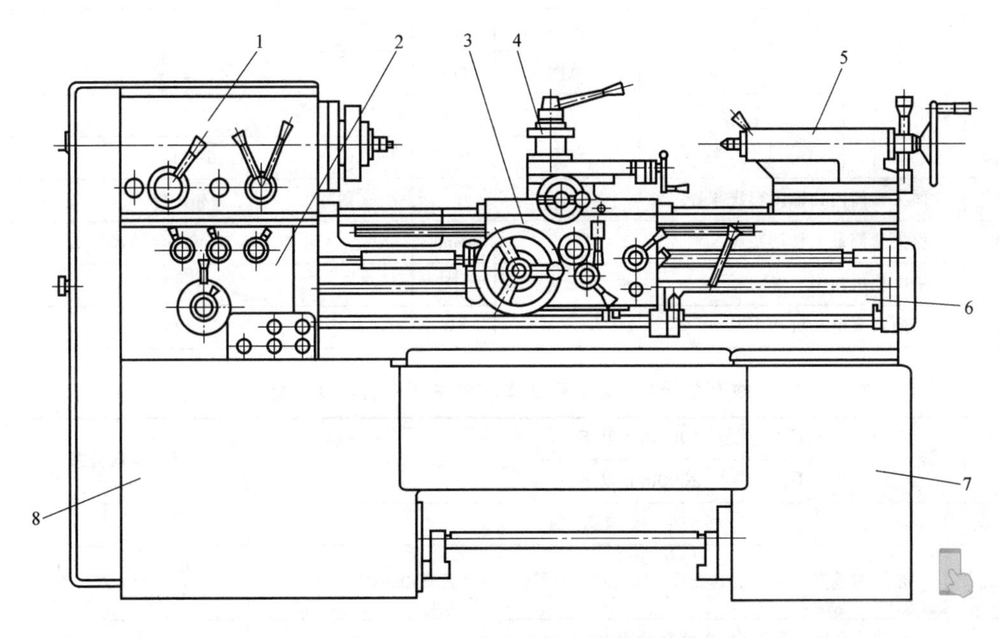

图 2-1　C6132 型卧式车床结构示意图

1—主轴箱　2—进给箱　3—溜板箱　4—刀架　5—尾座　6—床身　7—后床腿　8—前床腿

2. 车床的主要技术参数和精度指标

（1）主要技术参数　C6132 型卧式车床的主要技术参数见表 2-1。

（2）主要检验精度指标　C6132 型卧式车床的主要检验精度指标见表 2-2。

表 2-1 C6132 型卧式车床的主要技术参数

序号	项目			单位	技术参数
1	床身以上中心高			mm	165
2	中心距			mm	500 750 1000
3	床面以上最大工件回转直径			mm	320
4	刀架上最大工件回转直径			mm	190
5	最大工件长度			mm	500 750 1000
6	主轴通孔直径			mm	42 52
7	主轴内孔锥度				通孔直径 42mm 为 Morse 5#,52mm 为 Morse 6#
8	主轴转速			级	12
9	主轴转速范围			r/min	28~2000
10	主轴每转刀架进给量范围		横向	mm	0.0066~1.24
			纵向	mm	0.013~2.761
11	车刀刀杆最大尺寸(宽×高)			mm	22×22
12	车削螺纹	米制	种数		34
			范围	mm	0.2~24
		模数	种数		26
			范围	mm	0.25~12
		寸制	种数		47
			范围	TPL	$48\sim2\frac{1}{4}$
		径节（仅寸制丝杠有）	种数		22
			范围	D.P	6~112
13	顶尖套筒内孔锥度莫氏 4 号				Morse 4#
14	顶尖套筒最大移动距离			mm	95
15	主电动机功率			kW	7.5
16	切削液泵电动机功率			kW	0.125

表 2-2 C6132 型卧式车床的主要检验精度指标 （单位：mm）

中心距	D_1	1000mm 以下		标准公差	
	D_2	2000mm 以下			
序号	检验项目			D_1	D_2
G1a	导轨在垂直平面内的直线度(凸)在全部行程上在任意 250mm 长度上			0.02 0.0075	0.025 0.01
G1b	导轨应在同一平面内,在全部行程上			0.04/m	0.04/m
G2	溜板移动在水平面内的直线度,在全部行程上			0.02	0.023
G3	尾座移动对溜板移动的平行度	在全部行程上	a b	0.03 0.03	
		在任意 500mm 长度上	a b	0.02 0.02	

（续）

中心距	D_1	1000mm 以下	标准公差	
	D_2	2000mm 以下		
序号	检验项目		D_1	D_2
G4a	主轴的轴向窜动		0.01	
G4b	主轴轴肩支承面的轴向圆跳动		0.02	
G5	主轴定心轴颈的径向圆跳动		0.01	
G6	主轴锥孔轴线的径向圆跳动	靠近主轴端处 距轴端 300mm 处	0.01 0.02	
G7	主轴轴线对溜板移动的平行度，在 300mm 测量长度处检验棒伸出端向上、向前偏	a b	0.02 0.015	
G8	顶尖的径向圆跳动		0.015	
G9	尾座套筒轴线对溜板移动的平行度，在 60mm 测量长度上	a b	0.0075 0.005	
G10	尾座套筒锥孔轴线对溜板移动的平行度，检验棒向上偏、向前偏	a b	0.03 0.03	
G11	主轴和尾座顶尖对床身导轨的等距离（只许尾座高）		0.04	
G12	小刀架移动对主轴轴线的平行度	在全部行程上 在 100mm 测量长度上	0.04 0.013	
G13	横刀架横向移动对主轴轴线的垂直度 $\alpha \geqslant 90°$		0.016/ϕ240 0.012/ϕ180	
G14	丝杠的轴向窜动		0.015	
G15	从主轴到丝杠间的传动链精度，在任意$^{60}_{300}$mm 长度上		0.04 0.015	
P1	精车外圆试件-外圆，在$^{200}_{(160)}$mm 长度上	a. 圆度 b. 圆柱度	0.01 0.02(0.016)	
P2	精车端面的平面度，在$^{200}_{(160)}$mm 直径上		0.013(0.011)	
P3	精车螺纹的螺距误差	在任意 50mm 测量长度上 在 300mm 长度上	0.015 0.04	

3. 车床传动系统图

图 2-2 所示为 C6132 型卧式车床的传动系统图。

C6132 型卧式车床采用的是“集中式”主传动，主传动的正反向是靠控制主电动机的正反转来实现的。由主电动机 1 带动带轮 2、3，传至主轴箱，后又经齿轮 12/10，13/9，15/14 获得 3 级基本转速，直接经齿轮 16/19 的 1∶1 内齿轮传动后再通过齿轮 20/24，21/22 可获得 6 级高档转速，经齿轮 16/17，18/19 后再通过齿轮 20/24，21/22 可获得 6 级低档转速。

图 2-3 所示为 C6132 型卧式车床的主传动路线表达式。

由此可获得 12 级转速值。图 2-4 所示为 C6132 型卧式车床主轴的转速图。

C6132 型卧式车床的进给系统的传动是由齿轮 8 传至齿轮 7、23、6 或齿轮 8 传至齿轮 6，可使床鞍、刀架系统做正反向运动。再经交换齿轮 $A \sim F$，进给箱齿轮 29~35 及 40~48，

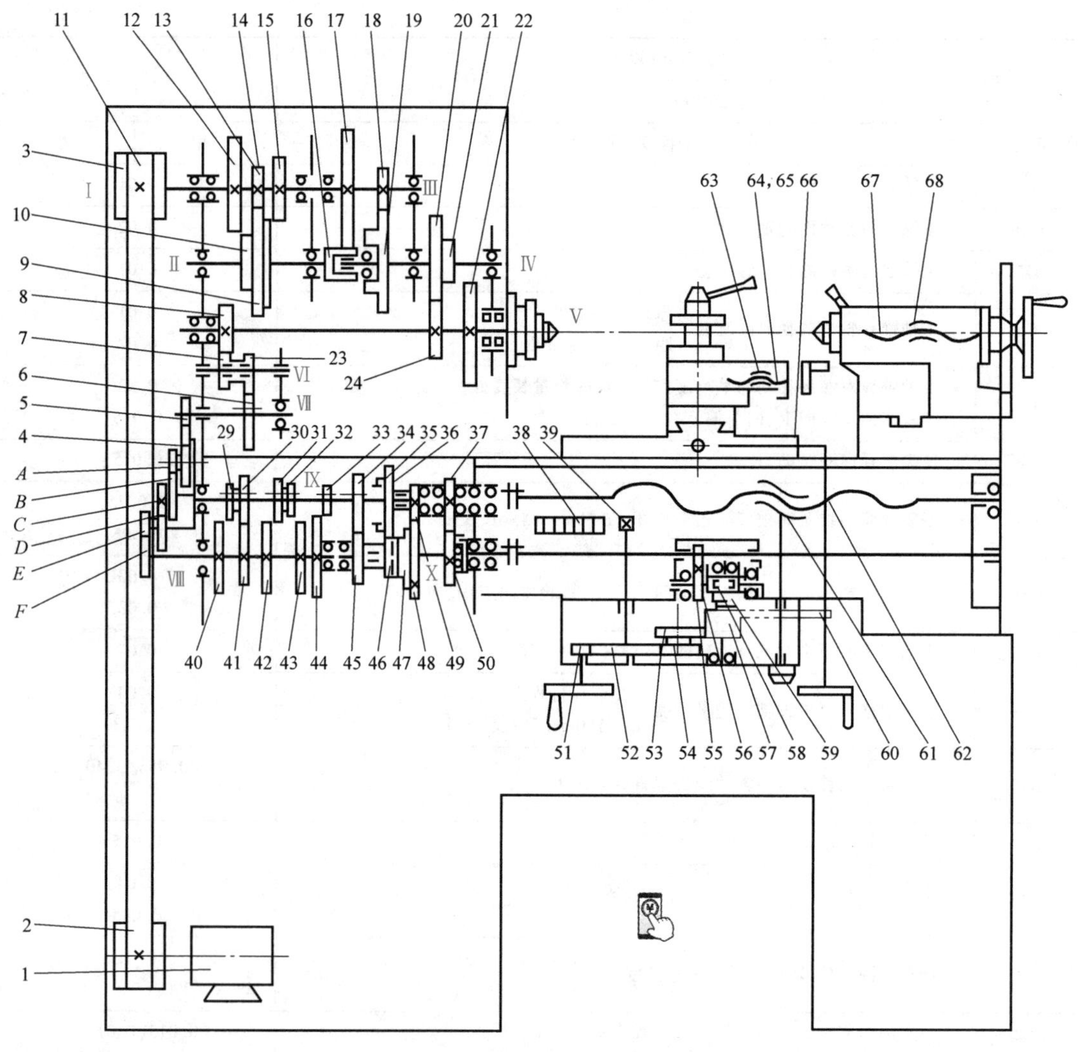

图 2-2　C6132 型卧式车床的传动系统图

$$
\text{主电动机}\ (7.5\text{kW},1440\text{r/min}) - \mathrm{I} - \left\{\begin{matrix} \frac{42}{35} \\ \frac{29}{48} \\ \frac{35}{41} \end{matrix}\right\} - \mathrm{II} - \left\{\begin{matrix} -\frac{18}{59} - \mathrm{III} - \frac{18}{59} \\ - \quad - \quad - \end{matrix}\right\} - \mathrm{IV} - \left\{\begin{matrix} \frac{47}{36} \\ \frac{24}{59} \end{matrix}\right\} - \text{主轴}
$$

图 2-3　C6132 型卧式车床的主传动路线图

光杠、溜板箱齿轮 55、56，蜗杆 58、蜗轮 59 及齿轮 57、53、54、39，齿条 38，可使床鞍沿床身导轨做纵向机动进给。若使齿轮 54、52 脱开，用手摇动溜板箱大手轮，即可获得床鞍沿床身导轨做纵向手动进给。欲使刀架横向进给，需将齿轮 53 向床身推至与床鞍横丝杠齿轮 60 啮合，再使齿轮 57、59 的摩擦离合器结合，即可使刀架做横向自动进给。若将摩擦离合器脱开，齿轮 53 与 60 也脱开，用手摇动横丝杠手柄 12 即可使刀架横向手动进给。

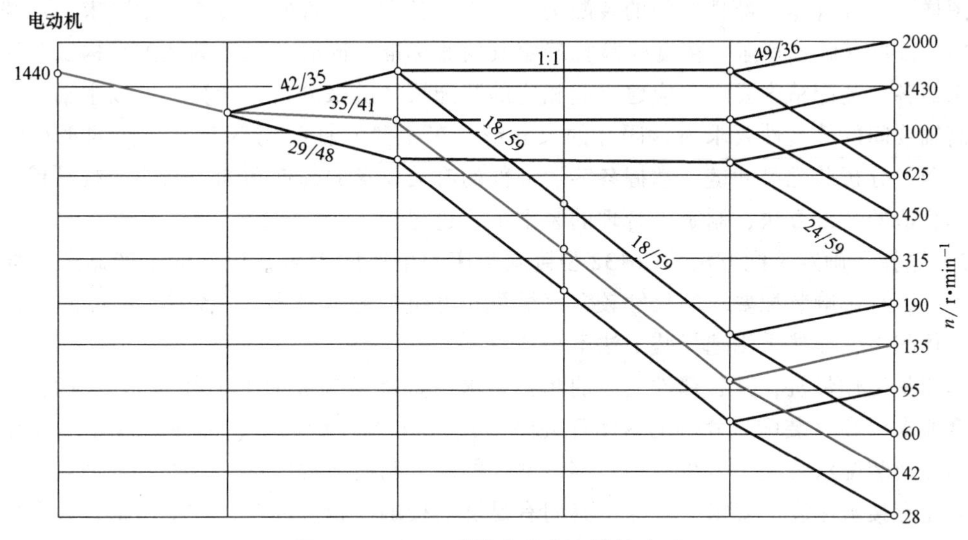

图 2-4　C6132 型卧式车床主轴转速图

车削各种螺纹的传动，由主轴传递来的运动，经交换齿轮 $A \sim F$，传至进给箱的齿轮 29~33 与齿轮 40~44 的基本组，再经齿轮 34、35、36 及 45、46、47、48 扩大组，然后再使齿轮 50 与齿轮 37 相啮合，带动纵向丝杠，再扣合对开螺母，即可得到车削螺纹的运动。

C6132 型卧式车床能车削常用的米制、寸制、模数制及径节制 4 种标准的螺纹，也可以车削加大螺距、非标准螺距及较精确的螺纹。它既可以车削右螺纹，也可以车削左螺纹。

2.2　车床装配

2.2.1　概述

车床本身的质量主要取决于车床结构设计的合理性、有关零件的加工质量和车床的装配精度。在车床结构和精度一定的情况下，车床各零件加工制造的难易程度和装配精度能否顺利地保证则取决于装配方法的选择。

装配方法是在全面分析各项装配要求（建立装配尺寸链分析）、生产纲领、生产类型、现有生产条件和车床本身的结构特点等来确定的。

车床装配完成后，应按国家规定的卧式车床的精度标准进行检验并试车。

2.2.2　C6132 型卧式车床的装配工艺

C6132 型卧式车床的生产类型属于成批生产。制定其装配工艺的工作内容主要包括：划分装配单元，确定装配方法，拟定装配顺序与划分装配工序，计算工时定额，制定工序装配技术要求及质量检查方法和工具，确定装配过程中在装件与待装件的输送方法及所需设备和工装，提出专用工装的设计任务书，最终制定出生产中使用的正式工艺文件。

（1）装配工艺过程的制定

1）分析原始资料。在制定或分析 C6132 型卧式车床的装配工艺过程时，应首先研究其

产品图样，明确各零、部件之间的装配关系，掌握各零、部件间的装配技术要求，对照 GB/T 4020—1997《卧式车床 精度检验》确定其验收标准，同时要熟悉其装配结构工艺性。对于车床的各项装配精度要求，应建立起相应的装配尺寸链来分析、计算，如以主轴轴线与尾座套筒轴线间的等高性要求为封闭环的尺寸链、车床“三杠”与床身导轨面的平行度尺寸链等。通过分析装配尺寸链，掌握各零、部件的有关要求的高低和加工制造的难易程度，以便选择合适的装配方法，制定出合理的装配工艺过程。

2）选择、确定装配方法。C6132 型卧式车床的生产同大多数机床的生产制造一样，是成批生产，且影响装配要求的尺寸较多（装配尺寸链的环数较多），各零、部件的结构比较复杂，体积大，显然采用选择装配法不合适。

车床是工作母机，其各部件之间的相互要求，直接影响被加工工件的加工精度。因此，其精度要求较高（装配尺寸链的封闭环公差小），而参与装配的零、部件又多（组成环多），若采用互换装配法装配，必将使得各零、部件的加工制造非常困难。另外，主轴箱、尾座与床身面还有接触刚度的要求，要保证其间有足够的接触面积。因此，在生产中，大多均采用修配装配法。溜板箱、进给箱、“三杠”与床身间的装配也有类似的情况，一般均采用修配法或调整法装配。这样既降低了各零、部件加工制造的难度和减少了加工成本，又能较方便地保证各项装配精度要求。同时也照顾到车床生产的综合效益。

3）划分装配单元、选定装配基准件。在对产品结构特点和性能要求进行细致分析研究之后，按照装配工艺基本原则的要求，将产品分解成若干可独立进行装配的单元（一般分为组件、部件等），以便组织装配工作的平行作业和流水作业。装配单元的划分是制定装配工艺规程中重要的一步，只有划分了装配单元之后，才能确定装配顺序和划分装配工序，为此，C6132 型卧式车床的装配单元划分（图 2-1）为：主轴箱总成、进给箱总成、溜板箱总成、刀架总成、尾座总成、床身总成、后床腿总成、前床腿总成、床鞍总成、电箱总成、润滑系统总成等。

基准件的选择也是装配工艺规程制定中的一个重要内容，装配基准件通常是产品的基体或主干零、部件，其体积和质量较大且有足够的支承面，以满足陆续装入零、部件时的作业要求和稳定要求。基准件的补充加工工作量应最少，一般不再有后续的加工工序，并且应为产品的设计基准件以有利于装配过程中的检测、工序间的传递输送和翻身转位等作业。显然，C6132 型卧式车床在总装中应选择床身为基准件，因为车床的各功能部件（如主轴箱、进给箱、刀架系统、尾座等）都是以床身为安装定位基准和运动基准的，它也是车床上体积和质量最大、加工工艺最复杂的零件。

4）绘制装配系统图。在划分装配单元的基础上，决定装配顺序是制定装配工艺规程的另一个重要的工作。装配系统图是表现部件或产品装配顺序的直观手段。对于结构比较简单，组成零、部件少的产品可以只给出产品装配系统图，对于结构复杂，组成的零、部件很多的产品，则应按装配的单元分别绘制装配系统图，而在产品装配系统图中只给出直接进入总装的零、部件。

装配系统图有多种形式，如图 2-5 所示是较常用的两种。在装配系统图中，以基准零件（工或组件）为轴线，并以此开始按拟定的装配顺序，将各零件、组件（或部件）逐次排列，直至完成整个单元（或产品）的组装配。

根据上述要求，绘出 C6132 型卧式车床的总装配系统图，如图 2-6 所示。

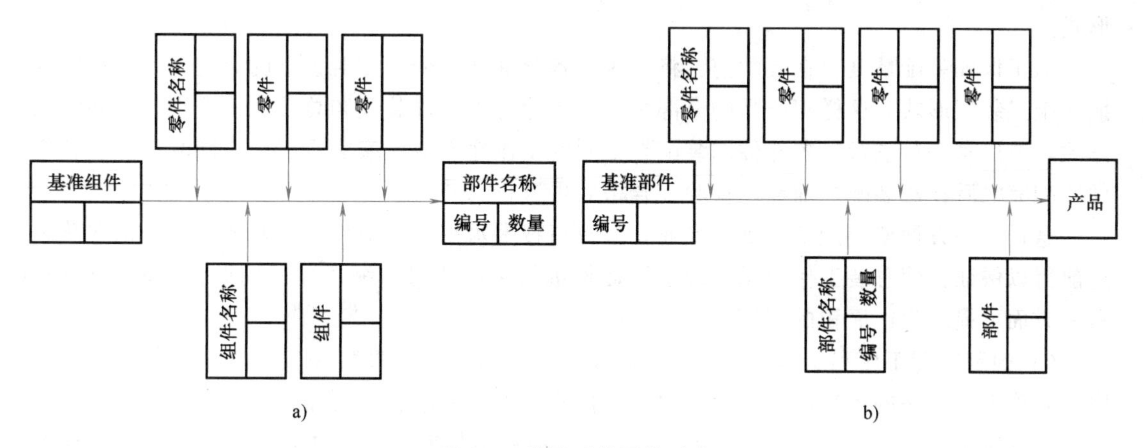

图 2-5　装配系统图的形式
a）部件装配系统图　b）产品装配系统图

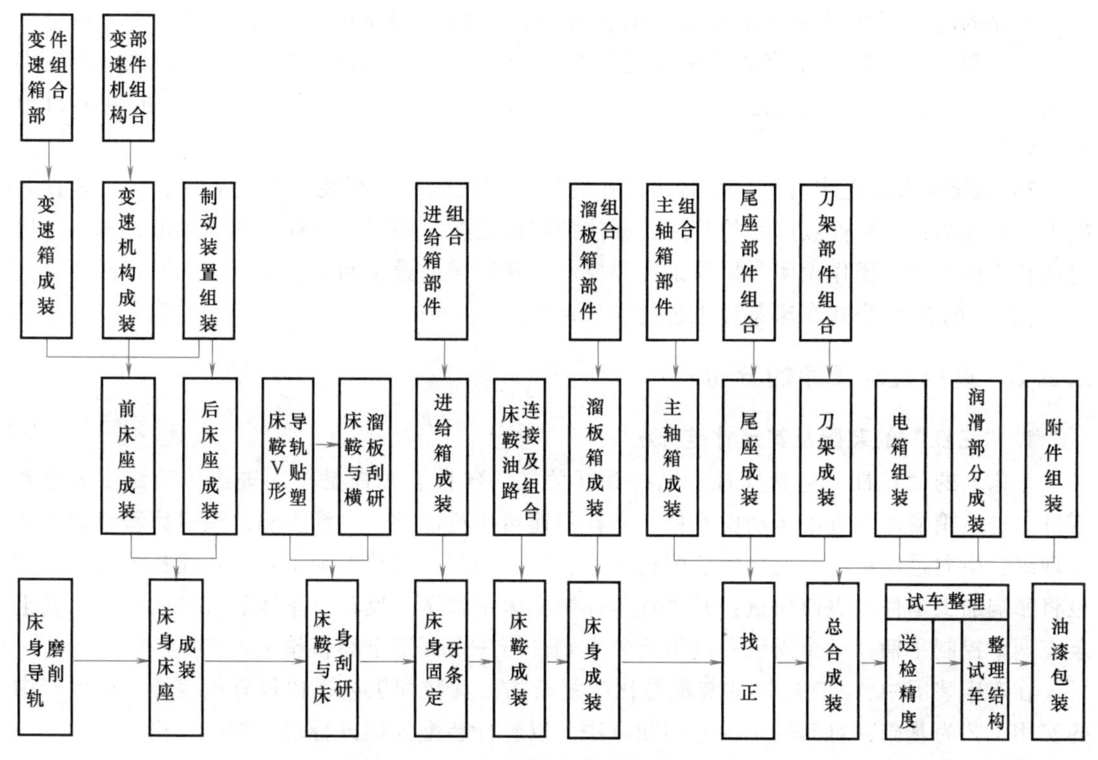

图 2-6　C6132 型卧式车床总装配系统图

5）制定装配顺序。制定装配顺序需根据生产纲领、产品结构特点和现有生产条件等因素综合考虑。

装配工作的组织对装配质量和装配周期有很大影响，根据产品结构的特点和批量的不同，装配工作也有不同的相应组织形式。常见的装配组织形式有固定式装配和移动式装配两种。

C6132 型卧式车床为成批生产，根据其装配要求和装配方法等特点。应采用固定式装配

形式。

为了保证装配精度，在装配前，将车床的各分部件划分为相对独立的装配单元，采取分散固定式装配形式。这样把产品的全部装配过程分解为部件装配和总装配，分别在不同的工作地点或厂家平行进行。各部件的装配在不同的工作地点或厂家由几组工人同时进行。各部件装配完之后在总装配之前经过检验，合格后再进行总装。

这样，一方面使装配工人操作专业化，提高技术水平；各部件的装配要求也分别在总装配前得以保证，使总装工作简化，便于保证整机的装配质量，缩短装配周期，提高生产率。另一方面可提高生产面积的利用率。

6）确定装配工序和工时定额。装配顺序确定以后，还需将装配工艺过程划分为若干工序，并确定各工序的工作内容、操作说明、检验条件和要求，及所需的设备和工装、工时定额等。确定装配工序时需根据生产纲领、产品的结构特点和现有的生产条件等因素综合考虑，并必须注意前一工序不得影响后一工序的进行，在完成某些重要的工序或易出废品的工序后，均应安排检查工序。

工序的时间定额是按照装配工作的标准时间定额来确定的。实际装配工作时间定额各工厂一般均按车间实测值取其平均先进值来制定。工序时间定额包括基本时间及辅助时间（即工序时间）、工作地点服务时间及工人必需的间歇时间（一般按工序时间的百分数来计算）。

7）制定装配工艺卡片。以上各步工作的最终体现就是编制装配工艺卡片。它是根据装配工艺系统图，将部件或产品的装配过程按拟定的装配工序记录在规定的卡片上，每一工序包括其工作内容、操作说明、检验条件和要求，及所需的设备和工、夹具、工时定额等。

（2）C6132 型卧式车床总装工艺过程（略）

2.2.3 重点装配工序的分析

1. “三杠”的装配及其尺寸链分析

车床上的“三杠”包括丝杠、光杠和开关杠。丝杠、光杠是车床进给传动链中的重要零件，进给箱输出的进给运动由丝杠、光杠传递给执行部件——溜板箱，通过床鞍带动刀架实现纵、横向进给运动。丝杠的装配精度将直接影响车削螺纹的加工精度；光杠的装配精度也将影响加工零件的表面质量；开关杠是控制车床主轴正、反转及车床启、停的组件，其上装有两个控制手柄，一个固定在进给箱的右侧，另一个固定于溜板箱上。

在车床装配中，“三杠”的装配是比较复杂的，其装配工艺也比较有代表性。以生产中的实用工艺为基础，对其制定的原则和方法，以丝杠装配为例进行较详细的分析。

丝杠安装在进给箱的丝杠套、溜板箱的开合螺母和后端支架的轴承孔中，所以要求三者孔中心必须同轴。在卧式车床精度指标中，规定丝杠两轴承孔轴线和开合螺母轴线相对床身导轨面中心的距离公差在水平面内和在垂直面内都是 0.15mm，现在首先分析垂直面内的情况。如图 2-7 所示，建立相应的装配尺寸链。从图中可看出，丝杠这一装配关系中有两个并联尺寸链。其各环见表 2-3。

显然，这两个尺寸链有两个“公共环”A_3—B_3，A_4—B_4。如果在装配时采用修配法，修刮溜板箱与床鞍的结合面，工作量很大，而且会影响到纵横向进给系统的齿轮与齿条或齿轮间的啮合，即难以协调好两个并联尺寸链间的关系。显然不适用修配装配法。所以该装配关系只能选择调整装配法。在加工时，将进给箱和支架上的紧固螺栓孔加工得稍大一些，装配时，在 A 尺寸链中选择 A_2 为调整环（即进给箱为调整件），在床鞍和溜板箱装好之后，通过调整进给箱和支架相对于导轨面的上下位置，来满足丝杠与导轨面之间在垂直面内的平行度要求 A_Σ 和 B_Σ，调整好后，打定位销定位，将紧固螺栓拧紧即可。

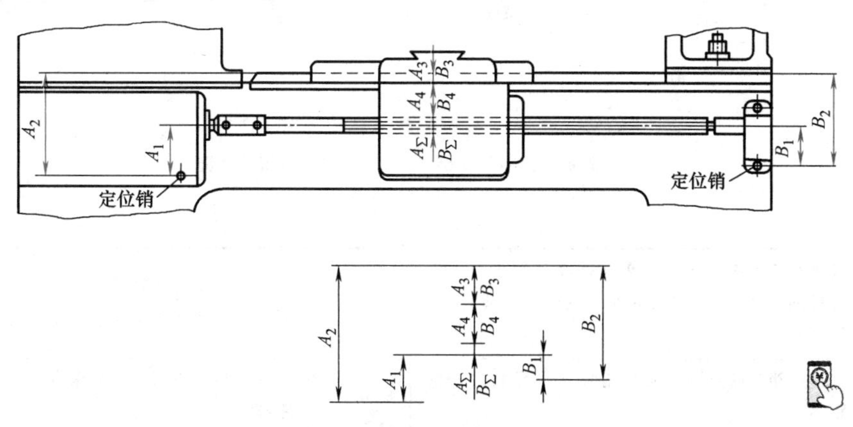

图 2-7　车床丝杠装配尺寸链（垂直面内）

表 2-3　丝杠装配尺寸链说明（垂直面内）

A_Σ	进给箱连接丝杠的轴套孔轴线与溜板箱开合螺母轴线对床身导轨在垂直面内的距离公差（同轴度）	B_Σ	支架上丝杠孔轴线与溜板箱开合螺母轴线对床身导轨在垂直面内的距离公差（同轴度）
A_1	进给箱连接丝杠的轴套孔轴线与定位销孔的轴线的距离	B_1	支架上丝杠孔轴、线与定位销孔轴线的距离
A_2	床身定位销孔的轴线距其床身导轨的距离	B_2	床身定位销孔的轴线距其床身导轨的距离
A_3	床鞍导轨面距溜板箱与床鞍的结合面的距离	B_3	床鞍导轨面距溜板箱与床鞍的结合面的距离
A_4	溜板箱与床鞍的结合面距开合螺母轴线的距离	B_4	溜板箱与床鞍的结合面距开合螺母中心线的距离

在水平面内，为了保证丝杠轴线相对于床身导轨的平行度，也需解两个尺寸链。其尺寸关系如图 2-8 所示。此时，如果先固定溜板箱，以进给箱和支架为调整件，其尺寸链图如图 2-9a 所示。其各环见表 2-4。

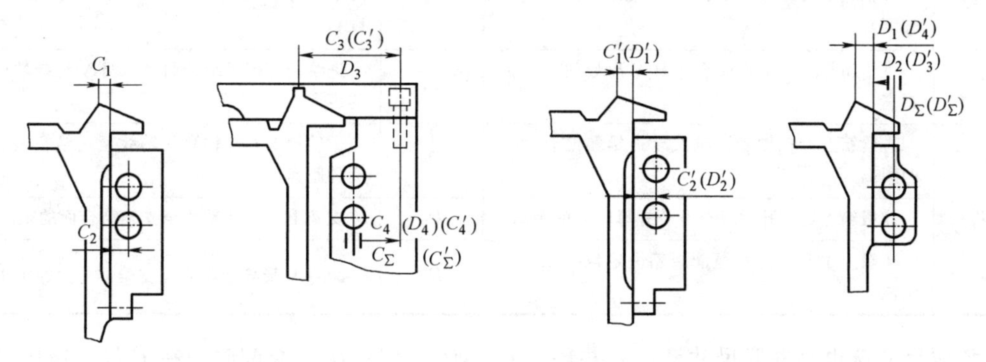

图 2-8　车床丝杠装配尺寸关系（水平面内）

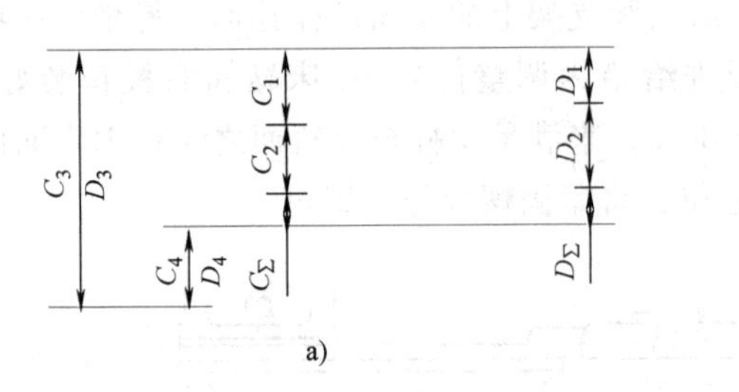

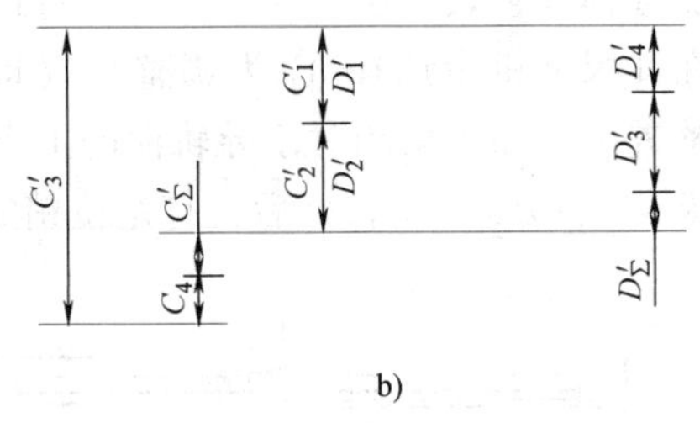

图 2-9 车床丝杠装配尺寸链（水平面内）

a）先固定溜板箱尺寸链 b）先固定进给箱尺寸链

表 2-4 丝杠装配尺寸链说明（水平面内）

C_Σ	进给箱上连接丝杠轴套孔轴线与溜板箱开合螺母轴线对床身导轨在水平面内的距离公差（同轴度）	D_Σ	支架上丝杠孔轴线与溜板箱开合螺母轴线对床身导轨在水平面内的距离公差（同轴度）
C_1	进给箱与床身结合面至床身 V 形导轨中心的距离	D_1	支架与床身结合面至床身 V 形导轨中心的距离
C_2	进给箱上丝杠轴套孔轴线至进给箱结合面间的距离	D_2	支架上丝杠孔轴线至支架结合面的距离
C_3	床鞍上 V 形槽中心至溜板箱上定位孔轴线的距离	D_3	床鞍上 V 形槽中心至溜板箱上定位孔轴线的距离
C_4	溜板箱上定位孔轴线至开合螺母轴线的距离	D_4	溜板箱上定位孔轴线至开合螺母轴线的距离

根据 C6132 型卧式车床的结构特点和装配要求，必须采用修配法，选 C_2、D_2 为修配环，修刮进给箱和支架与床身的结合面。但是，由于进给箱的体积和质量较大，且处于车床侧面位置，搬动和检查十分不便，使得装配工作很困难。因此，最好不用这种装配方式。

C6132 型卧式车床的溜板箱装在床鞍下，其结合面平行于床身导轨，在水平面内调整比较方便，且溜板箱上的定位孔可以在装配调整好后再钻。因此，应先固定进给箱，采用调整法来保证溜板箱的正确位置，其尺寸链图如图 2-9b 所示。各环见表 2-5。

表 2-5 丝杠装配尺寸链说明（溜板箱）

C'_Σ	进给箱上连接丝杠轴套孔轴线与溜板箱开合螺母轴线对床身导轨在水平面内的距离公差（同轴度）	D'_Σ	支架上丝杠孔轴线与溜板箱开合螺母轴线对于床身导轨在水平面内的距离公差（同轴度）
C'_1	进给箱与床身结合面至床身 V 形导轨中心的距离	D'_1	进给箱与床身结合面至床身 V 形导轨中心的距离
C'_2	进给箱上丝杠轴套孔轴线至进给箱结合面间的距离	D'_2	进给箱上丝杠轴套孔轴线至进给箱结合面间的距离
C'_3	溜板箱上定位孔轴线至开合螺母轴线的距离	D'_3	支架上丝杠孔轴线至支架结合面的距离
C'_4	床鞍上 V 形槽中心至溜板箱上定位孔轴线的距离	D'_4	床身 V 形导轨中心至支架结合面的距离

该两尺寸链也是并联尺寸链，公共环为 C'_1—D'_1，C'_2—D'_2。装配时，在 C 尺寸链中 C'_4为调整环，在加工时，将床鞍上的紧固螺栓孔加工得稍大一些，以便在装配调整溜板箱至水平

面的位置时，有足够的活动量。待 C'_{Σ} 满足装配要求时，即为溜板箱的位置已调好，紧固好螺栓，然后在床鞍与溜板箱之间加工定位孔，打上定位销即可。

装配后支架时，由于其结构较小，且要求保证丝杠的支承精度和支承刚性，采用修配法装配比较合适。选 D'_3 为修配环，修刮支架与床身结合面，使 D'_{Σ} 达到装配要求。

采取上述装配方式既满足了装配要求，又降低了装配工作量，这充分体现了在组织装配工作时，需要根据实际情况，合理选择装配方法，以保证装配工作的顺利进行。

2. 主轴与尾座套筒中心等高性的装配

根据《卧式车床精度检验标准》的精度要求，C6132 型卧式车床主轴锥孔轴线和尾座套筒轴线相对于床身导轨面的等高度为 0.04mm，且只允许尾座高。这是车床上较重要的一项装配精度。

通过对车床结构特点的分析，可以看出影响车床主轴锥孔轴线同尾座锥孔轴线等高性的因素很多，包括主轴、轴承、主轴箱、床身、尾座底板、尾座体、尾座套筒及前后顶尖等，如图 2-10a 所示。对于总装来说，主轴箱和尾座已分别作为装配单元装配完成，单元内的各项尺寸及精度已经固定（这也是从整机装配工艺性考虑的最佳方法），所以影响上述精度的尺寸链就简化为四环尺寸链，如图 2-10b 所示。

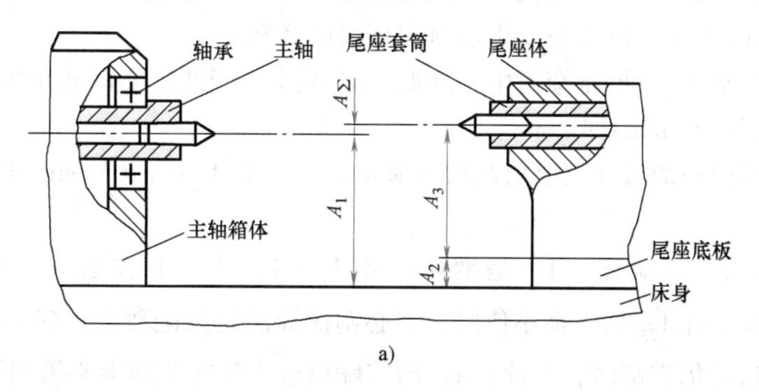

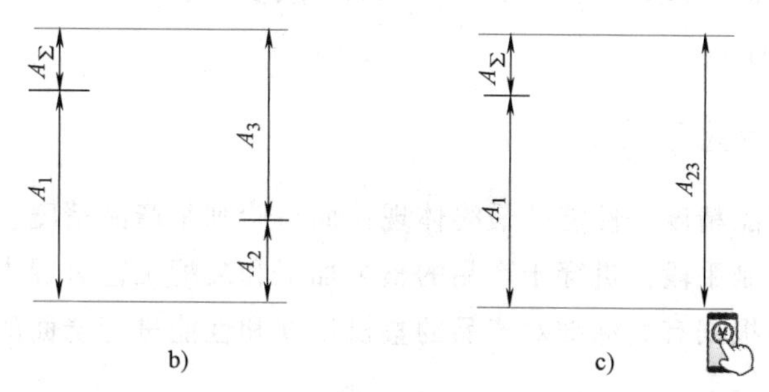

图 2-10　车床主轴轴线与尾座套筒轴线等高性尺寸关系

a）结构示意图　b）简化尺寸链　c）合并加工尺寸链

其中，$A_{\Sigma}=0\sim0.04\text{mm}=0^{+0.04}_{0}\text{mm}$，$A_1=160\text{mm}$，$A_2=30\text{mm}$，$A_3=130\text{mm}$。

若采用互换装配法，则分配给各组成环的平均公差为

$$\delta_M=\frac{\delta_{\Sigma}}{n-1}=\frac{0.04}{4-1}\text{mm}=0.013\text{mm}$$

而 A_1、A_3（孔距）的经济加工精度公差为 0.1mm，显然这样的公差使加工太困难、不经济，

另外，为了保证主轴箱、尾座与床身的接触刚度，在装配时其结合面还有接触斑点要求，这需要通过刮研来保证。为此，主轴轴线与尾座套筒轴线的等高性要求应采用修配法来保证。

为了减少尺寸链中的组成环数，减少装配时的刮研量，C6132 型卧式车床在加工时采用了“合并加工”的方法，即将尾座体和底板的结合面刮配好后，将两者组成一个整体，来精加工尾座套筒孔，以直接保证底板至套筒孔中心线间的距离 A_{23}，如图 2-10c 所示。在新尺寸链中，组成环减至两个，这也是装配尺寸链最短原则的一个应用，下面来分析计算该尺寸链。

在图 2-10c 所示尺寸链中，$A_{\Sigma}=0^{+0.04}_{0}$mm，$A_1=160$mm，$A_{23}=A_2+A_3=160$mm。

1）选择修配环。从结构特点上来分析，选择尾座底板底面为修刮面比较方便，故 A_{23} 为修配环。

2）根据经济加工精度，确定各组成环的制造公差及分布位置。A_1、A_{23} 均需采用镗模加工，其经济加工精度公差为 0.1mm，即 $\delta_1=\delta_{23}=0.1$mm，A_1、A_{23} 均为孔距尺寸，取 $A_1=(160\pm0.05)$mm。

3）计算修配环尺寸的加工初值。用修配法解算装配尺寸链时，修刮之前装配尺寸链封闭环的实际值用 A'_{Σ} 表示，以示与要求的封闭环值的区别。

在修刮时，修刮 A_{23}，尾座套筒中心降低，A'_{Σ} 减小，因此，要保证在修刮之前不至于出现废品，应该保证：$A'_{\Sigma}\min\geqslant A_{\Sigma}\min$。

为使因实际封闭环的尺寸超差引起的刮研量最少，取 $A'_{\Sigma}\min=A_{\Sigma}\min$ 来计算修配环的尺寸 A_{23}。

在尺寸链中，A_1 是减环，A_{23} 是增环，将 A_1、A_{23} 代入有关公式，可计算出：$A_{23}=160^{+0.11}_{+0.01}$mm，此时，当 A_{23} 处于最小值时，不必刮研即满足装配要求，但为了保证尾座与床身的接触刚度，这时仍需刮研，为此，A_{23} 的实际值应为计算值加上必需刮研量 0.15mm。

所以，A_{23} 的加工要求应为 $160.15^{+0.11}_{+0.01}$mm，或 $160^{+0.26}_{+0.16}$mm，因其是孔距尺寸，故应标注成（160.21 ± 0.05）mm。

2.2.4 车床的检验与调试

装配是机械产品精度、性能的最终体现，而检验则是产品精度、性能的保证。因此检验作为产品质量的控制手段，贯穿于产品的整个加工和装配工艺过程中。除了部装以外，产品总装完成之后还要根据有关标准对产品的整机精度和性能进行全面的检验，以达到产品出厂要求。

在产品的检验规程中应确定：

1）检测和试验项目及质量指标。

2）检测和试验的条件与环境要求。

3）检测和试验用的工具、仪器、仪表。

4）检测和试验程序及操作规程。

5）质量问题的处理方法。

表 2-6 列出了 C6132 型卧式车床的终检与试车调整工艺过程。

表 2-6　C6132 型卧式车床的终检与试车调整工艺过程

工序	工步	工作内容及操作说明	检验条件	工装及辅料
1		试车前准备		
	1	(1)调整垫铁，使各支承受力均匀并使车床至水平		
	2	(2)试验车床控制部分的可靠性和稳定性		
	3	(3)检验各润滑油路是否畅通		
2		按精度检验标准中规定的检验方法自检车床的 G1、G6、G7 各项几何精度，并做好记录		
3		机床的切削试验		
	1	按试验程序规定的试验参数，进行切削试验，机床主传动系统最大转矩试验定期抽查进行，机床短时间超过最大转矩 25%的试验每月抽查进行		
	2	按试验程序中规定的参数进行主传动系统达到最大功率试验，每月抽查。同时研刮挡铁，抽查机床碰停机构的可靠性		
	3	按试验程序中规定的试验参数进行抗振性试验		
4		送检几何精度 按精度检验标准中规定的检验方法送检机床各项几何精度，做好记录		
5		中速升温热检机床的几何精度，对机床进行中速升温，记录下温度变化值 送检：按精度检验标准，热检几何精度		
6		检验机床工作精度 热检几何精度后，立即进行机床工作精度检验，按照精度检验标准和试验程序中的规定要求进行切削和检验 (1)精车外圆 (2)精车端面 (3)精车螺纹 送计量室进行检验表面粗糙度及螺距误差		
7		机床的空运行试验		
	1	机床主运动从低速起依次运转 (1)在机床主运转机构各级速度空运转至功率稳定后，检验主传动系统的空载功率 (2)检验主轴前后轴承温升，做好记录 (3)检验机床渗漏		
	2	对进给机构做变速，进给量的空运转试验		
	3	检验主运动速度与进给运动速度的正确性		
	4	检验机床的噪声		
	5	开启冷却泵，检验冷却系统的渗漏		
8		机床的动作试验		
	1	任选一主运动速度进行正向、反向连续起动、停止、制空 10 次；任选一进给速度，分别对床鞍纵向及滑板横向连续起动、停止，试验动作可靠性		
	2	任意进行 10 次主运动速度变换，分别对溜板纵向及滑板横向进行 10 次进给速度变换，试验操纵机构的可靠性		
	3	检查大、小刀架手轮空程量；检查各操纵手轮、手柄的操纵力		
	4	检验尾座及套筒分别在任意工作位置上夹紧机构的可靠性		
	5	检验机床各刻度盘动作的可靠性及准确性		
	6	检验机床各安全装置和防护装置的可靠性、安全性		
	7	制动装置动作应灵敏、可靠		

（续）

工序	工步	工作内容及操作说明	检验条件	工装及辅料
9	 1 2 3 4	整理结构 检验主轴箱顶尖与尾座顶尖的高度，合格后，配作标牌 整理好机床各处结构，研刮好中心架、跟刀架与床鞍结合面，结构送检并修理好各处 去掉各镶条多余部分、铁豁口，倒钝、锐边、放油 方刀架刹紧手柄应在右上方 35°～45°内		
10		按附件部分装配工艺、按订货要求安装各附件		
11		修型、检验机床外观质量 外观表面应平整、匀称、光滑，不应有图样未规定的凹凸不平，各结合面应边缘整齐，贴合		
12		按照规定检验机床的参数并将检验结果填入表中		
13	 1 2 3 4 5 6	机床精度检验 按照有关标准规定的检验方法，进行下面精度检验 运动不均匀性检验 振动试验 刚度试验 热变形试验 方刀架重复定位精度检验 考核试件工作精度离散度试验		
14		各箱体内灌入稀防锈油，开车 3～5min 后放出，擦净机床各处，拆除电源线 送检		

2.3 主轴箱部件的装配

1. 概述

主轴箱部件是车床上的主要部件之一，其主要功能之一是支承主轴，使主轴具有足够的回转精度和支承刚性来保证被加工零件的精度要求，并实现最佳效率和效益的加工；之二是使主轴获得各种所需要的转速以满足不同的加工要求。由此可见，主轴箱是车床上最重要的、精度要求最高的部件，也是零件数量最多的一个部件。主轴箱内的零件的加工质量及其装配质量都将直接影响车床的工作性能和加工精度。例如，主轴的回转误差将影响被加工工件的几何误差，主轴及箱体的振动将影响被加工零件的表面粗糙度，主轴系统的刚度影响切削用量的选择，从而影响工作效率，主轴箱体的热变形将直接影响被加工工件的形状误差。主轴箱部件的设计、制造、装配质量还将影响其噪声值，它是车床的主要振源。所以主轴箱的装配在车床整机装配中具有举足轻重的地位。

主轴箱部件的装配工艺规程的拟定同前面所述方法相同。主轴箱部件的结构如图 2-11 所示。其装配系统图如图 2-12 所示。

2. 主轴箱部件装配工艺简介

从图 2-11 中可以看出，主轴箱是车床上最复杂的一个部件，其中包含了许多组件及支

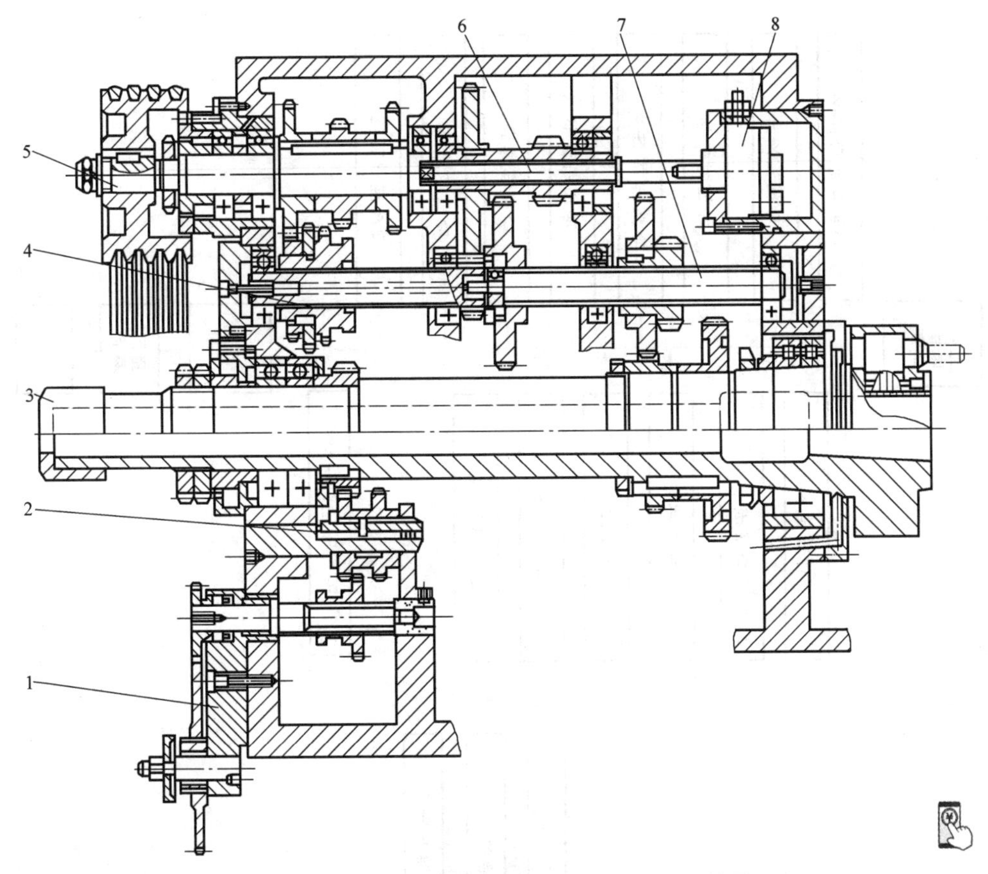

图 2-11　C6132 型卧式车床主轴箱结构展开简图

1—支架　2、7—轴　3—主轴　4、6—齿轮轴　5—带轮　8—分油器及油管

组件。主轴箱部件总成的装配首先是各组件的组装，然后进行部装。表 2-7 列出了主轴箱部件的装配工艺过程。

3. 重点工序分析

主轴箱部件装配过程中的重点工序有：主轴组件的装配、主轴箱的试车和调整。主轴组件的装配将在下一节中讨论，下面讨论主轴箱的试车和调整过程。

主轴箱部件装配完成后，为了检查和控制其装配质量，必须经过试车和调整过程。此过程包括从低到高逐级转速的主轴运转，以检查主轴箱各传动路线的传动是否正常可靠。主轴以最高转速运转至热平衡，记录其温升曲线和热平衡温度，再以中速运转主轴，检验主轴轴线的变化情况。此两项检验的目的是验证主轴的支承和预紧是否正确。在主轴的运转中还应测量主轴箱的噪声水平及振动情况，检验主轴的动平衡质量，齿轮和轴的加工、装配质量，以此来修研有关齿轮，调整有关组件，甚至重装有关组件。在主轴的运转过程中，还要检验渗漏及主轴变速机构的换档是否灵活、可靠等。具体工艺过程见表 2-8。

4. 检验

主轴箱部件的装配质量直接影响到车床的工作精度和性质，所以在卧式车床的 18 项精度指标中有 5 项是针对主轴箱部件的，在主轴箱部装后要检验的项目主要是常温下的几何精度，其他指标要在总装完成后检验。

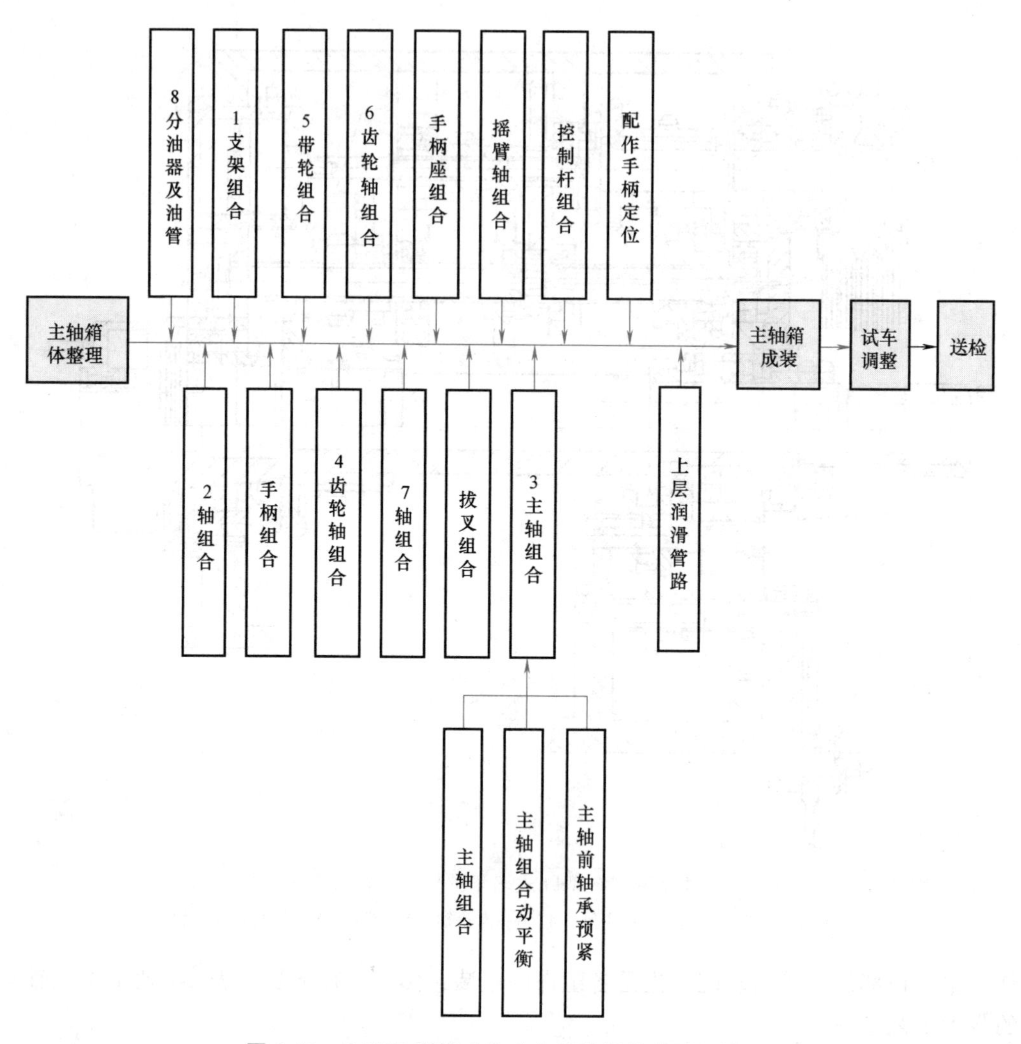

图 2-12　C6132 型卧式车床主轴箱部件装配系统图

表 2-7　主轴箱部件的装配工艺过程

工序	工步	工作内容及操作说明	检验条件	工装及辅料
1		将所有待装件倒钝锐边，去毛刺，并清洗干净		
2		装分油器 8 及部分润滑油管		
3		装轴组合 2		
4		装支架组合 1		
5		装手柄组合		
6		装带轮组合 5		
7		装齿轮轴组合 4		
8		装齿轮轴组合 6		
9		装轴组合 7		
10		装手柄座组合		

（续）

工序	工步	工作内容及操作说明	检验条件	工装及辅料
11		装拔叉组合		
12		装摇臂轴组合		
13		装控制杆组合		
14	 1 2 3 4 5	装主轴组合 3 将后轴承清洗干净装入箱体孔（注意成对装配），再将法兰盘和垫圈装到箱体上，用螺钉固定，对正油孔 将主轴组合件以后的零件全部卸下并清洗干净 将主轴穿入箱体，依次装入组合各件，使主轴装到箱体上 紧固螺母，将两个齿轮安装到位，并将垫圈一卡爪卡入螺母槽中 在主轴的后端装上垫圈 3 和螺母 2 并紧固，在主轴后装上护套	用手转动主轴应回转灵活	装轴承工具拉杆拆卸器
15		配作操纵手柄定位坑		
16		装润滑油管		
17		装其他零件		
18		清洗主轴箱体		
19		试车		
20		送检		

表 2-8　主轴箱部装的试车工艺过程

工序	工步	工作内容及操作说明	工装及辅料
1		将安装好的主轴箱吊至试车台上	
2		检验各项精度	试车台
3	 1 2 3 4 5	试车 转速由低到高逐级正反运转，而后以最高速运转至热平衡（不少于 60min） 每隔 12min 记录一次前后轴承的温升，直至热平衡。前后轴承温度不得超过 60℃，温升值小于 30℃，前后轴承温差不大于 10℃，且只许前轴承高 用声级仪检测主轴箱的噪声，不得有异声 在运转过程中，检查主轴箱的振动情况，各手柄应灵活、定位可靠 检查运转过程中有无渗漏现象，若有渗漏，及时修复	声级仪
4		重新将主轴箱清洗干净，并保证箱内清洁	
5		送检	

C6132 型卧式车床主轴箱部件装配后要检验的项目包括：

1）主轴前端短锥的径向圆跳动。

2）主轴的轴向窜动。

3）主轴锥孔轴线的径向圆跳动（端部和 300mm 处分别检验）。

4）用莫氏锥度 6 号塞规做涂色法检查，检查锥孔的接触长度。

5）检验各润滑油路是否畅通。

2.4 主轴组件的装配

1. 概述

在车床上主轴组件用以实现装夹工件并带动工件一起转动实现切削主运动。主轴组件是车床上最精密的组件，其加工与装配质量将直接影响机床的精度和性能，如其支承轴颈的加工精度、轴承的装配精度将直接影响到加工工件的几何误差和表面质量。主轴组件的动平衡质量不好，将使主轴系统和主轴箱产生振动和噪声，因而影响机床的“安全卫生性”和加工工件的表面质量及刀具寿命。主轴轴承的预紧量控制得是否恰当，将直接影响主轴系统的动刚度和温升，从而影响车床的工作效率和精度。图 2-13 所示为 C6132 型卧式车床主轴组件结构图。

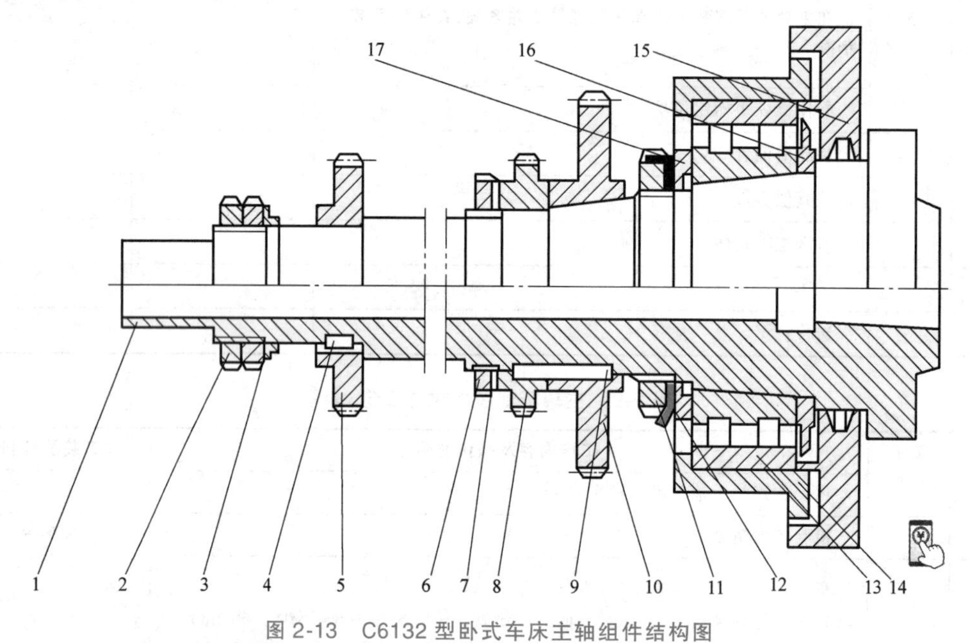

图 2-13　C6132 型卧式车床主轴组件结构图

1—主轴　2、6、11—螺母　3、7、12—垫圈　4、9—键　5、8、10—齿轮　13—轴承
14—轴承座　15—防尘罩　16—挡油圈　17—隔套

2. 主轴组件的装配工艺简介

（1）装配系统图　根据 C6132 型卧式车床主轴组件的结构特点，其装配组织形式采用固定式装配，其装配系统图如图 2-14 所示

（2）装配工艺过程　C6132 型卧式车床主轴组件装配工艺过程见表 2-9。

3. 重点工序分析

在主轴组件的装配过程中，主轴组件的动平衡和前轴承的预紧是比较重要的工序。

（1）主轴的动平衡　主轴在回转中的不平衡是由于回转体的重心偏离了回转轴线，而使主轴转动时内力不平衡，产生了离心力，导致主轴系统产生振动。离心力大小为

$$F = m\frac{v^2}{R} \tag{2-1}$$

式中　m——回转体的质量；

　　　v——回转运动的线速度；

　　　R——回转体重心相对于回转轴线的距离（回转半径）。

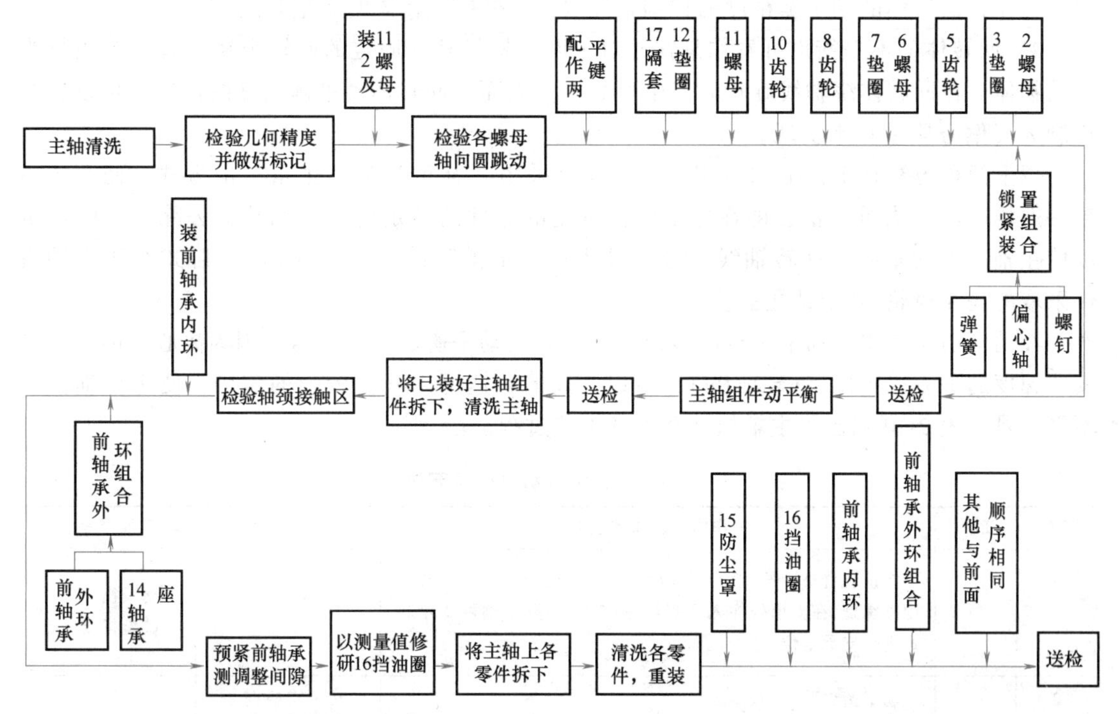

图 2-14　主轴组件装配系统图

表 2-9　主轴组件组装工艺

工序	工步	工作内容及操作说明	检验条件	工装及辅料
1		将所有待装件倒钝锐边，去毛刺，并清洗干净		煤油
2	 1 2 3 4 5	将主轴放在V形架上检验 检验主轴锥孔轴线的径向圆跳动 检验前短锥的径向圆跳动 检验主轴靠前轴承内环用立面的轴向圆跳动，并打标记 将2、11两螺母装到主轴上检螺母2和螺母11内立面的轴向圆跳动 将2、11两个螺母轻轻拧紧	满足工艺要求 标记出高点 标记出高点	检验棒 V形架 千分表
3		在主轴上配作键4和9 将齿轮5、8、10装到主轴上，检验齿圈跳动，然后将隔套17，垫圈12，螺母11，齿轮10、8，垫圈7，螺母6，齿轮5、垫圈3、螺母2依次装到主轴1上	键与槽配合应松紧适当，齿轮齿圈跳动满足工艺要求	
4		在主轴装入弹簧、偏心轴、螺钉，并使偏心轴的刹紧方向一致		
5		将组合好的主轴放在V形架上，重新检查主轴锥孔轴线的径向圆跳动	结果应与工序2结果一致	
6		送检		
7		涂防锈油		

由式（2-1）可以看出产生动不平衡的情况有两种。

1）因回转体的重心偏离回转轴线所产生的离心力而导致不平衡现象。因而，其不平衡量可用回转半径 R 来衡量。显然，相同的 R 对于不同质量 m 的回转体的离心力是不同的。因此，作为回转体的动平衡精度的控制指标 R，应根据回转体的质量来定。

2）回转体的不平衡也可看作是在相对于回转轴线某一固定的回转半径上有一个质量为 m 的物体，在回转体绕轴线旋转时产生离心力。因而，回转体动平衡精度的控制便可以通过控制 m（偏心质量）来实现。

以上两种方法在工艺上均可实现，具体可采用“补重”和“去重”的方式。而车床主轴一般均采用“去重”法，即在主轴组件特定的零件的特定位置上钻孔，去除一定的质量以使主轴组件的重心与回转轴线重合，以达到“平衡”的要求。C6132 型卧式车床主轴组件采取的是在齿轮 10 上钻孔去重。

在动平衡工艺中，动平衡机的转速将直接影响动平衡的精度，这是因为离心力的大小同其线速度的平方成正比（$v=2\pi Rn$），所以，高的转速可以获得较强的信号，便于精确控制不平衡量。表 2-10 列出了主轴组件动平衡工艺过程。

表 2-10　主轴组合动平衡工艺过程

工序	工步	工作内容及操作说明	检验条件	工装及辅料
1		将预装合格后的主轴组件放在动平衡试验机上，并连接紧固支承处，在支承处注入全损耗系统用油，以主轴两支承轴颈进行支承定位		动平衡试验机
2		动平衡试验	按要求检查	
3		在各齿轮上去重		钻头
4		重新检验组合件的动平衡精度至工艺要求		
5		送检		

（2）主轴前轴承的预紧　主轴前轴承的预紧质量，将直接影响主轴的回转精度和支承刚性等，为此，在装配工艺中专门对其规定了具体操作要求。表 2-11 所列为 C6132 型卧式车床主轴前轴承预紧工艺过程。

表 2-11　主轴前轴承预紧工艺过程

工序	工步	工作内容及操作说明	检验条件	工装及辅料
1		将组装好的主轴组件卸下，放在橡胶板上，将轴承用汽油清洗干净		
2		将轴承 13 的内环与主轴装轴承的锥面外擦干净，用涂色法检查轴承内环与主轴锥面的接触面积应大于 80%		轴承：3182118
3		将清洗干净的轴承座 14 放在全损耗系统用油中预热后，把轴承外环装入轴承座，冷却后，再用汽油清洗干净		
4		将轴承装到主轴上，然后将主轴放在如图所示的自制工装上，并用压板固定，紧固螺母，检查轴承间隙，使轴承的原始径向间隙消除为止，然后用量块和塞尺测出尺寸 b（工序 5 中的图）		轴承检具

（续）

工序	工步	工作内容及操作说明	检验条件	工装及辅料
4		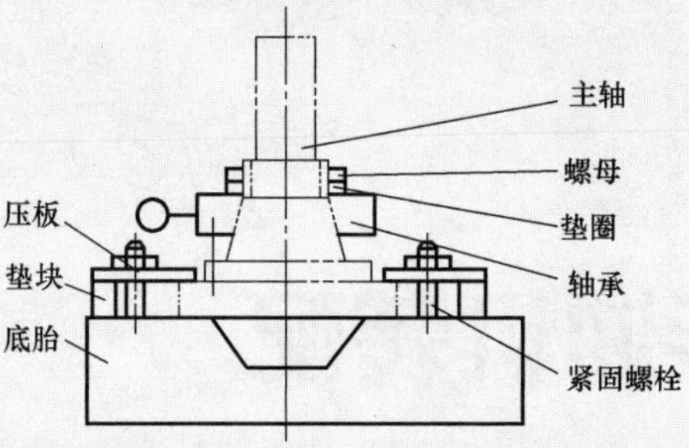 主轴 螺母 垫圈 轴承 压板 垫块 底胎 紧固螺栓 注意：①检轴承径向间隙时，将百分表测头触及轴承外环，使轴承的外环受推力或拉力。百分表读数的差值为径向间隙；②为了保证测出的 b 值准确，一定要将轴承预紧到刚刚消除径向间隙的状态测数值 b，不能在轴承已经预紧使轴承内外环间已有过盈的状态下测 b 值		轴承检具
5		调整挡油圈 16 的厚度 x b δ x 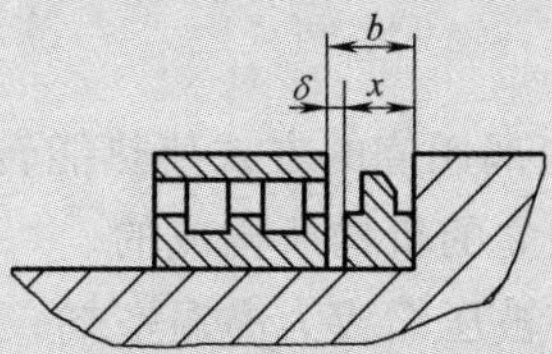 注意：轴承的最佳状态为轴承内外环间有 0.003mm 的过盈，故 $\delta=0.003\times12\text{mm}=0.036\text{mm}$ $x=b-\delta$ 若测得 $b=6.500\text{mm}$，则 $x=b-\delta=6.464\text{mm}$		
6		将防尘罩 15 装到主轴上，将挡油圈 16 的低点对准主轴轴肩的高点装到主轴上，将轴承内环高点对准主轴高点装到主轴上，然后将隔套 17、垫圈 12、螺母 11 装到主轴上，并紧固，检查垫圈 12 卡爪能否卡入，如不能卡入，修复后，使卡爪对准凹槽后，待成装时再卡入		
7		将主轴放在表架上，检验主轴锥孔轴线径向圆跳动，使其达到工艺要求		表架 检验棒
8		将主轴上其他零件装到主轴上		
9		送检		
10		涂防锈油		
		注意：主轴的前轴承预紧，除上述计算法外，还可由工人凭经验预紧，具体操作为 ①将隔套 17、垫圈 12、螺母 11 装到主轴上，逐渐地紧固螺母 11，用手转动外环，使其松紧合适（即消除了轴承的原始间隙）。或将轴承座装入，用百分表实测，扳动轴承座，使轴承无径向游隙 ②测量轴承内环端面至主轴轴肩的距离，求出 b a. 如果在预紧时轴承座已装入，达到了消除轴承原始径向间隙状态测出的 l，则 $b=l-(0.02\sim0.03)\text{mm}$ b. 如果在预紧时轴承座没装入，达到了消除轴承原始径向间隙状态测出的 l，则 $b=l$		

第3章

柴油机装配

3.1 柴油机的基本结构与工作原理

3.1.1 柴油机的工作原理

柴油机是利用燃料（柴油）在气缸内部燃烧的方式使热能转变成机械能的机器。图3-1所示为柴油机装置示意图，它是由一个独立的机构所构成的。

工作时，新鲜空气由进气门3吸入并被压缩成为高温空气，此时柴油由喷油器2喷入气缸内，在气缸内自燃，放出大量的热能，形成高温、高压的燃气。燃气的强大压力推动活塞5向下运动，通过连杆6作用而使曲轴7转动，把燃料燃烧所产生的热能转变为机械能向外输出，用以驱动各种机械工作。

图3-2所示为单缸四冲程柴油机工作过程示意图。

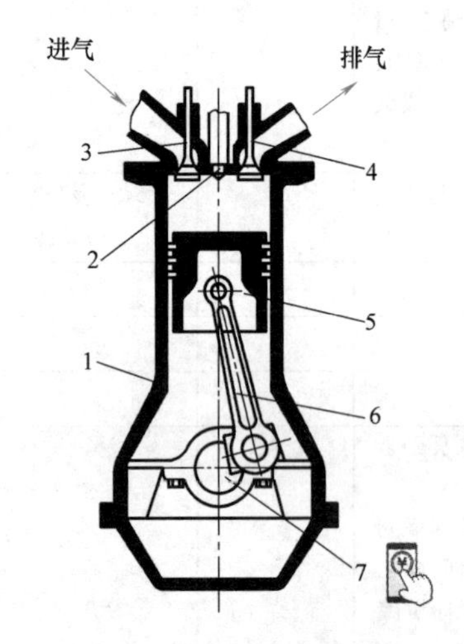

图3-1 柴油机装置示意图

1—气缸 2—喷油器 3—进气门 4—排气门 5—活塞 6—连杆 7—曲轴

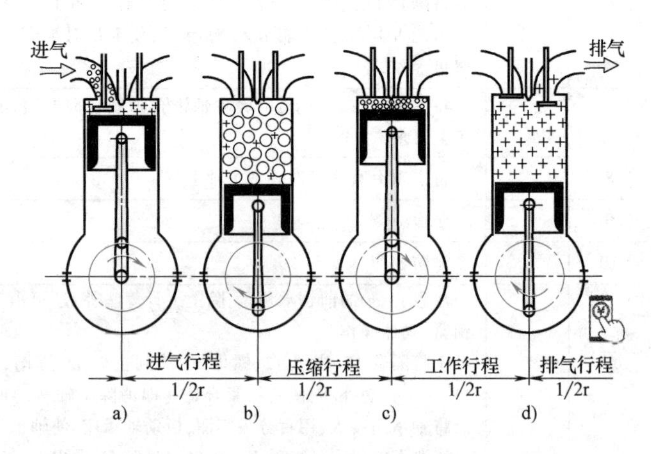

图3-2 单缸四冲程柴油机工作过程示意图

四冲程柴油机就是活塞移动四个冲程，其中经过吸气、压缩、燃烧、膨胀、排气等连续过程，即完成一次热能向机械能的转变过程。图3-2a、b、c、d四个图形分别表示四个冲程开始与终了时的活塞位置。

第一冲程——进气冲程，活塞从上止点移动到下止点。此时进气门打开，排气门关闭。

当进气冲程开始时，活塞位于上止点位置（图 3-2a）。气缸内（燃烧室）残留着上一循环未排净的残余废气。此时气缸内压力稍高于大气压力，约为 105～115kPa。

当曲轴沿图 3-2a 中箭头所示的方向旋转时，通过连杆带动活塞向下移动，此时进气门打开。随着活塞下移，气缸内部容积增大，压力随之下降。当压力低于大气压力时，外部新鲜空气开始被吸入气缸内。直到活塞移动到下止点位置（图 3-2b），此时气缸内充满了新鲜空气，以及少量残余废气。

在新鲜空气进入气缸的过程中，由于受空气过滤器、进气管、进气门等阻力的影响，使进气终了时气缸内的气体压力略低于大气压，约为 80～95kPa。又因被吸入的新鲜空气从气缸内高温的残余废气和燃烧室壁、活塞顶等高温零件处吸收热量，在进气终了时气缸内气体的温度可达 27～67℃。

第二冲程——压缩冲程，活塞由下止点移动到上止点，在此期间进、排气门全部关闭。

压缩冲程开始时，活塞位于下止点（图 3-2b）。曲轴在飞轮的惯性作用下，被带动着继续旋转，通过连杆推动活塞向上移动。气缸内的容积逐渐减小，内部空气被压缩，其压力和温度逐渐升高。

为了实现高温气体引燃柴油的目的，柴油机都具有较大的压缩比。在压缩行程终了时，可使气缸内的气体温度比柴油的自燃温度（约 250℃）高出 200～300℃，有时可达 427～677℃，气体压力为 3000～5000kPa。

为了能充分地利用燃料燃烧所产生的热能，要求燃烧过程能够在活塞移动到上止点略后位置迅速完成，使燃烧后的气体能够充分膨胀做功，以提高柴油机效率。

第三冲程——工作冲程，活塞又从上止点移动到下止点，在此期间进、排气门仍都关闭着。

喷入气缸内的燃料在高温空气中燃烧，产生大量热能，使气缸内的气体温度和压力急剧升高，温度可达 1527～1727℃，压力为 5000～9000kPa。高温、高压的气体推动活塞向下移动，并通过曲柄连杆机构驱动曲轴转动。在柴油机整个工作循环过程中，只有这一冲程才实现热能转化为机械能。

随着活塞被推动下移，气缸内容积逐渐增大，气体压力也随之逐渐减小。活塞移动到下止点时，工作冲程结束。此时气缸内的燃气温度降至 727～927℃，压力降至 300kPa 左右。

第四冲程——排气冲程，活塞又从下止点移动到上止点，在此期间排气门打开，进气门关闭。

排气冲程开始时，活塞位于下止点（图 3-2d），气缸内充满燃烧后并已膨胀做功的废气。排气门打开后，废气随着活塞上移，从气缸内排出。

排气冲程结束时，活塞又回到上止点位置（图 3-2a）。至此，单缸四冲程柴油机经历了活塞上下往复各两次的四个冲程，完成了进气、压缩、工作和排气等工作过程所组成的一个工作循环。

排气冲程结束后，曲轴依靠飞轮转动惯性的作用继续旋转，重复进行上述各个过程。如此周期地进行一个又一个工作循环，使柴油机不断地运转起来，用以驱动各种机械工作。

3.1.2 Z12V190 型柴油机的构造

各种型号的柴油机由于使用性能要求、用途不同，构造也各有差异。随着现代科学技术水平的不断提高，其构造也在不断改进。但是，各种柴油机无论怎样变化，其基本组成和结构形式都大致相同。

Z12V190 型柴油机为四冲程、水冷、高速、大功率增压柴油机，12 个缸呈 V 形排列，缸径 190mm；其总体构造如图 3-3～图 3-6 所示。

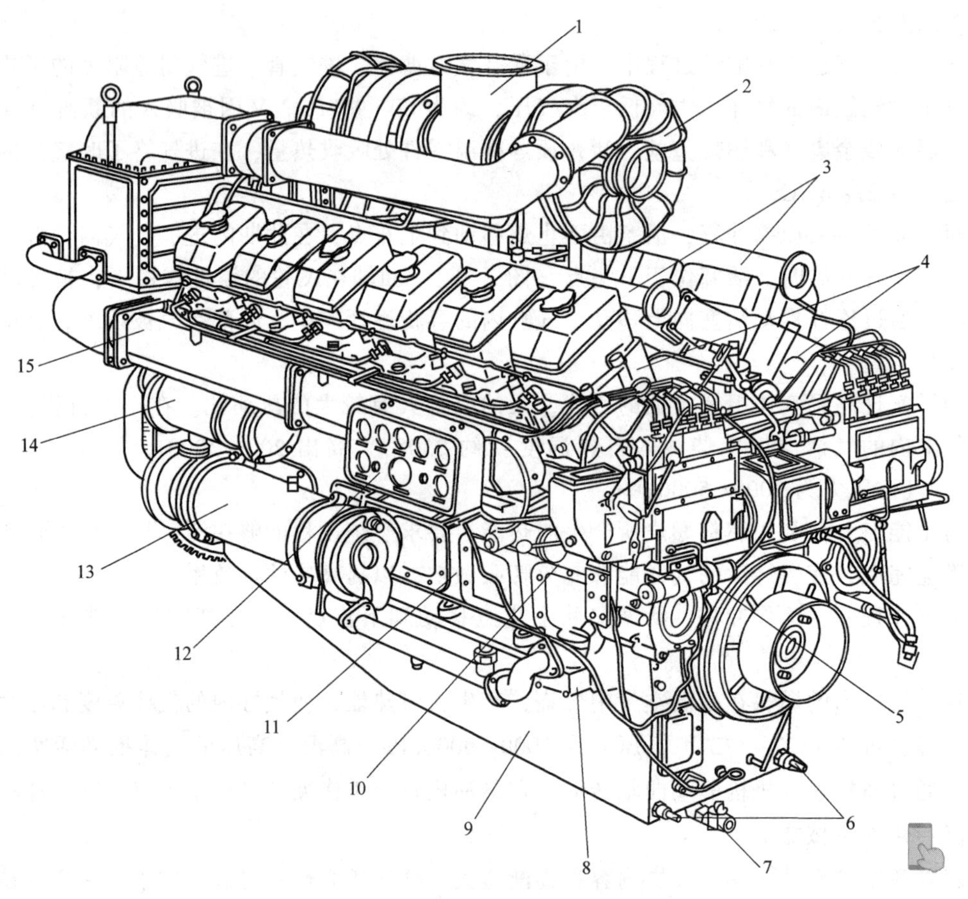

图 3-3 Z12V190 型柴油机外观（右侧）

1—总排气管 2—增压器 3—回水管 4—气缸盖 5—转速表传动装置 6—机油预热管接头 7—放油阀门 8—单向调压阀 9—油底壳 10—机体进水管 11—机体（气缸体—曲轴箱） 12—仪表盘 13—机油冷却器 14—机油过滤器 15—右进气管

1. 机体与气缸盖组件

该组件是由机体 11（气缸体—曲轴箱）、气缸套 35、气缸盖 4 和油底壳 9 等固定件构成的一个整体构架。

机体为整体铸件结构，上端为气缸体部分，分为左、右两列，呈 V 形，夹角为 60°。每列上有 6 个气缸套座孔，座孔内装有湿式气缸套 35。每个气缸套上端装有一个单体式气缸盖 4 将气缸套顶端密封，构成柴油机工作容积。油底壳倒挂在机体下方，将曲轴箱密封并储

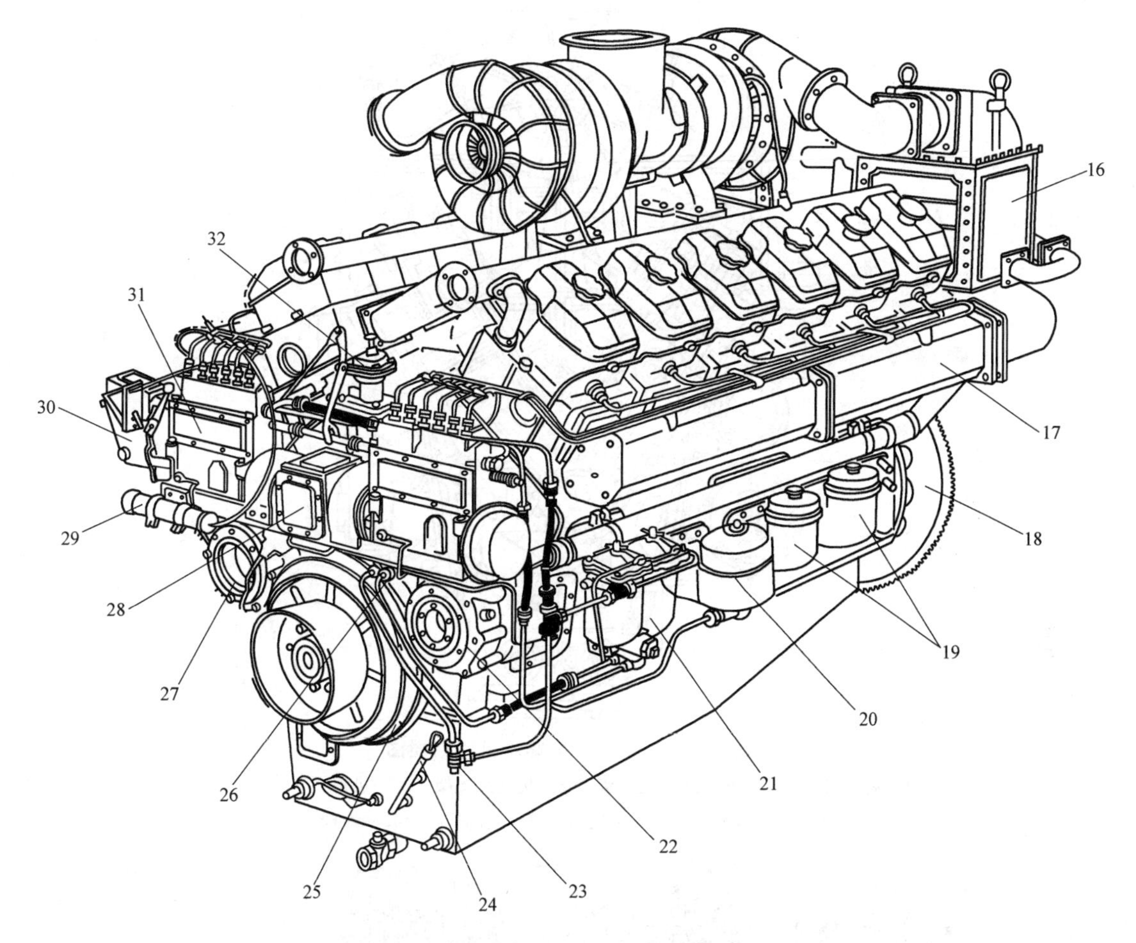

图 3-4　Z12V190 型柴油机外观（左侧）

16—中冷器　17—左进气管　18—飞轮连接器　19—通气管　20—离心过滤器　21—燃油过滤器　22—低温循环水泵　23—燃油进油接头　24—油标尺座　25—硅油减振器　26—转子式输油泵　27—高温循环水泵　28—喷油泵支架　29—操纵装置　30—调速器　31—喷油泵　32—油压低自动停车装置

存机油。上述内容构成了柴油机的骨架，在其上连接和固定其余所有运动件和辅助系统。

2. 曲柄连杆机构

此机构由活塞 34、曲轴 46、连杆 38、飞轮连接器 18 和硅油减振器 25 等部分所组成，是柴油机的主要运动件。

机体下端曲轴箱部分设有 7 个主轴承座，曲轴 46 支承在此座孔内。左右列相对应的两个连杆 38 并列连接在曲轴的同一连杆轴颈上。连杆小头一端通过活塞销与活塞 34 相连。活塞沿气缸套内孔上下移动，通过连杆带动曲轴旋转，这样就将活塞的往复直线运动转变为曲轴的转动，使作用于活塞上的燃气压力转变为转矩，通过曲轴向外输出，并驱动配气机构及其他辅助装置。

3. 配气机构及进、排气系统

配气机构由进、排气门组，推杆 42，凸轮轴 48 和传动系统等零部件组成。进、排气系统是由空气过滤器、进气管、排气管和消声器等部分组成的。

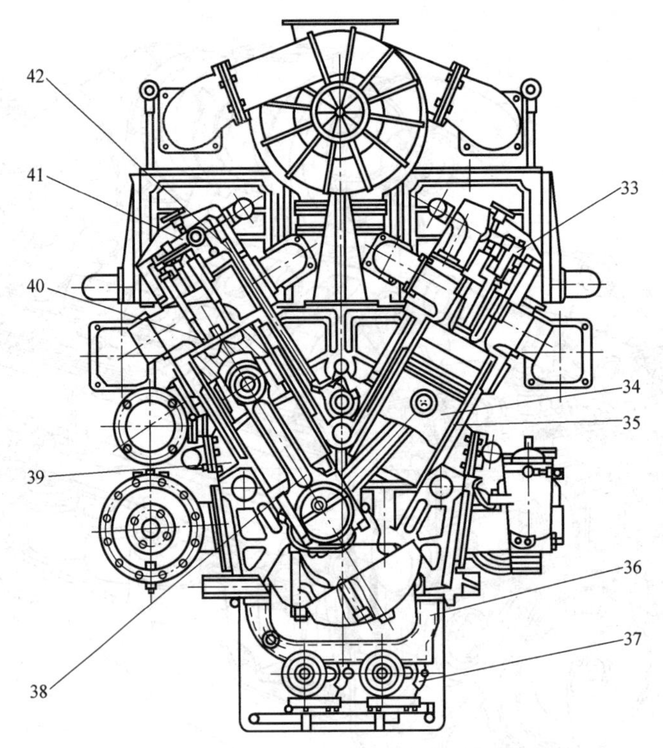

图 3-5　Z12V190 型柴油机横剖视图

33—喷油器　34—活塞　35—气缸套　36—机油泵支架　37—机油泵　38—连杆　39—机体水道　40—进气门　41—气门摇杆　42—推杆

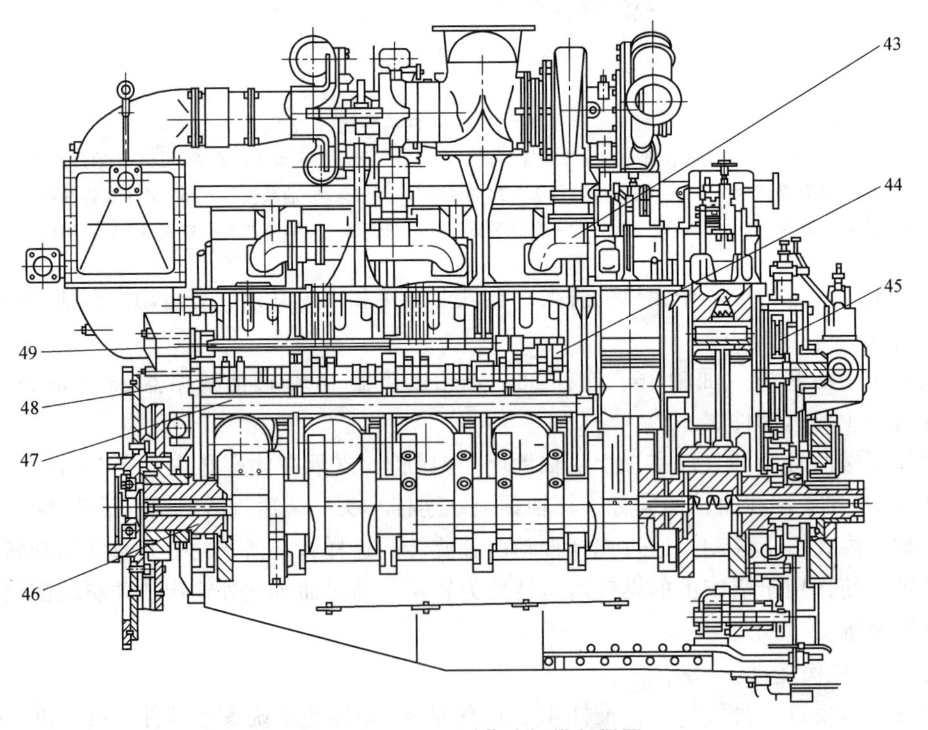

图 3-6　Z12V190 型柴油机纵剖视图

43—排气管　44—滚轮摇臂　45—正时齿轮　46—曲轴　47—主油道　48—凸轮轴　49—滚转摇臂轴

要保证柴油机要连续不断地工作，就需要定时地向气缸内供应充足、清洁的新鲜空气，并将燃烧后的废气排出气缸外。这一任务由配气机构及进、排气系统来完成。

Z12V190 型柴油机在机体 V 形夹角中间装有凸轮轴 48 和滚轮摇臂轴 49，在两列气缸体的内侧装有推杆 42，其上端与气门摇臂相接，下端与滚轮摇臂 44 相接。凸轮轴的前端装有正时齿轮 45，通过装在机体前端的齿轮系，由曲轴驱动凸轮轴转动。随着凸轮升程的变化，通过滚轮摇臂推动推杆上下移动，又由推杆推动气门摇臂控制着进、排气门，将新鲜空气经过滤器、进气管吸入，燃烧后，将燃烧废气由排气门经排气管、消声器排出，其进气管左、右各一组固定在气缸盖上，排气管也左、右各一组布置在机体 V 形中部与气缸盖相连，实现定时供气、排气的任务。为柴油机连续工作提供了条件。

4. 燃料供给与调节系统

此系统由燃油箱、转子式输油泵 26、燃油过滤器 21、喷油泵 31、喷油器 33 和调速器等部件组成。

燃料供给系统各部件集中布置在柴油机的左前侧，由齿轮系带动转子式输油泵 26 自燃油箱吸入燃油，经燃油过滤器 21 送至喷油泵 31，喷油泵根据需要定时、定量、定压地将燃油经高压油管送到喷油器 33，并喷入燃烧室，同配气机构提供的空气混合，燃烧膨胀做功，其供给燃油量的多少通过调速器自动调节，以使柴油机工作稳定。

5. 润滑系统

润滑系统由机油泵、机油过滤器、机油冷却器和压力调节与安全装置等部件组成。其润滑系统各部件，集中布置在机体的右侧。机油泵支架 36 倒挂在机体自由端下方，两个机油泵 37 并列着固定在该支架上。机油泵在齿轮系的驱动下，将油底壳内的机油压出，由单向调压阀 8 调节其压力，一路至离心过滤器过滤流回油底壳，一路由机油冷却器 13 和机油过滤器 14 进入主油道 47，然后通过机体内的油路，分别送往各摩擦表面，起到减摩、冷却、净化、密封和防锈作用，以减小摩擦阻力和零件的磨损，带走零件上的热量，保证柴油机正常地工作，延长柴油机使用寿命。

6. 冷却系统

冷却系统由水泵、风扇、散热器、中冷器和节温装置等部件组成。

冷却系统的动力装置——水泵，安装在齿轮罩壳两侧，同样由齿轮系传给动力驱动，右侧为高温循环水泵 27，它自散热器吸入冷却水，压入机体、气缸盖的冷却水腔内，使水流过气缸套及气缸盖内表面，将热量带走，起到冷却的作用，然后，冷却水经出水管流回散热器。左侧为低温循环水泵 22，它将散热器内的冷却水压入中冷器 16，流经机油冷却器 13，又流回到散热器内，散热器内的水与风扇吹来的空气流交换热量，使水温下降，带走热量，使冷却水再进入循环。正是由于冷却系统能将受热零件所吸收的多余热量及时传出，才保证柴油机零件在许可的温度下工作，不致因过热而造成损坏，影响柴油机正常工作。

但是，柴油机对冷却系统的冷却程序也有一定的要求，过热现象对柴油机有害处，同样过分冷却对柴油机也有害，它不仅使柴油机热能损失增加，也使可燃混合气燃烧恶劣、润滑不良，同时造成气缸套、活塞等零件腐蚀加剧，所以要控制冷却程度，这就需要节温装置，以保证柴油机合适的工作温度。

7. 起动系统

Z12V190 型柴油机采用电起动和气起动两种形式。电起动（即电动马达起动）系统是

由起动电动机、继电器、蓄电池和起动按钮等部分组成的。气起动（即气动马达起动）系统则是由气动马达、分水过滤器、油雾器、总旋阀和起动按钮等部分组成的。无论哪种形式，其功用都是借助于外力带动曲轴旋转，并使其达到一定的转速，使柴油机实现第一次着火、燃烧，由静止状态转入工作状态。

8. 增压装置

Z12V190 型柴油机采用废气涡轮增压器，利用柴油机排出的废气余热，将新鲜空气压缩后送入气缸，以增加进气密度，提高柴油机的平均有效压力和功率。

9. 安全保护装置

Z12V190 型柴油机配有油压低自动停车装置、超速安全装置和防爆装置，其功用是，当柴油机出现油压过低、转速过高等运行故障，或工作环境出现可燃性气体等意外状况时，能够及时停车，以防止事故发生，保护操作者和柴油机的安全。

3.2 柴油机的工作性能及装配技术要求

Z12V190 型柴油机广泛用作油田钻井、石油工程机械、柴油发电机组、内燃机车、挖泥船等的动力源，是一种较理想的动力机械。与其他动力设备一样，柴油机在工作时，要在一定的时间内消耗一定量的燃料，才能发出一定数量的动力，所以衡量柴油机性能的优劣，要从动力性和经济性两方面来评价，通常采用的动力性指标有有效转矩、有效功率等，经济性指标有有效热效率、比油耗等，而柴油机的这些性能指标又是随着许多因素而变化的，其变化规律称为柴油机的特性。

1. 柴油机的功率

柴油机的功率有指示功率和有效功率两种，指示功率 P_i 是以燃气对活塞做功为基础的指示指标，是根据示功图计算出来的，所以又称为指标马力，是柴油机单位时间内所做的指示功，其计算公式为

$$P_i=\frac{p_i V_h n i}{300\tau}$$

式中 P_i——指示功率（kW）；

p_i——平均指标压力（MPa）；

V_h——发动机气缸工作容积（L）；

n——转速（r/min）；

τ——冲程数；

i——气缸数。

指示功是燃气对活塞所做的功，而由于柴油机本身运动件的摩擦和带动配气机构、水泵、油泵、风扇等附属机构所消耗的功率为机械损失功率 P_t，因此有效功率 P_e 为指示功率 P_i 减去机械损失功率，即

$$P_e=P_i-P_t$$

有效功率和指示功率之比为机械效率 η_m，即

$$\eta_m=\frac{P_e}{P_i}=\frac{P_i-P_t}{P_i}$$

机械效率 η_m 代表了柴油机机械方面的完善程度，其值一般在 0.7~0.9 之间，Z12V190 型柴油机的机械效率为 0.8。它随着负荷的加大而增加，当内燃机负荷小于 50%时，机械效率迅速下降，在空车运转时，机械效率为零。此时发出的指示功率全部消耗于摩擦。

Z12V190 型柴油机根据该机的用途和使用条件，在标定工况所发出的有效功率 P_e 值，按照国家内燃机台架试验标准的规定，按转速 1500r/min 条件下，12h 功率和持续功率标定。

12h 功率是指柴油机连续正常运转 12h 所能发出的最大有效功率。Z12V190 型柴油机 12h 功率为 882kW。

持续功率是柴油机保持长期连续正常运转所能发出的有效功率。一般为同转速下 12h 功率的 90%，Z12V190 型柴油机持续功率为 794kW。

2. 柴油机的有效热效率和燃油消耗率

总得来衡量柴油机经济性能的重要指标是有效热效率和燃油消耗率。

有效热效率 η_e 是实际循环有效功 W_e 与为得到此有效功所消耗的热量之比，即

$$\eta_e=\frac{W_e}{Q_1}$$

在 η_e 中已考虑到实际柴油机工作时的一切损失了。

燃油消耗率是指单位有效功的耗油量，它通常是用每有效千瓦小时所消耗的燃料质量 g_e［单位为 g/(kW·h)］来表示，即

$$g_e=\frac{G_t}{P_e}\times10^3$$

式中　G_t——发动机在某个功率状态下每小时消耗的燃油量（g/h）。

一般高速废气涡轮增压的四冲程柴油机，其 g_e 在 160~210g/(kW·h) 之间，η_e 在 0.3~0.4 之间，Z12V190 型柴油机其 g_e=209.4g/(kW·h)；η_e=0.33。

以上所提到的柴油机的性能指标都是柴油机在某一给定工况下，用试验方法获得的，但这些数值只能表明柴油机在该工况下的动力性能和经济性能，而柴油机的运行工况大都是随动力装置的需要而相应地在不断变化着，不会始终停留在某一固定不变的工况下。

运行工况起了变化，其性能多数也随之而变，因此，要全面衡量一台柴油机性能指标的高低时，不但要看它在标定功率情况下各种指标的高低，还要同时考察在变工况运转下，各种参数变化和有关性能指标的数值，以判断它是否符合使用要求，这就需要有一种方法来表示。柴油机的性能指标随其工况而变化的关系，用曲线的形式来表示，就是柴油机的特性曲线。常用的有负载特性曲线、速度特性曲线和万有特性曲线。

由前面的分析可以看出，要保证柴油机的工作性能和可靠性，必须有相应的技术要求和加工、装配等制造手段。

3.3　柴油机装配工艺

3.3.1　概述

由前面对 Z12V190 型柴油机结构的简介中，可以看出，它是由许多零部件组成的复杂的机器。其装配就是按规定的技术要求，将零件或部件进行配合和连接，使之成为半成品或

成品的工艺过程，柴油机装配约占其制造劳动量的1/5。只有大幅度地提高生产率，才能满足生产的需要，这就要求装配工艺规程制定得更加合理。

装配工艺规程的设计是生产技术准备工作的主要内容之一。在制定装配工艺规程时，为便于分析研究，应绘制产品的装配系统图。对于柴油机这种复杂的机器，首先应划分装配单元（部件、组件），按装配单元绘制装配系统图。在产品装配系统图中只绘出直接进入总装的零部件，装配系统图反映了装配的基本过程和顺序，以及各零、部件的从属关系。根据它可以划分装配工序，指示出确定从哪里开始装配。例如，图3-7所示为柴油机活塞—连杆组件的装配系统图，图中每个零件、组件等都用长方格表示，注明名称、编号及数量，也可有补充文字说明，由基准零件开始把所有零件按装配的顺序列出，活塞—连杆组件就可作为一个装配单元，制定相应的装配工艺。

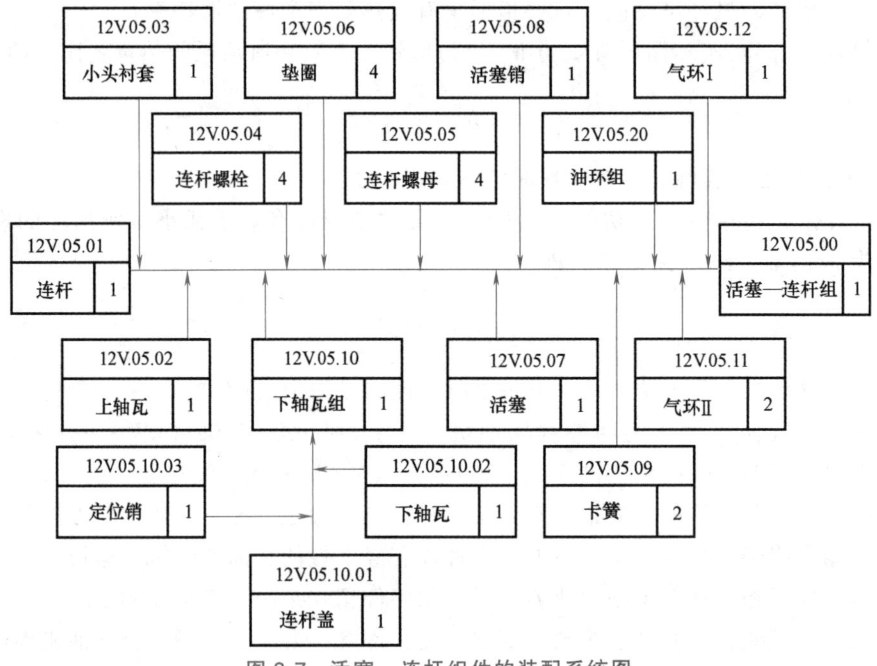

图3-7 活塞—连杆组件的装配系统图

3.3.2 装配的生产类型

生产纲领决定了装配的生产类型。不同生产类型使装配的组织形式、工艺方法、工艺过程的划分及工艺装备的多少、手工劳动的比例均有不同。

装配的生产类型按装配工作的生产批量大致可分为大批量生产、成批生产及单件小批生产三种。Z12V190型柴油机装配属于大批量生产。

3.3.3 装配的组织形式

装配的组织形式取决于被装配产品的结构、尺寸、精度和生产类型等因素。分为固定式装配和移动式装配两种。

Z12V190型柴油机装配过程中，部装和总装根据各自的特点采取了相应的装配组织形式，如图3-7所示。

部装中除了中冷器和气缸盖组件采用移动式装配，其余均采用固定式装配，这主要是由于部件组成零件少、重量轻，由一个人在一个工作地点就可以独立完成。装配好的部件都送到总装线各工位上待装。

总装采用了移动式装配，在流水装配线上进行。这样可以提高劳动生产率和装配工作的技术水平。为实现流水装配，在制定装配工艺规程时，应正确划分工序，每一工序的装配时间应与所要求的产品实际生产节拍相一致，或成整数倍，使工序同期化。

3.3.4　检验

在进行某项装配工作中和装配完成后，都要根据质量要求安排检验工作，这对保证装配质量极为重要。对于像柴油机这样较重大产品的部装、总装后的检验还涉及运转和试验的安全问题。

在部件及总装装配过程中，以及重要工序的前后往往需要进行中间检验，并应进行最终检验。

1. 检验内容

(1) 检验重要的配合间隙　采用完全互换装配法和分组选配法的，可直接装配和根据同组记号装配，在装配前后进行检验；采用修配法及调整法的，必须测量配合件的实际尺寸。

(2) 检验零件之间的位置精度　装配过程中应检验零件之间的垂直度、平行度及距离的尺寸精度等。例如，活塞裙部轴线与连杆大头孔轴线的垂直度；气缸套上凸缘凸出机体上平面的高度公差；气缸体上紧固气缸盖的螺栓与机体上平面的垂直度及螺栓的高度公差等。

(3) 检验零件连接的情况　它包括两方面的内容，一是固定连接的可靠性，另一方面是活动连接的表面接触质量。

1) 固定连接的可靠性。主要是检验螺纹连接零件的紧固程度，各种表面结合的紧密性等。例如，重要部件的螺栓、螺母的紧固程度、均衡性及其自锁；气缸盖上出砂孔螺塞紧固以后的密封性等。

2) 活动连接的表面接触质量。例如，曲轴轴颈与轴瓦的表面接触面积；进、排气门与气门座密封带研磨的质量；配气齿轮的齿间啮合的接触痕迹等。

2. 检验方法

(1) 直观检查　直观检查是凭检验人员的工作经验用肉眼观察或以主观感觉做出判断。例如，螺母上的开口销是否安装正确；零、部件表面是否有缺陷、毛刺、金属碎屑、污物等；活动连接的表面接触质量；根据活塞环在环槽中的转动及径向往复移动的程度来确定嵌入槽中的情况；把湿式气缸套放入机体中查看是否能自由移动，然后予以装配，以免在内燃机工作时不能保证气缸套受热膨胀而引起的变形；检验齿轮的啮合情况包括观测齿轮对另一个齿轮的自由摆动角度来判断啮合间隙的情况及根据齿轮工作时的噪声来确定齿轮啮合的正确性等。

(2) 用量具及检验夹具等检验　量具及检验夹具等用来检验零件结合的间隙、尺寸公差、平行度、垂直度等。

检验间隙使用最广的量具是塞尺，它不仅可以量出间隙的大小，而且可以检验各种表面结合的紧密性。例如，检验齿轮的啮合间隙，凸轮轴、曲轴与机体之间的轴向间隙，活塞裙

部与气缸套的间隙等。在不可能或不容易直接测出的间隙（如活塞与气缸盖的间隙、轴颈与轴承的间隙等）可用铅丝或铅块在间隙处承受挤压，从其被压缩变形后的形状间接度量出来。

在检验密封性时，气缸盖用专用设备做水压密封性能检验，进、排气门与气门座之间用煤油通入进、排气管做密封性试验等。

3.3.5 装配示例

柴油机由于零件多、结构复杂及装配精度高，一般都是先进行部件装配（装配成组件、部件等），然后进行总装配。Z12V190 型柴油机的装配也是一个由部件到总装的过程，Z12V190 型柴油机的部件都是采用先装配、试验好，然后送至总装线待装。下面以活塞—连杆组及 Z12V190 型柴油机的总装配为例来说明。

1. 活塞—连杆组的装配

如图 3-8 所示，活塞—连杆组包括活塞 3，活塞环 1、2，活塞销 4，连杆体 11，连杆小头衬套 12，连杆大头轴瓦 9，连杆螺栓 8 及螺母等零件。

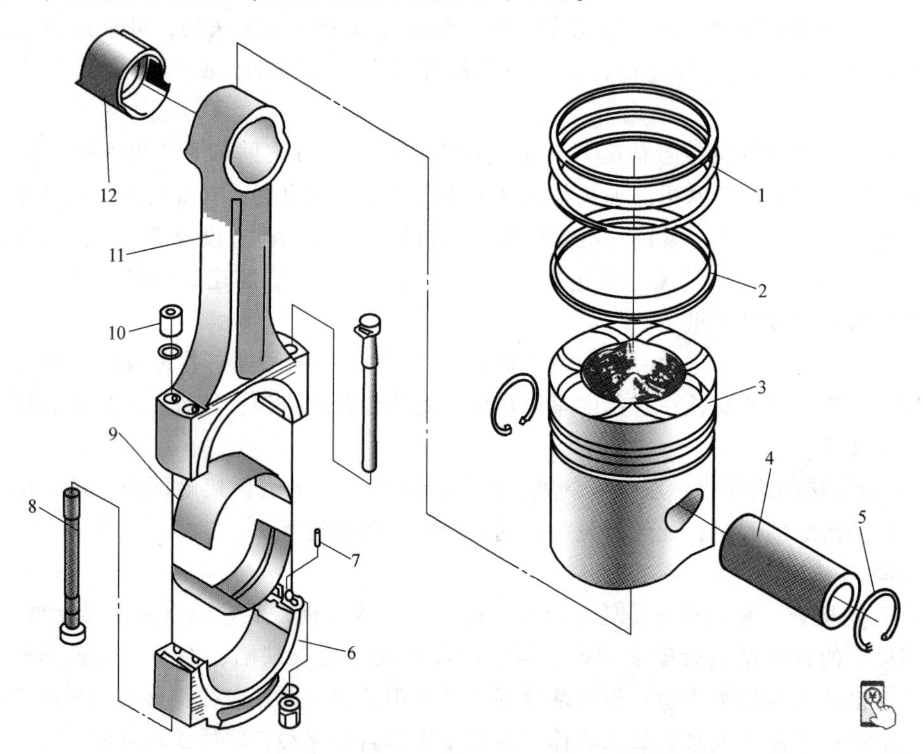

图 3-8　Z12V190 型柴油机活塞—连杆组

1、2—活塞环　3—活塞　4—活塞销　5—卡簧　6—连杆盖　7—定位销
8—连杆螺栓　9—大头轴瓦　10—螺母　11—连杆体　12—小头衬套

活塞—连杆组是传递动力的重要组件，它承受高温、高速、周期性变载荷的作用，安装不正确就容易磨损及工作不正常，影响柴油机的性能及使用寿命。

（1）组装连杆　组装前，彻底清洗轴瓦和连杆及螺栓、螺母，将小头衬套用液氮冷缩后，按一定方向压入连杆小头，其油道孔应对准；然后再上、下轴瓦对齐，并用螺栓、螺母紧固，其扭紧力矩为250~270N·m分三次按对角均匀上紧，其三次力矩分别为60N·m、120N·m和270N·m，装好后，用内径百分表测量大头瓦孔尺寸。合格后，在连杆和轴瓦侧面做标记，但不允许损伤轴瓦；每台柴油机有12个连杆，采用配重法分组，同组内重量差不大于25g。

(2) 活塞与连杆合装　活塞销与活塞销孔采用分组装配法装配，首先注意装配记号和结构特点，将装配方向校正好，然后用电热恒温箱把活塞加热至120~140℃，保温半小时，取出后在装配台上将活塞销、连杆、活塞一起装好，组装时连杆小头孔应加适量机油。

装卡簧时，其开口应向着活塞的顶端。活塞销受热膨胀，弹簧挡圈长期受到高温的作用，容易失去弹性，开口向上，端部虽然回缩，但是不容易跑出槽外，还可以保存润滑油。

(3) 活塞环的装配　清洗活塞环及活塞环槽，装配时应从下端的油环，自下而上依次装入。

安装油环组时，应先将螺旋弹簧装到油环内槽处，注意将弹簧接头与油环切口转至相对位置上，然后用专用工具将其装入油环槽内。

安装气环时，应特别注意安装方向，Z12V190型柴油机第二、三道气环为扭曲环，带有切口一面应朝上安装，千万不能装反，以免引起柴油机工作状况恶化。

各道活塞环装好后，向环槽内滴入清洁的机油，用手转动一下，检查各活塞环是否在槽内无阻碍地平稳转动。

(4) 清洗　每组12个活塞—连杆配齐后，装到清洗车上，送清洗机清洗。

(5) 送总装线待装

2. Z12V190型柴油机总装

该柴油机以机体为基准件，依次在机体上面装上各种零、部件。

(1) 装气缸套及密封圈　气缸套装在机体中，气缸套装配前应先装上密封胶圈，密封胶圈装入后，不得扭曲。用手尽可能地将气缸套压进气缸体内，然后用专用工具压入，装好后，检查内孔尺寸，防止因装配不当引起变形。12个气缸套装完后进行水压试验：向气缸体水腔内通入294~392kPa水压，历时5min不得有渗漏现象。

(2) 清洗机体　将机体放入机身清洗机内清洗，用高压气嘴将清洗好的机体吹净。

(3) 装凸轮轴、摇臂及摇臂轴和齿轮系　装前应将所有零件上的油道、油孔清洗干净，特别要注意所有轴套油孔安装位置、滚轮摇臂轴上油孔位置一定要对正，确保润滑油路畅通；装凸轮轴时采用导向轴，一定要注意保护好轴套不要被刮伤。

在安装摇臂轴时，一定要按规定安装次序和方向将隔套、隔环和滚轮摇臂一一穿入，不要遗漏或装错方向。装好后应检查轴向间隙，在每段支承间总间隙应为0.6~1.093mm。

齿轮系安装时，应按标记将齿对好，保证齿侧间隙，安装好后，打定位销。

(4) 装曲轴部件及气缸盖螺栓　将曲轴部件装到机体以前，应在主轴颈和主轴瓦面上涂上一层清洁的润滑油，然后装上曲轴，扣上主轴承盖，拧紧轴承盖螺母，其预紧力矩为1176~1372N·m；气缸盖螺栓装前应涂润滑油，按规定预紧力矩拧紧。

(5) 装油底壳、离心过滤器及活塞—连杆组　将活塞—连杆组装入气缸套时，应在活塞裙部及气缸套内涂少量润滑油；活塞环开口互相错开；采用专用工装将活塞—连杆组推入机体；油底壳装前应检查曲轴箱内各件是否已装配齐全，然后在油底壳橡胶石棉垫两侧涂密封胶，装到油底壳上，合装后用螺栓紧固。然后在机身两侧装上离心过滤器等部件，前端装

上齿轮罩壳。

(6) 装气缸盖组　装气缸盖时，左、右各一组，装前应检查缸盖与机体结合面之间有无异物，待气缸盖落下后，按顺序拧紧螺母，其预紧力矩为 314～353N·m。分 40N·m、80N·m、160N·m、314～353N·m 四次按交叉顺序均匀旋紧。

(7) 装飞轮组及角度指针

(8) 装气门顶杆组、调节气门间隙

(9) 装喷油泵、高压油管、水泵、减振器等部件

(10) 装中冷器及冷却水管

(11) 装燃油过滤器、机油冷却器等部件

(12) 装增压器等部件

(13) 装仪表盖

(14) 整机试水，检查密封性

根据以上所述，可对柴油机装配过程进行如下分析和阐述：

1) 总装配过程是围绕着机体基准件进行的，依次装上各零、部件等。装配顺序基本上是由内部到外部。

2) 在安装运动件时应注意：

① 配合件的配合间隙及配合状态应符合装配技术要求，并应进行检验。例如，正时齿轮之间的啮合间隙及啮合状态。

② 零件之间的相互位置应安装正确，必要时打上装配记号。例如，为了安装正确，在曲轴、凸轮轴、水泵的正时齿轮的某一二个齿的端面上，在机械加工车间时就预先打好标记，安装则要对准预定的相应标记。

3) 在安装固定件时应注意：

① 安装时除了用加工好的安装定位面保证相配零件之间的正确位置以外，还要注意在安装后才加工和装上的定位件的位置。必须保证所有拆下而重新装配的零件能够准确地装回原有位置（如采用钻、铰销孔和装定位销的方法）。

② 要保证固定连接件结合的可靠性和力矩的要求。例如，拧紧气缸盖螺栓、连杆螺栓对力矩应有一定的要求。

4) 重要的零件在安装时一定要保持清洁及涂润滑油。

5) 有些组件和部件要进行密封性试验。例如，气缸盖试气压，中冷器试水压，整机冷却系统试水压等。

3.4　保证柴油机装配精度的措施和柴油机试验

1. 保证柴油机装配精度的措施

装配是保证柴油机质量非常重要的环节。在生产中，常根据产品的生产类型、装配精度要求的高低及其结构不同等而采用不同的装配方法，以达到装配精度要求，获得良好的经济效益。

在柴油机装配中，由于活塞销与销孔、活塞销与连杆小头孔的配合要求很高，而其结构及装配关系较简单，故均采用了分组装配法，以使各零件加工要求易于保证，又能

满足装配要求。在供油系统中，喷油泵中的柱塞与套筒、喷油器的针阀体和针阀间则采用了选配法装配，在组装过程中需进行配对研磨，以保证其配合的紧密性。在供油系统中，为了保证气门挺柱未抬起时进排气门与摇臂之间保持适当的间隙，使这一复杂的装配系统易于达到要求，在与推杆接触的摇臂端部设计一螺钉，用以调整气门间隙（即采用了调整装配法）。

对于整台柴油机的总装来讲，大部分零部件的装配采用了生产率较高的互换装配法，以便于采用移动式装配组织形式，实现流水作业。

2. 装配用工艺装备

在柴油机装配工作中，为了保证装配技术要求需要采用很多工装。除去一些常规工装（如各种手工钳工工具、量具及电动工具）外，还大量采用了一些有助于保证装配质量，提高劳动生产率，减轻工人劳动强度的专用工装，其形式根据需要而定，如喷油器扒子、缸套扒子、活塞锥套和喷油器护套拆装用装置等。

图 3-9 为装活塞过程中所使用的锥套的示意图。尽管该锥套只有一个零件，但却能保证活塞方便、正确地装入气缸套，且大大提高生产率。装配时，首先将活塞锥环放在气缸套顶面上，然后将活塞—连杆装入，在锥环的导向下，活塞被顺利推入气缸套内，然后再连接连杆大头到曲轴上。图 3-10 所示为喷油器护套的拆卸工装及工作情况，工作时，将导向套 6、倒锥胀套 5 插入喷油器护套 8 内，并一直推至使倒锥胀套 5 上的弹性倒锥嵌入护套内的倒锥槽 A 里，用螺柱 3 将支板 2 固定到缸盖 7 上，转动把手，使螺杆 4 向上退出，将喷油器护套从气缸盖座孔内拉出。拆下喷油器护套后，将倒锥胀套从护套下端推出。

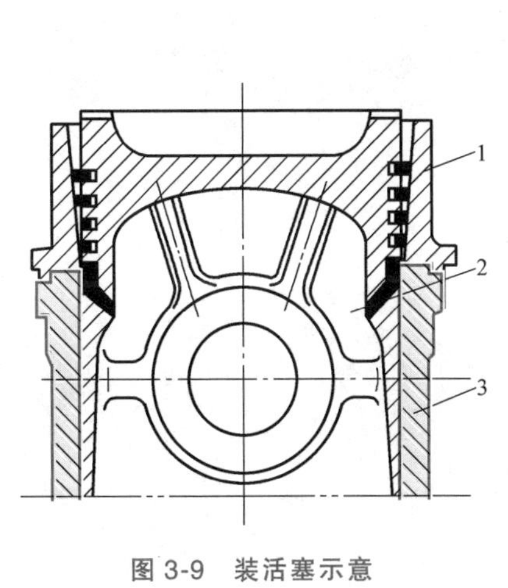

图 3-9　装活塞示意

1—锥套　2—缸套　3—活塞

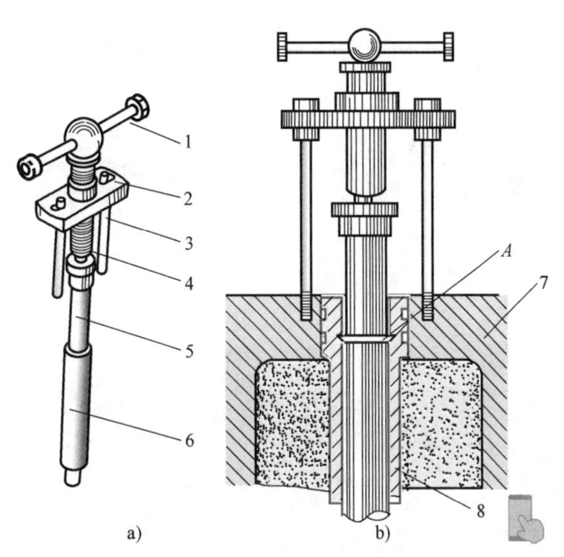

图 3-10　喷油器护套的拆卸

a）喷油器护套　b）工作情况

1—手柄　2—支板　3—螺柱　4—螺杆　5—倒锥胀套

6—导向套　7—缸盖　8—喷油器护套

以上介绍的两个专用工装十分简单，操作也方便，这是装配工装的特点，不但要能达到使用要求，而且尽量构造简单，操作方便，使工人使用起来得心应手。

3. 柴油机试验

柴油机装配完毕，检验合格后，还必须进行出厂试验，以保证达到规定的质量要求。出厂试验包括磨合试验和出厂验收试验。其目的是：

1）磨合各运动零件。

2）检查柴油机的制造和装配质量。

3）检查和调整柴油机各系统、各机构的工作情况。

4）检查柴油机的主要技术指标、经济指标是否符合产品技术条件的规定。

除进行出厂试验外，还需对柴油机产品进行“性能抽查试验”及“耐久性能抽查试验”，以便考核制造工艺的稳定情况。

第 4 章

典型零件机械加工工艺及工艺装备

4.1 主轴加工

4.1.1 概述

1. 主轴的功用及结构特点

主轴是机床的关键零件之一，它把旋转运动及转矩通过主轴端部的夹具（或辅具）传递给工件（或刀具）。工作中，主轴不但承受扭转力矩，而且承受弯曲力矩。由于对主轴的扭转变形和弯曲变形有严格的要求，所以一般机床主轴的扭转刚度和弯曲刚度都很高，同时，主轴也应有很高的回转精度，以便保证装在主轴上的工件或刀具有良好的回转精度，满足加工要求。可见，主轴的加工质量将直接影响到机床的工作精度和使用寿命。

主轴按其结构特点大致可分为三类，见表 4-1。

表 4-1　主轴分类

种类	示意图	说　明
一		具有中心通孔，孔的两端或一端有精密的锥孔或圆柱孔。例如，车床、铣床的主轴，卧式镗床的外主轴、磨床工件头架的主轴
二		一端有精密的锥孔。例如，钻床的主轴、卧式镗床的内主轴、组合钻床的主轴等
三		中心没有通孔的主轴。例如，磨床的砂轮轴等

三类主轴的共同点是都有三种主要工作表面，即支承轴颈、安装工具（如卡盘、顶尖、刀具、砂轮等）的表面、安装传动件（如齿轮、带轮等）的表面。

它们也有各自的特点：第一类主轴有中心通孔，以备工件或刀具从中通过，其一端或两端很精密；第二类主轴只有一端有精密的不通孔；第三类主轴则无中心通孔。

第一类主轴应用最广泛，其机械加工工艺过程也最复杂、典型。C6132 型卧式车床主轴属于该类型，下面将以它为例，进行分析讨论。

2. 主轴的技术条件

主轴的技术条件是根据主轴的功用和工作条件制定的。由图 2-11 所示 C6132 型卧式车床主轴箱结构展开简图可以看出，主轴在主轴箱中以它的几个支承轴颈与相应的轴承孔配合，从而确定了主轴在主轴箱中的径向位置，并由主轴的支承轴肩来确定它的轴向位置。显然主轴的支承轴颈是主轴的装配基准，它的制造精度直接影响到主轴组件的旋转精度，从而影响零件的加工质量。所以技术条件中各项精度都是以两个支承轴颈为基准来确定的。

主轴的前端锥孔是用来安装顶尖或工具锥柄的，其定心表面相对支承轴颈表面有严格的同轴度要求，它对机床工作精度的影响主要是造成夹具（或刀具）的安装误差，并因此影响到工件的加工精度。

主轴上的螺纹一般用来固定零件或调整轴承间隙。它的精度对主轴的回转精度有显著的影响，特别是主轴上锁紧螺母的轴向圆跳动量，导致轴承内圈轴线倾斜，从而使主轴的径向圆跳动和轴向圆跳动量大大增加，对工件的加工精度和轴承的使用寿命均有不良影响。造成锁紧螺母轴向圆跳动量过大的一个主要原因是主轴螺纹表面轴线与支承轴颈轴线倾斜。因此，在加工主轴螺纹时，必须控制螺纹表面轴线与主轴支承轴颈轴线的同轴度误差。

主轴轴向定位表面与主轴支承轴颈轴线的垂直度误差是使主轴产生轴向圆跳动的主要原因之一，必须严格控制。

由以上分析可知，支承轴颈、锥孔、前端短锥面及端面、轴向定位表面、螺纹表面等是主轴的主要工作表面，也是加工中的主要矛盾。在制定主轴机械加工工艺时，应当围绕如何解决这个主要矛盾来考虑。

根据主轴的功用和上述分析，主轴的技术要求可以归纳为以下几方面：

1）要求主轴有高的回转精度，这样才能保证工件的加工精度。为此，应保证：

① 两支承轴颈的尺寸精度、几何形状精度、相互位置精度。

② 主轴前端锥孔对支承轴颈的径向圆跳动。

③ 螺纹表面对支承轴颈的径向圆跳动。

④ 轴向定位支承面对支承轴颈轴线的垂直度。

2）要求主轴有足够的刚度和强度，以保证能传递一定转矩。

3）要求主轴有高的抗振性，以保证工件的加工表面质量和刀具寿命，提高生产率。

4）要求主轴滑动表面具有良好的耐磨性，以保证机床原始精度。

表 4-2 所示为 C6132 型卧式车床主轴的技术要求。零件图如图 4-1 所示。

表 4-2 C6132 型卧式车床主轴的技术要求

项目		精度要求
支承轴颈的尺寸公差等级		IT5
支承轴颈的圆柱度公差		0.005mm
支承轴颈的圆度公差		0.003mm
两支承轴颈的同轴度公差		0.003mm
主轴锥孔对支承轴颈的径向圆跳动公差	近轴端处	0.003mm
	离轴端 300mm 处	0.007mm
轴向定位支承面对支承轴颈轴线的垂直度公差		0.005mm

（续）

项目		精度要求
装卡盘的端面对支承轴颈轴线的垂直度公差		0.005mm
螺纹表面对支承轴颈的径向圆跳动公差		0.0025mm
主轴前端锥孔的接触面积比		>75%
表面粗糙度 Ra/μm	支承轴颈	0.8
	主轴前端锥孔	0.8
	与齿轮配合表面	1.6
	一般表面	3.2

3. 主轴的材料、毛坯及热处理

（1）主轴的材料及热处理　主轴的材料是在设计时根据主轴的使用性能要求进行选择的。

C6132型卧式车床主轴采用45钢。这是一般机床主轴常用的材料。经过正火，某些表面还要经过淬火处理，这样就可保证主轴具有一定的强度和耐磨性。

对于精度要求较高和转速较高的机床，其主轴一般选用40Cr等合金结构钢。经调质和表面淬火处理后，可以保证主轴具有较高的力学性能。

高精度磨床的主轴，有时还用轴承钢GCr15和弹簧钢65Mn等材料，通过调质和表面淬火后，具有更高的耐磨性和抗疲劳性能。

当要求主轴在高转速、重负荷等条件下工作时，可选用18CrMnTi、20Mn2B等低碳钢，精密主轴可选用38CrMoAlA高级渗氮钢材料。低碳合金钢经渗碳淬火后，具有很高的表面硬度、良好的冲击韧性和心部强度，但热处理变形较大。而渗氮钢经调质和表面渗氮后，同渗碳淬火钢相比具有更高的表面硬度和抗疲劳性能，渗氮层还具有抗腐蚀性能，热处理变形也很小。表4-3列举了一些常用主轴材料及热处理方法。

表4-3　常用主轴材料及热处理方法

主轴种类	材料	预备热处理方法	最终热处理方法	表面硬度HRC
车床、铣床主轴	45钢	正火或调质	局部加热淬火后回火（铅浴炉加热淬火、火焰淬火、高频感应淬火等）	45~52
外圆磨床砂轮轴	65Mn	调质	高频感应淬火后回火	50~56
专用车床主轴	40Cr	调质	局部加热淬火后回火	52~56
齿轮磨床主轴	18CrMnTi	正火	渗碳淬火后回火	58~63
卧式镗床主轴、精密外圆磨床砂轮轴	38CrMoAlA	调质、消除内应力处理	渗氮	65以上（>900HV）

（2）主轴毛坯的制造　主轴的毛坯多采用锻件。钢材经过锻造使金属纤维组织均匀致密，提高了抗拉、抗弯及抗扭强度。

锻造方法有自由锻和模锻两种。取决于主轴的产量、结构形状、尺寸大小以及本厂设备条件。

C6132型卧式车床主轴是批量生产，采用了模锻方法。得到的毛坯精度较高、余量小、

生产率高。模锻可锻造形状复杂的毛坯，且材料经模锻后，纤维组织的分布更有利于提高零件的强度。但模锻需要昂贵的设备，又要制造锻模，成本较高，适用于大批量生产。

自由锻设备简单，但毛坯精度低，余量大（10mm以上），特别是有贯穿孔的主轴，既浪费材料，生产率又低。自由锻多用于单件小批生产。

4.1.2 主轴加工工艺过程

1. 主轴加工的特点

通过前面对C6132型卧式车床主轴结构及技术条件的分析，可以看出，主轴加工的特点主要有两方面：

1）加工要求高，两支承轴颈的精度、表面粗糙度和同轴度，内锥孔等表面对支承轴颈的同轴度等要求都较高，是主轴加工的关键。

2）C6132型卧式车床主轴是一个空心阶梯轴，而其毛坯是实心锻件。因此需切除较多的金属。

根据以上特点，在拟定工艺过程时，应注意以下几个基本问题。

1）划分加工阶段，严格将粗精加工分开进行。

2）正确选择定位基准。

3）合理安排加工工序，要有足够的热处理工序。

总之，拟定主轴加工工艺过程时，要根据主轴的结构特点、技术条件、毛坯性质、生产类型以及具体的生产条件等综合、细致地进行考虑。

2. C6132型卧式车床主轴加工工艺过程

C6132型卧式车床主轴零件图如图4-1所示。

生产类型：成批生产；材料：45钢；毛坯：模锻件。

其工艺过程见表4-4。

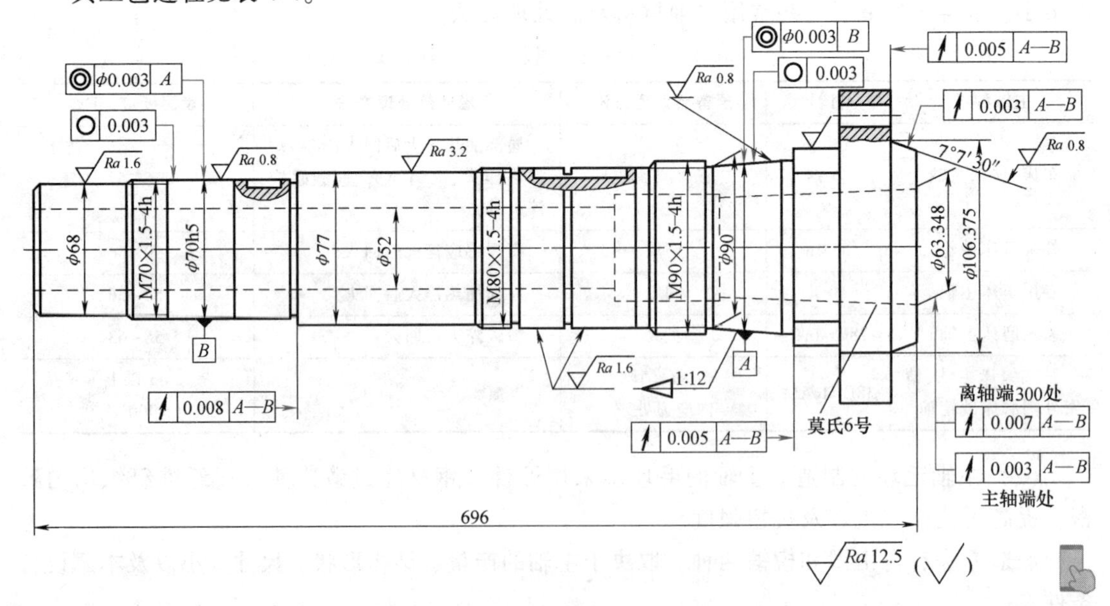

图4-1 C6132型卧式车床主轴零件图

表 4-4 C6132 型卧式车床主轴加工工艺过程

工序	工序内容	基准	设备
1	锻造		
2	正火		正火炉
3	1)粗车小端面,钻中心孔 2)粗车各外圆 3)钻导引孔	小端外圆 中心孔 外圆	车床
4	钻 $\phi52$mm 通孔	外圆	深孔钻床
5	1)半精车各外圆,倒角 2)半精车大端外圆,孔口倒角	大端外圆,小端孔口 小端外圆,支承外圆	普通车床
6	1)精车小端各外圆,倒角,车各空刀槽 2)精车大端各外圆,倒角	大端外圆,小端孔口倒角 小端外圆,支承外圆	数控车床
7	车莫氏锥孔,车空刀槽	小端外圆,支承外圆	普通车床
8	钻大端面各孔、倒角、攻螺纹	钻模	摇臂钻床
9	粗铣各键槽	划线找正	万能铣床
10	高频淬火(按图样要求进行)		
11	钳工,重攻大端面各螺纹孔、清理		
12	车小端内孔,修孔口倒角	外圆	普通车床
13	粗磨各外圆、立面	外圆	万能磨床
14	粗磨大端面、立面,粗磨大端圆锥面	小端外圆,支承轴颈	万能磨床
15	粗磨锥孔	小端外圆,支承轴颈	锥孔磨床
16	精铣各键槽	找正	万能铣床
17	低温时效		
18	半精磨各外圆、立面	外圆	万能磨床
19	半精磨大端面、立面,半精磨大端圆锥面	小端外圆,支承轴颈	万能磨床
20	半精磨锥孔、小端外圆、支承轴颈	大端面外圆	磨床
21	精车螺纹外圆、配螺母 M70×115mm	大端外圆,小端孔口倒角	普通车床
22	精磨各外圆、立面	外圆	万能磨床
23	精磨大端端面、立面,精磨大端圆锥面	小端外圆,支承轴颈	万能磨床
24	精磨锥孔	两支承轴颈	锥孔磨床
25	钳工、清理		

3. 主轴加工工艺过程分析

(1) 定位基准的选择

1) 精基准的选择。主轴加工中，为了保证各主要表面的位置精度，在选择定位基准时，应遵循“基准重合”与“互为基准”的原则，并能在一次装夹中尽可能加工出较多的表面。

主轴外圆表面的设计基准是主轴轴线，根据基准重合原则考虑应选择主轴两端顶尖孔作为精基准。这样，还能在一次装夹中把大多数外圆表面及端面加工出来，有利于保证加工面间的位置精度。但 C6132 型卧式车床主轴有中心通孔，从选择定位基准的角度来考虑，希望大多数采用顶尖孔来定位，而把深孔加工工序安排在最后；但深孔加工是粗加工工序，要切除大量金属，会引起主轴变形而影响加工质量，所以需要在粗车外圆之后就把深孔加工出来。为了体现“基准统一”的原则，在磨削加工时以锥孔和一端孔口倒角为定位基准，安装在两端有顶尖孔的锥堵心轴上，如图 4-2 所示。然后以顶尖孔定位，同时加工外圆表面，以达到同轴度要求。

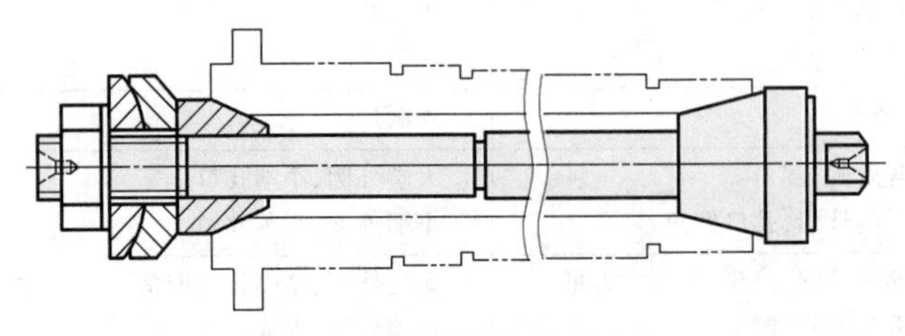

图 4-2　带有锥堵的拉杆心轴

为了简化工艺装备，C6132 型卧式车床主轴在车削加工外圆时，就用小端孔口倒角和大端外圆作为定位基准，并采取找正的措施来保证定位精度。

为了保证支承轴颈与主轴锥孔的同轴度要求，在选择精基准时，要遵循“互为基准”的原则。在 C6132 型卧式车床主轴加工中，车小端 60°倒角和大端内锥孔时（表 4-4 中工序 6、7），用的是支承轴颈为定位基准；在工序 13 粗磨各外圆时，则是以上述前后锥孔内所配锥堵的磨工心轴的顶尖孔为定位基准；在工序 15 粗磨锥孔时，以两个支承轴颈为定位基准，这就是按照互为基准原则进行基准转换，由于定位基准的精度比上道工序有所提高，故该工序的定位误差有所减小。工序 18 半精磨外圆和工序 20 半精磨锥孔以及工序 22 精磨外圆和工序 24 精磨锥孔均是这种转换关系，随着定位基准精度的提高而逐步提高其相互位置精度。转换次数的多少，要根据加工精度要求而定。

2）粗基准的选择。轴类零件粗基准一般选择外圆表面，以它作为粗基准定位加工顶尖孔，为后续工序加工出精基准。这样使外圆加工时的余量均匀，避免后续工序加工精度受到“误差复映”的影响。

（2）加工方法的选择　主轴主要是外圆、内孔及端面加工，根据加工表面本身的精度要求，选用相应的加工方法（各种加工方法所能达到的经济加工精度和表面粗糙度，可参阅附录）。这里要解决的主要问题是，所选加工方法必须保证达到图样要求，并在生产率和加工成本方面是最经济合理的。

C6132 型卧式车床主轴的加工方法主要是车削和磨削。支承轴颈外圆表面尺寸公差等级为 IT5，表面粗糙度 Ra 为 0.8μm，圆度公差为 0.003mm。采用加工方案：粗车—半精车—精车—粗磨—半精磨—精磨，锥孔内表面粗糙度 Ra 为 0.8μm；接触面积不低于 75%。采用加工方案：粗车—半精车—精车—粗磨—半精磨—精磨，键槽表面尺寸公差等级为 IT9，表面粗糙度 Ra 为 6.3μm。采用加工方案：粗铣—精铣。

（3）工序的安排

1）加工阶段的划分。由于主轴的精度要求高，并且在加工过程中要切除大量的金属，因此，必须将主轴的加工过程划分为几个阶段，将粗加工和精加工分别安排在不同阶段中。C6132 型卧式车床主轴的加工过程大致可分为三个阶段：

① 粗加工阶段。表 4-4 中工序 1～工序 4。此阶段的主要目的是：用大的切削用量切除

大部分金属，把毛坯加工至接近工件的最终形状和尺寸，只留下适当的加工余量。此外，还可发现锻件裂纹等缺陷，及时修补或报废。

② 半精加工阶段。表 4-4 中工序 5 ~ 工序 12。此阶段的主要目的是：为精加工做好准备，尤其是为精加工做好基准准备，对一些要求不高的表面完成全部加工，以达到图样规定的要求。

③ 精加工阶段。表 4-4 中工序 13 ~ 工序 24。此阶段使各表面都达到图样规定的要求。

在主轴的加工过程中，必须如上所述将粗精加工分开。不应在前面一道或几道工序中就完成主要表面的精加工，而应先完成各表面的粗加工，然后再完成各表面的精加工，主要表面的精加工应在最后进行。这样，精加工后的主要表面，不会受粗精加工其他表面所引起的内应力重新分布等因素的影响，保证已达到的精度，粗精加工分开还可以合理地使用机床和装备，提高生产率，降低成本。

2）工序的集中与分散。工序集中和工序分散是拟定工艺路线时，确定工序数目的两个不同的原则。一般，单件小批生产只能是工序集中，而大批大量生产则可以集中，也可以分散。在制定工艺路线时，要根据生产类型、车间设备负荷、工人技术水平、零件结构形状以及精度要求高低等情况来决定。

C6132 型卧式车床主轴精度要求较高，中间有通孔、壁薄，刚性不高。为确保其质量要求，根据工厂具体情况，基本上采取工序分散的原则，这样便于组织流水生产，每道工序设备与工艺装备比较简单，调整容易，对工人技术要求低。可采用合理的切削用量，减少机动时间。但也存在设备数量多，工人数量多，生产面积大等问题。

从目前情况及今后发展趋势来看，随着数控机床等自动化程度高的高效率机床的普及，越来越多地采用工序集中的原则来组织生产，即高级集中。C6132 型卧式车床主轴加工工艺中，使用了一台数控车床，将原工艺中分散在三个工序中的内容集中到工序 6 一个工序中加工。

3）加工顺序的安排。各表面加工顺序先后的确定，在很大程度上与定位基准的转换有关。当零件加工用的粗、精基准选定后，加工顺序就大致可以确定了。因为各阶段开始总是先加工定位基准面，即先行工序必须为后面工序准备好所用的定位基准。由 C6132 型卧式车床主轴加工工艺可以看出，工艺过程一开始就是车端面、钻中心孔，这是为粗车外圆准备定位基准。粗车外圆工序为深孔加工准备好定位基准。加工好的锥孔装上锥堵心轴后，又为外圆精加工准备了定位基准，最后磨锥孔的定位基准又是上道工序磨好的支承轴颈表面。

在安排主轴加工顺序时，还应注意下面几点：

① 深孔加工。深孔加工安排在外圆粗车之后，这是为了保证孔与外圆的同轴度，使主轴壁厚均匀。如果仅从定位的角度来考虑，为了在更多的工序中使用两顶尖孔，体现基准统一的原则，深孔加工安排到最后为好。但是深孔加工是粗加工，切削力大、产生热量大，会破坏已加工外圆表面的精度，同时，也由于钻孔精度低，造成主轴壁厚不均匀，无法修正。所以深孔只能放在粗加工阶段进行。

② 外圆表面的加工。一般先加工大直径外圆，再加工小直径外圆，以免一开始就使主轴刚度降低。

C6132 型卧式车床主轴刚度较大，采取先车小端外圆，从小直径向大直径加工，这样加

工比较方便，生产率略高。

③ 次要表面加工。主轴上的键槽、孔等次要表面的加工，一般都放在外圆精车后，淬火之前，这是因为若在精车前铣出键槽，精车外圆时就会因断续切削而产生振动，既影响加工质量，又降低了刀具寿命。若安排在淬火后加工，则加工困难。

主轴螺纹表面对支承轴颈有一定的同轴度要求，所以螺纹加工安排在最后热处理之后的精加工阶段，这样它就不会受半精加工后由于内应力重新分布所引起的变形及热处理变形的影响。C6132 型卧式车床主轴加工中，此工序安排在低温时效处理后（表 4-4 中工序 21）。

4）检验工序的安排。检验工序是保证质量，防止产生废品的重要措施。一般安排在各加工阶段的前后、重要工序的前后和花费工时较多的工序前后。

4.1.3 主轴加工主要工序分析

1. 深孔加工

C6132 型卧式车床主轴具有直径为 52mm，长度为 696mm 的中心通孔，其长度与直径尺寸之比为：$L/D=696/52\approx13$，属于深孔（$L/D>5$ 的孔）。深孔加工的特点是：

1）刀杆细长，刚性差，钻头容易引偏，使被加工孔的轴线歪斜。

2）排屑困难。

3）钻头散热条件差，容易丧失切削能力。

因此，在加工深孔的过程中，防止钻头的偏斜，保证孔的轴线的直线性，顺利地排出切屑，以及钻头的冷却润滑等，便成为深孔加工中的主要问题。一般采取下列措施：

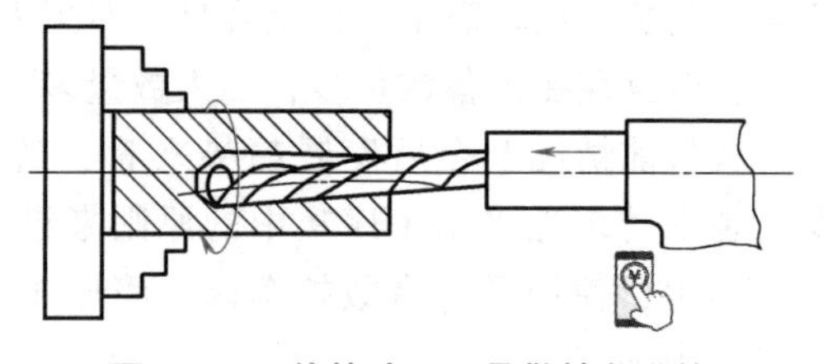

图 4-3 工件转动、刀具做轴向进给

1）采用工件旋转、刀具进给的加工方法，使钻头有自定中心的能力，如图 4-3 所示。

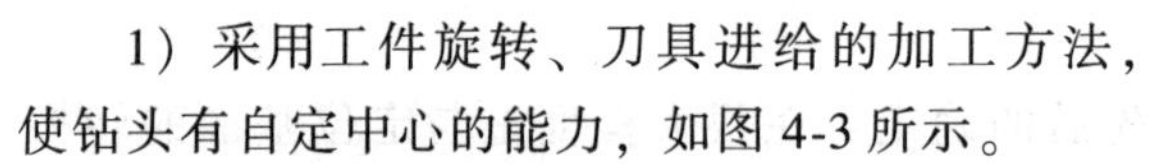

2）采用特殊结构的刀具（深孔钻），以增加其导向的稳定性和适应深孔加工的条件。

3）在工件上预先加工出一段精确的导向孔，引导钻头，防止钻偏。

4）采用压力输送的切削液并利用它排出切屑。

加工 C6132 型卧式车床主轴通孔时，在利用车床改装的专用深孔钻床上进行。采取工件转动、刀具进给的运动方式，使用内排屑深孔钻。如图 4-4 所示，高压切削液从钻头外部输入，经钻杆与孔壁之间的间隙进入被加工的孔内，切削液在通过钻头切削部分时，起到冷

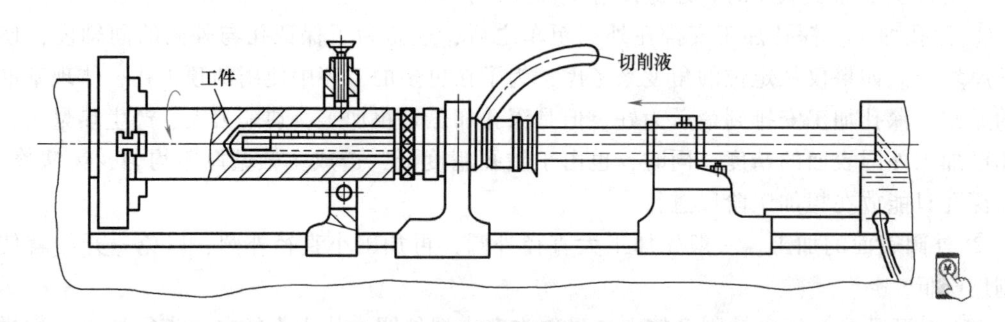

图 4-4 内排屑深孔加工示意图

却润滑的作用，最后经钻头和刀杆的内孔带着大量切屑排出。该方法加工出的孔与外圆的同轴度可达0.1mm，表面粗糙度 *Ra* 值可达 20μm，加工效率比用麻花钻提高一倍以上，大大减轻了工人的劳动强度，取得了满意的效果。

此外，深孔加工还可采用喷吸钻、DF 系统深孔钻，具有更高的加工效率，可获得更好的表面质量，但设备费用也大大增加。

2. 外圆加工

（1）外圆表面车削加工　轴类零件外圆表面加工、半精加工的主要方法是车削，C6132 型卧式车床主轴采用了粗车、半精车、精车作为磨削的预加工工序。轴类零件外圆表面的加工余量主要由车削切除，可提高外圆车削生产率，特别是对于 C6132 型卧式车床主轴这样的阶梯轴，有着重要的意义。

目前，提高外圆表面车削的生产率，可采取多种措施，如选用新型刀具材料（如钨钛钽钴类硬质合金、立方氮化硼刀片等）进行高速切削；设计先进的强力切削车刀，加大切削深度和进给量，进行强力切削，使用机械夹固车刀和可转位刀片等，缩短换刀和刃磨时间等。此外还应选择合适的机床设备。在大批大量生产中，多采用多刀半自动车床和液压仿形车床进行多阶梯轴的加工。

液压仿形车床可实现切削加工半自动化，它更换靠模、调整刀具都较简单，减轻了工人的劳动强度，提高了加工效率，应用在主轴的成批生产中是很经济的。仿形刀架的装卸和操作也很方便，可由普通车床进行改装，能充分发挥普通车床的使用效能。但它也存在着加工精度不够稳定，刚性较差，不适宜进行强力切削等缺陷。

多刀半自动车床上，几把车刀同时加工工件上的几个外圆表面和端面，可以缩短机动和辅助时间，使生产率大大提高，但是刀具调整需要花费较多时间。

目前，随着数控技术的发展，国内数控机床的使用率越来越高，它具有加工精度高，稳定性好，自动化程度高，产品更换简单等特点。C6132 型卧式车床主轴现行工艺精车外圆工序就是在数控车床上进行的。

（2）外圆表面磨削加工　磨削加工是轴类零件外圆表面精加工最常用的方法，能较经济地达到 IT6~IT7 精度，表面粗糙度 *Ra* 值可达 1.25~0.32μm。应用十分广泛。C6132 型卧式车床主轴精加工根据其精度要求，选择精加工方法为粗磨、半精磨和精磨。

在磨削过程中，由于诸多因素的影响，加工后工件表面易产生各种缺陷，表 4-5 列出了常见缺陷产生的原因及应采取的相应措施。

前面讲过，像 C6132 型卧式车床主轴这一类带有中心通孔的主轴，在通孔加工完后，必须重新建立外圆表面的定位基准，一般有三种方法：

1）在 C6132 型卧式车床主轴加工工艺中，采用图 4-2 所示的锥堵心轴。在通常情况下，心轴装好后不应拆卸或更换，以免锥面与中心孔的同轴度误差影响定位精度，从而影响各加工表面的位置精度。但是对于 C6132 型卧式车床主轴这种精密主轴，外圆和锥孔要反复多次互为基准加工，在这种情况下，在重新装配心轴时，需按外圆进行找正和修磨中心孔，以提高定位精度，保证工件加工精度。

2）在中心通孔的直径较小时（如磨床工件头架心轴），可直接在孔口倒出宽度不大于 2mm 的 60°倒角，用倒角锥面代替中心孔。

3）在不宜采用倒角锥面作定位基准时，可采用有中心孔的堵塞，如图 4-5 所示。在主

表 4-5　外圆磨削表面常见的缺陷和产生原因

工件缺陷	产生原因及措施
	原因： 1. 砂轮与工件沿径向产生振动；轴承刚性差或间隙大；砂轮不平衡 2. 顶尖莫氏锥度与头架、尾架接触不良 3. 工件顶尖孔与顶尖接触不好 4. 砂轮磨损不均或本身硬度不匀 5. 砂轮切削刃变钝 措施： 1. 仔细平衡砂轮 2. 电动机进行动平衡并采取隔振措施 3. 使顶尖莫氏锥度与机床接触不小于 80% 4. 使用合适的砂轮并及时修整 5. 修研顶尖孔
	原因： 1. 砂轮硬度过高或砂轮两边硬度高而磨削深度过大，破坏了微刃等高性 2. 纵向进给量过大 3. 砂轮磨损，母线不直 4. 头架与尾架刚性不等，使砂轮母线与工件母线不平行 5. 导轨润滑油压力过高或油太多，使工作台漂浮产生振动 6. 砂轮主轴轴向圆跳动超差 措施： 1. 注意修整砂轮，保持微刃等高性 2. 调整轴承间隙 3. 砂轮两边修成圆角 4. 工作台供油要适当
	原因： 1. 砂轮自锐性过强 2. 切削液不清洁 3. 砂轮罩上磨屑落入砂轮与工件之间 措施： 1. 砂轮磨料选择韧性高的材料，砂轮硬度要适当 2. 修整砂轮后，用切削液、毛刷清洗砂轮 3. 清理砂轮罩 4. 用过滤器过滤切削液
	原因： 1. 砂轮硬度偏高或粒度太细 2. 砂轮不锋利或太钝 3. 横向或纵向进给量过大，工件转速过低 4. 散热不良 措施： 1. 严格控制进给量，及时修整砂轮 2. 降低砂轮硬度，增大磨料粒度 3. 切削液要充分

轴大端，一般都有一个用于结合工具的锥孔；在主轴的小端可加工出一个圆柱孔或圆锥孔（专为定位的需要而设置，是一种辅助基准）。

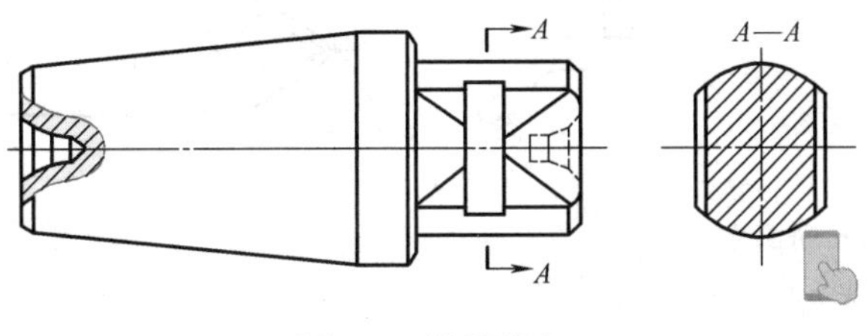

图 4-5　锥形堵塞

对于锥孔，配制外圆具有相应锥度的堵塞；对于圆柱孔，堵塞的锥度取 1∶500，同锥套心轴一样，堵塞装好后，在通常情况下不应拆卸或更换。

C6132 型卧式车床主轴磨削工序在外圆磨床上进行。前后两个顶尖都用精度较高的固定顶尖，而且对中心孔的精度要求也很高。

（3）中心孔的修研　作为主轴加工的主要定位基准，其质量对加工精度有直接的影响，若轴两端中心孔不在同一轴线上，工件在自重或切削力的作用下，会使顶尖与工件中心孔接触不良，如图 4-6 所示。因而会产生各轴颈间的同轴度误差和轴颈的圆度误差。

如果中心孔存在圆度误差，如图 4-7 所示。磨削加工时，工件就会被切削力推向一方，如距离 a 保持不变，中心孔的圆度误差就会直接反映到工件上去。由此可见，在主轴加工工艺过程中，适当地安排修研中心孔是非常重要的。常用的方法有以下几种：

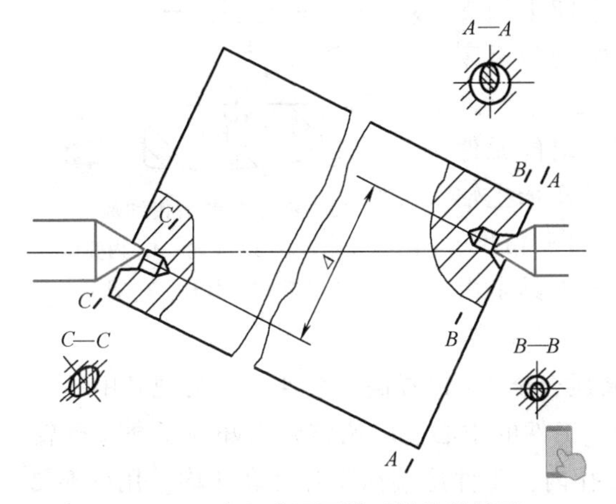

图 4-6　两中心孔不同轴时的接触情形

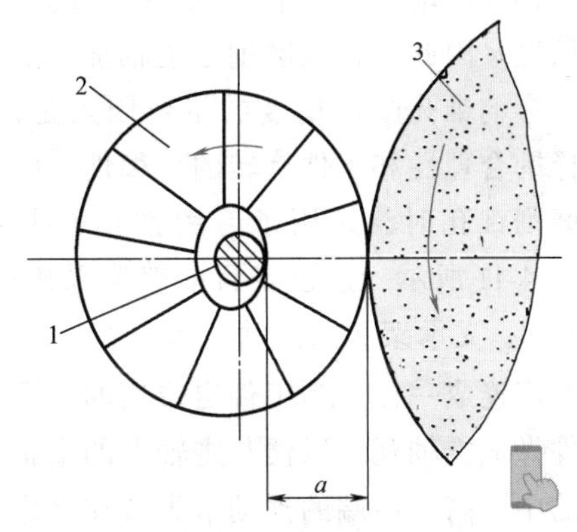

图 4-7　中心孔不圆引起外圆的圆度误差示意图

1—顶尖　2—工件　3—砂轮

1）用油石或橡胶轮修研。此种修研常在车床或钻床上进行。图 4-8 所示为在车床上用油石顶尖 1 加少量润滑剂（柴油或轻机油）研磨中心孔的情况。这种方法精度较高，但效率较低，且油石或橡胶砂轮易磨损，消耗量大。

2）用铸铁顶尖修研。以铸铁顶尖代替油石顶尖，顶尖转速不高。研磨时需加注研磨剂（用 W20 或 W14 的刚玉磨粉和全损耗系统用油调和而成）。

3）用硬质合金顶尖修研。硬质合金顶尖如图 4-9 所示，上面的 $f=0.2\sim0.5\text{mm}$ 的等宽刃带具有切削和挤光作用。此种方法效率较高，但加工精度较低。

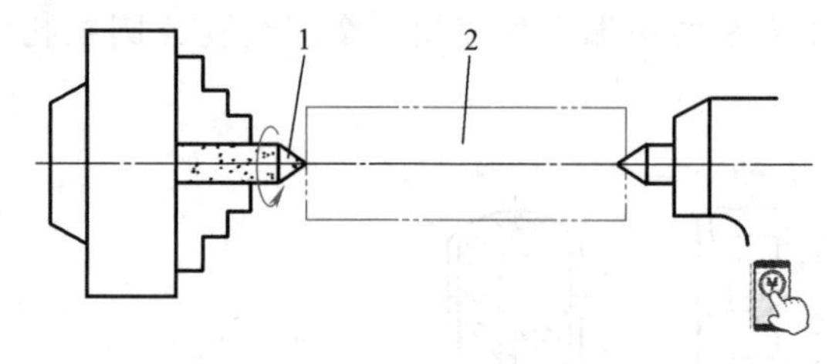

图 4-8 用油石研磨中心孔

1—油石顶尖 2—工件

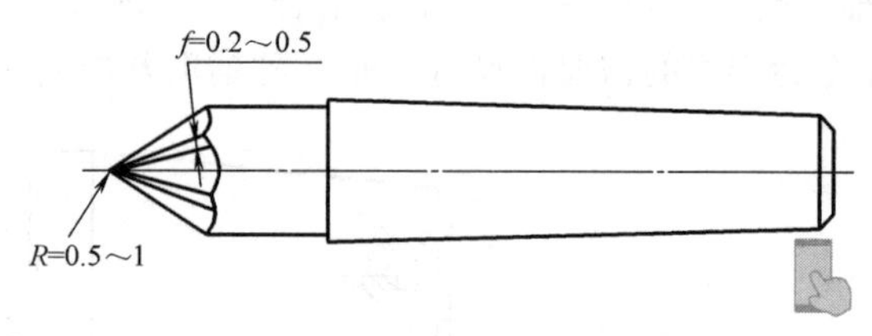

图 4-9 硬质合金顶尖

4）用中心孔磨床修研中心孔。图 4-10 所示为中心孔磨床的磨头，该磨床为立式，下面的工件由机床的顶尖、拨盘带动做回转运动。磨头具有三种运动：①主切削运动—带轮带动砂轮轴 1 回转；②行星运动—带轮 3 带动砂轮轴 1 做偏心为 e 的行星运动；③往复运动—带轮 3 与内壳体 4 及斜导轨副 5 连成一体，由径向轴承及推力轴承做回转运动。同时带轮 2 带动凸轮 7 转动，并推动杠杆 6 带动斜导轨副 5 往复运动。这样就克服了由于砂轮各点线速度不同而产生的误差。加工出的中心孔表面粗糙度 Ra 值可达 0.32μm，圆度误差达到 0.8μm。

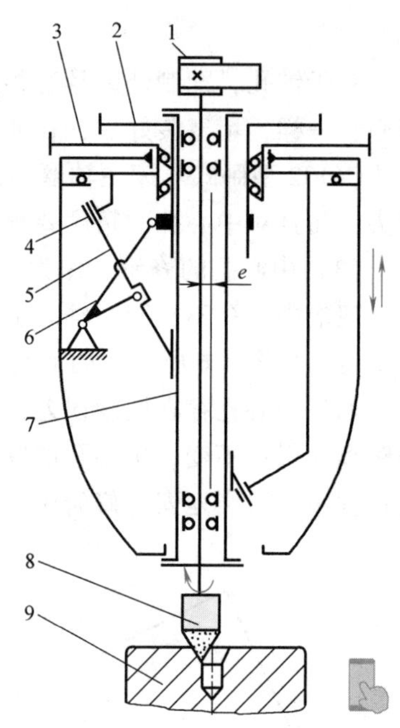

图 4-10 中心孔磨头传动原理

1—砂轮轴 2、3—带轮 4—内壳体 5—斜导轨副 6—杠杆 7—凸轮 8—砂轮 9—工件

3. 主轴锥孔的加工

主轴锥孔是用来安装顶尖或工具锥柄的，它同主轴支承轴颈及前端短锥的同轴度要求较高，否则会影响到机床的精度。因此，锥孔磨削是主轴加工的关键工序之一。

影响锥孔磨削精度的主要因素是定位基准、定位元件选择的合理性和工件旋转的平稳性。C6132 型卧式车床主轴在磨削锥孔时，采用了专用锥孔磨夹具来保证加工精度，如图 4-11 所示，这也是目前普遍采用的方法。该夹具是由底座 6、支承架 5 及浮动卡头三部分组成。前后两个支承架与底座连成一体。为工件定位用的 V 形块镶有硬质合金 3，以提高耐磨性（有的把其中一个元件做成锥轴瓦，以便与主轴上的锥轴颈配合），工件的中心高应调整到正好等于磨头砂轮轴的中心高，后端的浮动卡头装在磨床主轴的锥孔内，工件尾端插于弹性套 4 内。用弹簧 2 把浮动卡头外壳连同工件向后拉，通过钢球 1 压向镶有硬质合金 3 的锥柄端面，这样依靠压缩弹簧的张力就限制了工件的轴向窜动。采用这种连接方式，可以保证主轴支承轴颈的定位精度不受磨床床头误差的影响，也可减小机床本身的振动对加工质量的影响。这种夹具加工精度能达到锥孔对支承轴颈的径向圆跳动为（0.003～0.005）：300，表面粗糙度 Ra 值为 0.4μm，接触面在 80%以上，不仅加工质量好，而且提高了生产率。

此外，常用的安装方式还有以下两种：

1）将前支承轴颈安装在中心架上，后轴颈夹在磨床床头的卡盘内，磨削前严格校正两支承轴颈，前端可调整中心架，后端在卡爪和轴颈之间垫薄纸片来调整。这种方法辅助时间长，生产率低，而且磨床床头的误差会影响到工件上。但设备简单，所以在单件小批生产中常用。

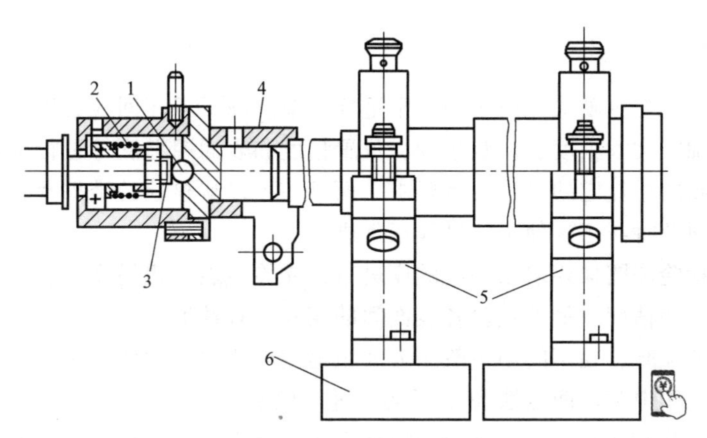

图 4-11　磨主轴锥孔的专用夹具

1—钢球　2—弹簧　3—硬质合金　4—弹性套　5—支承架　6—底座

2）将前后支承轴颈分别装在两个中心架上，用千分表校正好中心架位置。工件通过弹性联轴器或万向接头与磨床床头主轴连接。这种方式可以保证主轴轴颈的位置精度，而又不受磨床床头误差的影响，但调整中心架费时，质量也不稳定，一般只在生产规模不大时采用。

在磨削锥孔时常会出现一些缺陷，影响到锥孔精度和接触面积，下面分析一下常出现的加工误差及其影响因素。

① 影响锥孔母线直线度的因素。磨削锥孔时，一般锥孔端易出现“喇叭口”。主要是由于内圆磨具砂轮主轴的刚度低，当砂轮部分退出工件孔口时，砂轮所承受的径向力减小，弹性变形随之减小；这样就将孔口多磨去一些金属而造成“喇叭口”。为减小“喇叭口”误差。在磨削前要正确调整工作台往复行程的长度和位置，使砂轮不致越过工件孔口过多，一般不应超过砂轮宽度的1/3。有时锥孔母线成双曲线，其原因主要是砂轮回转轴线与工件回转轴线不等高。所以在装夹工件时，要保证其中心与砂轮中心等高，误差一般不得大于0.01mm。

② 影响锥孔圆度误差的因素。锥孔圆度误差的产生，主要是由于作为定位基准的支承轴颈本身的圆度误差；另外，磨锥孔夹具的前后支承面的制造误差、调整误差，以及机床主轴回转误差都会传递给工件。因此，在磨削锥孔前，必须使支承轴颈达到一定的精度，夹具支承必须满足一定的装配要求，主轴与工件最好采用柔性连接，以保证工件回转精度不受主轴回转精度的影响。只有这样才能保证工件在加工中具有稳定的回转轴线，满足锥孔磨削的要求。

③ 影响锥孔对两支承轴颈跳动的因素。主轴锥孔对两支承轴颈跳动误差的产生，与定位基准的选择有关，主要是基准不重合造成的。C6132型卧式车床主轴加工工艺中，选择两支承轴颈为精基准定位来磨削锥孔，使定位基准与设计基准重合，大大地减小了主轴锥孔对两支承轴颈的跳动误差。

为减小主轴锥孔对两支承轴颈的跳动误差，在单件小批生产或修配时，精磨主轴锥孔还可采用“自磨自”的方法，即在主轴锥孔未经精磨条件下让主轴提前进入装配，然后在这台机床的刀架上装上一个内圆磨头对主轴锥孔进行精磨加工，这种方法比较简单，但效率不高。

4.1.4 主轴检验

检验是测量和监控主轴加工质量的一个重要环节。除了工序间检验以外，在全部工序完成之后，应对主轴的尺寸精度、形状精度、位置精度和表面粗糙度等进行全面的检验，以便确定主轴是否达到图样规定的各项技术要求。而且还可以从检验的结果及时发现各道工序中存在的问题，以便及时纠正，使工艺过程正常进行。

主轴精度的检验按图样要求依一定顺序进行，先检验表面粗糙度、表面硬度、表面形状精度，然后检验尺寸精度，最后检验各表面间的相互位置精度。

表面粗糙度的检验，在车间中一般用表面粗糙度样块通过比较法来检验。

圆度误差在车间中常用两点法和 V 形架法进行检验。

两点法是用千分尺在垂直于工件轴线横截面的直径方向上进行测量，测量截面一周中直径最大差之半，即为截面的圆度误差。

V 形架法是将工件放在 V 形架上回转一周，使其轴线垂直于测量截面，同时固定轴向位置。

1）在被测工件回转一周的过程中，指示器读数的最大差值之半作为单个截面的圆度误差。

2）按上述方法测量若干个截面，取其最大的误差值作为该工件的圆度误差。

两点法和 V 形架法的测量精度都不高。高精度的轴颈可用圆度仪或三坐标测量机来测量圆度误差。

在成批生产中，若工艺过程比较稳定，且机床精度较高，有些项目常常采用抽检的办法，而不是逐项检验。主要配合表面的硬度一般在热处理车间检验。

检验相互位置精度时，一般是用两支承轴颈作为测量基准，这样可使测量基准和装配基准以及设计基准都重合，避免因基准不重合而引起的测量误差。

主轴的相互位置精度常用图 4-12 所示的专用检验夹具检验。

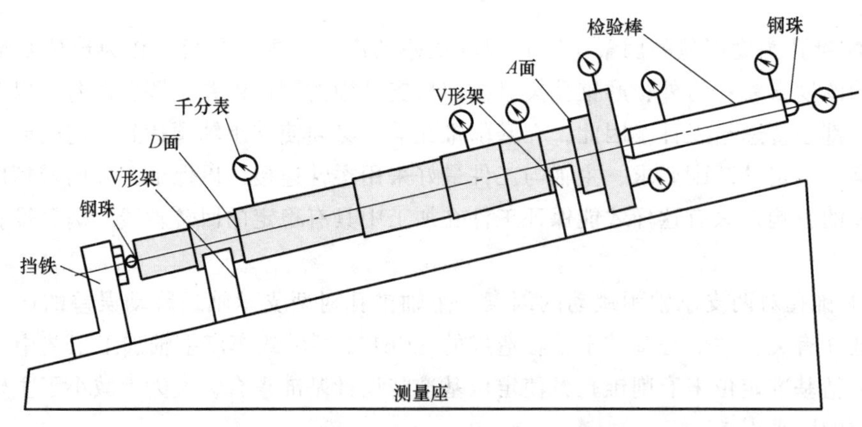

图 4-12 检验主轴位置精度的检验夹具

在倾斜的夹具底座上固定着两个 V 形架及一个挡铁，主轴以支承轴颈在 V 形架上定位。在主轴小端装入一个锥形堵塞（堵塞上有中心孔），主轴因自重通过堵塞、钢珠顶在夹具的挡铁上，达到轴向定位的目的。在主轴前端锥孔中插入一根检验心棒，它的测量部分长

300mm。按照检验要求在各有关位置上放置千分表。用手轻轻转动主轴，从千分表读数的变化即可测出各项误差，包括主轴锥孔及各有关表面相对支承轴颈的径向圆跳动和轴向圆跳动误差。

为了消除检验心棒测量部分和圆锥体之间的同轴度误差，在测量主轴前端及300mm处的跳动时，应将检验心棒转过180°，插入主轴锥孔后再测量一次，然后取两次读数的平均值，即可使检验心棒对锥孔的同轴度误差互相抵消，不影响测量结果。

前端锥孔的形状和尺寸精度，应以专用锥度量规检验，并用涂色法检验锥孔表面的接触情况。这项检验应在位置精度的检验之前进行。

4.2　丝杠加工

4.2.1　概述

丝杠是将旋转运动变成直线运动的传动件，如在金属切削机床上，由于丝杠的旋转，螺母即沿着丝杠的螺纹侧表面做直线运动，来完成机床的进给运动。机床丝杠不仅要能够准确地传递运动，而且要传递一定的动力。所以对其精度、强度和耐磨性等都有一定的要求。

1. 丝杠的分类

机床丝杠按其摩擦特性可分为滑动丝杠、滚动丝杠和静压丝杠三大类。其中滑动丝杠结构简单、制造方便，应用比较广泛，这里只讨论滑动丝杠的制造工艺。

机床上所用滑动丝杠的牙型角，大多采用梯形。这是因为梯形螺纹牙型比其他螺纹牙型（如三角形等）的传动效率高，精度好，加工也方便。

标准梯形螺纹的牙型角 α 一般等于30°，但对传动精度要求较高的传动丝杠，常取 α 小于30°，如丝杠磨床的母丝杠，它的螺纹牙型角 α 为15°。这是因为 α 角越小，丝杠中径尺寸变化对螺距误差的影响也越小，如图4-13所示。

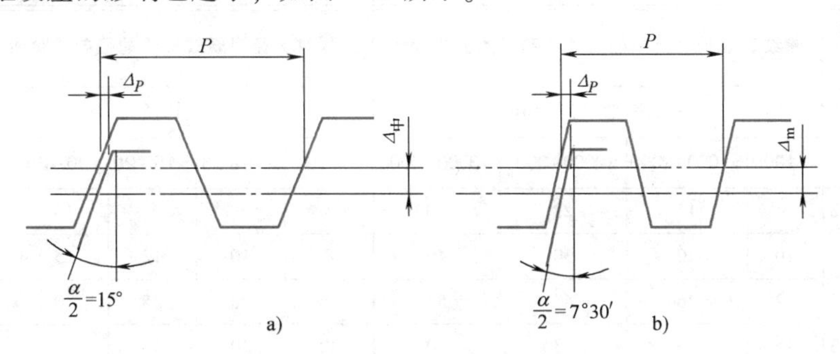

图4-13　两种牙型角的螺距误差

a）$\alpha=30°$　b）$\alpha=15°$

$$\Delta_P=\Delta_{中}\tan\frac{\alpha}{2}$$

当 $\alpha=30°$ 时　　$\Delta_P=\Delta_m\tan15°=0.268\Delta_m$

当 $\alpha=15°$ 时　　$\Delta_P=\Delta_m\tan7°30'=0.132\Delta_m$

由此可见，丝杠中径尺寸变化 Δ_m 所造成的螺距误差 Δ_P，在 α 等于30°时比 α 等于15°

时大一倍以上。

但要指出，滑动丝杠螺纹的摩擦力比较大，进给灵敏性较差，传动效率较低，润滑条件也不好，双向移动时还需采取消除间隙的措施。所以当机床精度要求高，特别是微进给精度要求高时（如数控机床进给丝杠），一般不采用滑动丝杠，而采用滚动丝杠或静压丝杠，以保证精度。

2. 丝杠的精度要求

（1）精度等级　根据各类机床的性能要求，我国机械行业标准 JB 2886—2008《机床梯形丝杠、螺母技术条件》把机床丝杠精度分为 3、4、5、6、7、8、9 七个等级，精度依次降低。3 级为最高级，目前 3、4 级很少应用，5、6、7 级为精密丝杠，如丝杠车床的母丝杠为 6 级精度。卧式车床和铣床的丝杠一般为 8 级，钻床、刨床丝杠多为 9 级。

（2）技术要求　机械行业标准 JB 2886—2008 具体规定了各级精度丝杠主要参数的技术要求。表 4-6 摘录了 JB 2886—2008 规定的 5~9 级精度丝杠的部分主要技术要求。其中牙型半角极限偏差主要影响丝杠、螺母的接触精度；全长上的中径尺寸变动量和中径跳动影响丝杠与螺母配合间隙的均匀性和位移精度；而螺距误差主要影响传动精度。

表 4-6　梯形丝杠的技术要求

精度等级	单个螺距公差	螺距公差/μm							牙型半角的极限偏差(′)		
		在规定长度(mm)内螺距累积公差			在下列螺纹有效长度(mm)内的螺距累积公差				螺距/mm		
		≤25	≤100	≤300	≤1000	>1000~2000	>2000~3000	>3000~4000	2~5	6~10	12~20
5	2.5	3.5	4.5	6.5	10	14	19	—	±12	±10	±8
6	4	7	8	11	16	21	27	33	±15	±12	±10
7	6	9	12	18	28	36	27	52	±20	±18	±15
8	12	18	25	35	55	65	75	85	±30	±25	±20
9	25	35	50	70	110	130	150	170			

精度等级	表面粗糙度 Ra/μm			螺纹有效长度上中径尺寸变动量的公差/μm				螺纹大径对螺纹轴线的径向圆跳动/μm					
				螺纹有效长度/mm				长径比					外径相等性公差
	大径	牙型侧面	小径	≤1000	>1000~2000	>2000~3000	>3000~4000	≤10	>10~15	>15~20	>20~25	>25~30	
5	0.4	0.4	0.8	8	15	22	30	5	6	8	10	12	h5
6	0.4	0.4	1.6	10	20	30	40	8	10	12	15	20	h5
7	0.4	0.8	3.2	12	26	40	53	16	20	25	30	40	h5
8	0.8	0.8	6.3	16	36	53	70	32	40	50	60	80	h6
9	1.6	1.6	6.3	21	48	70	90	63	80	100	120	160	f7

图 4-14 所示为 C6132 型卧式车床丝杠零件图，其主要参数为螺距 $P=6\text{mm}$，中径 $d_2=31\text{mm}$，大径 $d=34\text{mm}$，小径 $d_1=27.5\text{mm}$，牙型角 $\alpha=30°$。主要技术要求如下：

① 单螺距公差为 0.006mm。螺距最大累积公差为 0.009mm/25mm；0.12mm/100mm；0.018mm/300mm；0.036mm/全长。

② 中径圆度公差为 0.012mm。

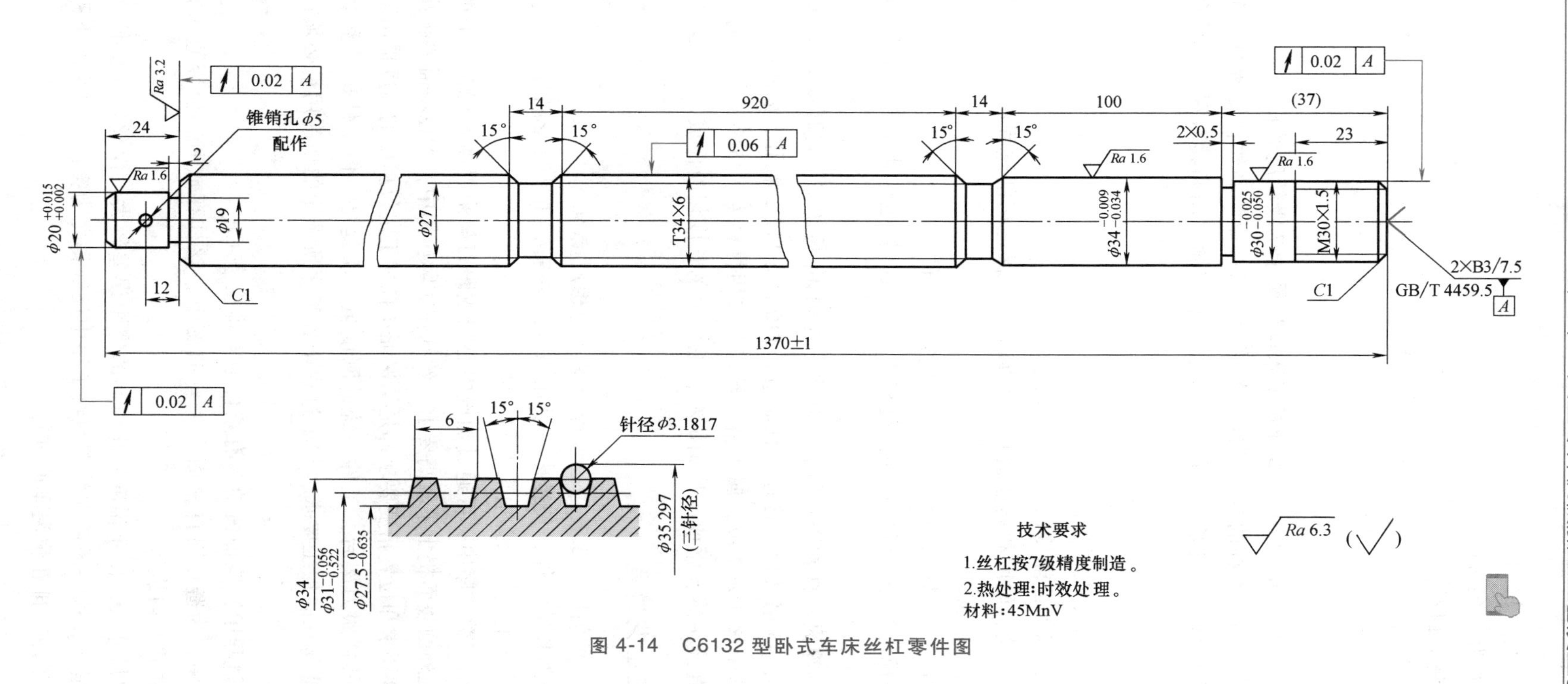

图 4-14 C6132 型卧式车床丝杠零件图

③ 外径相等性公差为 h6（$_{-0.013}^{\ 0}$）。

④ 外径跳动公差为 0.01mm。

⑤ 牙型半角公差为±18′。

⑥ 中径为 $d_{2}{}_{-0.522}^{-0.056}$mm。

⑦ 外径为 $d_{-0.300}^{\ 0}$mm。

⑧ 内径为 $d_{1}{}_{-0.635}^{\ 0}$mm。

对照表 4-6 所列数据可知，C6132 型卧式车床丝杠属于 7 级精度丝杠。

此外，由于支承轴颈是丝杠的装配基准，其精度会直接影响到丝杠旋转的径向圆跳动及轴向窜动量。所以零件图上对支承轴颈的尺寸精度、径向圆跳动和其对端面的垂直度等，都做了一定的要求。

3. 丝杠的材料及毛坯

丝杠材料的选用应满足以下条件：

1）足够的强度，以保证能传递一定的动力。

2）良好的加工性能，硬度和韧性适宜，易加工，以保证切削过程中，不会因粘刀或啃刀而影响加工精度与表面质量。

3）良好的耐磨性，这是保证丝杠使用寿命的重要条件。

4）金属组织的稳定性好，以免在加工过程中金相组织发生变化引起应力重新分布而产生变形。

根据以上要求不淬火丝杠常用材料有：45 钢、Y40Mn 易切钢、优质碳素工具钢（T10A 或 T12A）等。其中，45 钢常用于普通丝杠制造，T10A 或 T12A 常用于精密丝杠。

C6132 型卧式车床丝杠为 7 级，属于精密丝杠，选用材料为 Y45MnV 易切钢。

丝杠毛坯一般直接用热轧钢或冷拉钢棒料，按要求的长度切断而成。

4.2.2 丝杠加工工艺过程

1. 丝杠加工的主要问题和工艺过程设计应采取的相应措施

1）丝杠是一个细长轴零件，长径比一般在 20~50 左右，工件自身刚性很差，所以丝杠在加工过程中很容易产生变形，必须采取相应的工艺措施。

① 在丝杠加工的多数工序中，可通过加设中心架或跟刀架来提高丝杠在加工过程中的支承刚度。由此对丝杠外圆表面提出了较高要求。丝杠在实际应用中，大径不需要很高精度，其外圆表面的尺寸精度要求和位置精度要求都是从保证丝杠加工定位精度的角度提出来的。

② 在加设中心架或跟刀架后，工件系统的刚度虽有所提高，但工件仍是整个工艺系统的薄弱环节，为保证丝杠的加工要求，加工过程中各工序所选用的切削用量必须控制在许可范围内。

③ 在丝杠加工过程中，应谨慎地、有条件地安排校直工序。

④ 在加工过程中，为避免因自重而产生弯曲变形，丝杠存放时，应竖直吊挂或安置。热处理时，也宜在井式炉内进行。

2）丝杠的轴向尺寸大，由于温度变化引起的螺距误差较大，而丝杠在全长上的螺距最大累积误差又要求很严，这一矛盾在精车螺纹工序中反映得尤为突出。可采取下列措施：

① 将精车螺纹工序安排在恒温车间进行。

② 让待加工丝杠在恒温条件下放置足够长的时间（几小时到一昼夜），使丝杠的温度与恒温车间的温度平衡后再加工。

③ 在加工过程中充分使用切削液，以减少切削热和摩擦热的影响，切削液应有自动调节温度的装置，以保证加工中的恒温条件，这对丝杠加工尤为重要。

2. 丝杠加工工艺过程分析

表4-7列出了C6132型卧式车床丝杠机械加工工艺过程。以它为例来分析丝杠加工工艺过程的特点及规律。

表4-7　C6132型卧式车床丝杠机械加工工艺过程

工序	工序内容	设备
1	校直(外圆跳动1mm)	校直机
2	车两端面、钻中心孔 车ϕ31mm外圆(留余量0.5~0.6mm)、倒角 调头车ϕ31mm外圆(留余量0.5~0.6mm)、倒角 车ϕ27mm×14mm左右两空刀槽 倒角、粗车外圆	车床
3	钳工、打顺序号(在右端)	车床
4	校直(外圆跳动0.2mm)	校直机
5	粗磨外圆ϕ31mm(留余量0.1~0.5mm)	无心磨床
6	校直(外圆跳动0.15mm)	校直机
7	磨ϕ31mm外圆(为ϕ31.27mm+0.03mm)	无心磨床
8	修研中心孔	车床
9	铣梯形螺纹(底径铣好,每侧均留余量0.1~0.35mm)	旋风铣
10	车修两端不完整螺纹(厚度大于1.5mm)	车床
11	校直(外圆跳动0.15mm)	校直机
12	低温时效(外圆跳动0.15mm)	
13	校直(外圆跳动0.1mm)	校直机
14	修研两端中心孔 半精车梯形螺纹(两侧留余量0.2~0.25mm)	车床
15	低温时效(外圆跳动0.15mm)	
16	校直(外圆跳动0.1mm)	校直机
17	磨ϕ31mm外圆(留余量0.18mm及0.227mm)	无心磨床
18	修研两端中心孔	车床
19	第二次半精车梯形螺纹(两侧) 均留余量0.1~0.15mm;表面粗糙度Ra值为6.3μm	车床
20	精磨ϕ31mm外圆	无心磨床
21	修研两端中心孔(检查两端立面100mm处的外圆跳动为0.01mm)	车床
22	倒螺纹顶角0.3mm×15°	车床
23	车ϕ32mm外圆(留余量0.3~0.4mm)、切槽、倒角,车M30×1.5螺纹	车床
24	车ϕ20mm外圆(留余量0.3~0.4mm)、切槽、倒角	车床
25	在车床上校直,外圆跳动0.05mm(检查两端立面起100mm处外圆跳动0.01mm)	车床

（续）

工序	工 序 内 容	设备
26	磨 ϕ30f7 处圆立面	外圆磨床
27	磨 ϕ20k6 外圆	外圆磨床
28	精车梯形螺纹 注：1. 换刀时送检半角 2. 螺距精度送计量室检查 3. 完工后必须吊挂存放	螺纹车床
29	车修螺纹倒角 打光外圆	车　床
30	送检、入库	

（1）加工阶段的划分　由表 4-7 可以看到，C6132 型卧式车床丝杠的基本工序为：车端面、钻中心孔、加工外圆、粗精加工螺纹。

C6132 型卧式车床丝杠加工，可分为粗加工、半精加工及精加工三个阶段。它以作为基准的中心孔加工开始，以螺纹的精加工结束。

合理划分加工阶段对于丝杠这类易变形的细长轴零件尤为重要。

（2）定位基准的选择

1）精基准的选择。由图 4-14 可以看出，丝杠两中心孔是设计基准。根据基准重合和基准统一原则，C6132 卧式车床丝杠选择两端中心孔为精基准，在安排加工路线时，首先将它加工出来（表 4-7）。中心孔的加工精度对丝杠的加工质量有很大影响，C6132 型卧式车床丝杠选用带有 120°保护锥的 B 型中心孔。在加工过程中，适当地安排了多次修研中心孔工序，以保持其精度。

丝杠加工中，除以中心孔作为精基准外，还要用丝杠外圆表面作为辅助基准，以便在加工中采用跟刀架，增加刚度。因此，根据使用要求，虽然丝杠螺纹外圆的精度要求并不高，但为了满足工艺需要，该工艺不仅对 C6132 型卧式车床丝杠的外圆尺寸规定了较高要求，而且在加工中还安排了外圆粗精磨削的工序。

2）粗基准的选择。C6132 型卧式车床丝杠加工过程中，粗基准选外圆表面，这样不仅定位方便、可靠，而且还可使外圆面加工余量均匀，保证外圆表面的加工精度。

4.2.3　丝杠的主要机械加工工序

1. 丝杠的校直

C6132 型卧式车床丝杠工艺除毛坯外，在粗加工及精加工阶段都安排了校直工序，前后共有五次，安排在粗车外圆后，粗磨外圆后，铣螺纹后，两次低温时效后。

生产中常用的校直方法有以下三种：

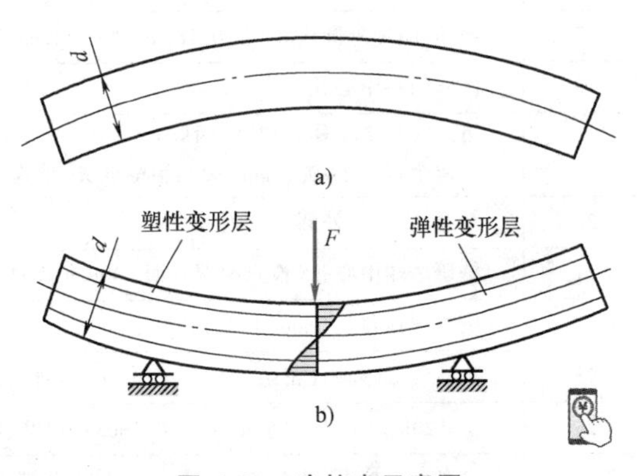

图 4-15　冷校直示意图

（1）冷校直　在室温状态下将弯曲变形的丝杠（图 4-15a）放在两个 V 形块上，使凸起部位朝上（图 4-15b），然后对凸起部位施

加外力 F，使其产生塑性变形，达到校直的目的。但经过冷校直的工件，其内部却附加了内应力，应力状态一旦破坏后，工件还会朝原来的弯曲方向变回去。所以冷校直不是最好的办法。但由于它具有简单易行、效率高的特点，生产中仍经常采用，C6132 型卧式车床丝杠就是采用这种校直方法。

（2）锤击校直法　锤击校直法也是一种冷校直法，如图 4-16 所示。它是将工件放在硬木或黄铜垫上，使弯曲部分的凸点向下，凹点向上，并用锤及扁錾敲击丝杠凹点螺纹底径，使其锤击面凹下处金属向两边伸展，以达到校直目的。

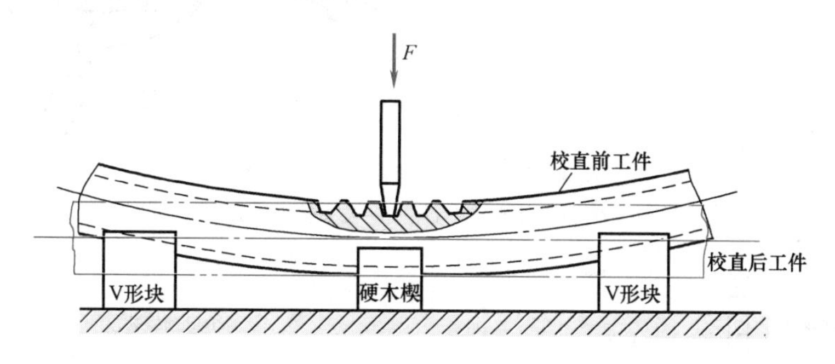

图 4-16　锤击校直法

（3）热校直法　用热校直法校直时，先将毛坯加热到正火温度，保温 45~60min，然后使其滚入如图 4-17 所示的三个滚筒中进行热校直。丝杠毛坯在校直机中，一边完成奥氏体向“珠光体+铁素体”的组织转变，一边进行校直，由于此时毛坯处于再结晶温度以上，校直过程中所产生的内应力，会自然消失。

这种方法操作简单，效率高，同时由于工件在加热状态校直，可达到正火目的，减少了内应力，改善了切削性能。

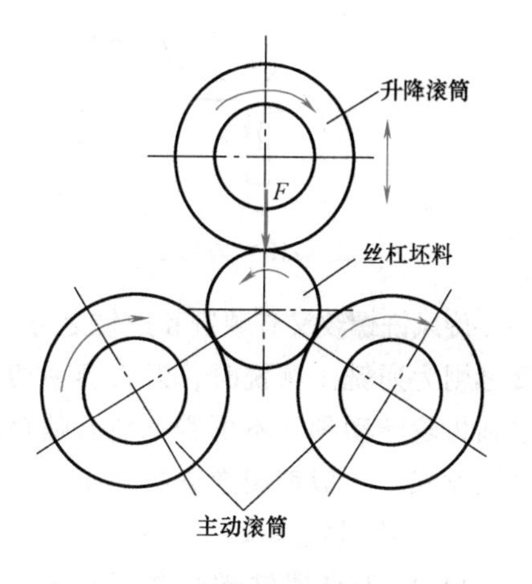

图 4-17　滚筒式校直机工作示意图

2. 旋风铣螺纹

C6132 型卧式车床丝杠机械加工工艺过程中（表 4-7），螺纹槽的粗加工是用旋风铣的方法加工的。旋风铣是一种高速的切削方法。

（1）旋风铣螺纹的工作原理　图 4-18 所示旋风铣螺纹的加工示意图，由单独电动机驱动的铣削头安装在车床刀架拖板上，铣削头装有一组 YT15 硬质合金螺纹刀具（一般为 4 把），其回转轴线与工件的回转轴线倾斜一个角度 β，β 应等于被加工丝杠螺纹中径的升角 ω_z。旋风铣螺纹时，铣削头做高速旋转主运动（n_0），工件缓慢旋转（n_w）。此外，刀盘还要沿工件轴线做进给运动（v_f），工件每转一周，铣头沿工件轴线移动一个导程的距离，刀具切削刃在工件上的运动轨迹包络面就是被切螺纹表面。

旋风铣螺纹有内切法（图 4-19）和外切法（图 4-20）之分。与外切法相比较，用内切法加工，切削刃和工件的接触弧线较长，切削较为平稳，加工质量较好，所占空间也小，但也存在工件装卸麻烦，切削刃空冷条件差，影响刀具寿命等缺点。生产中丝杠多采用内切法加工。（图 4-21）

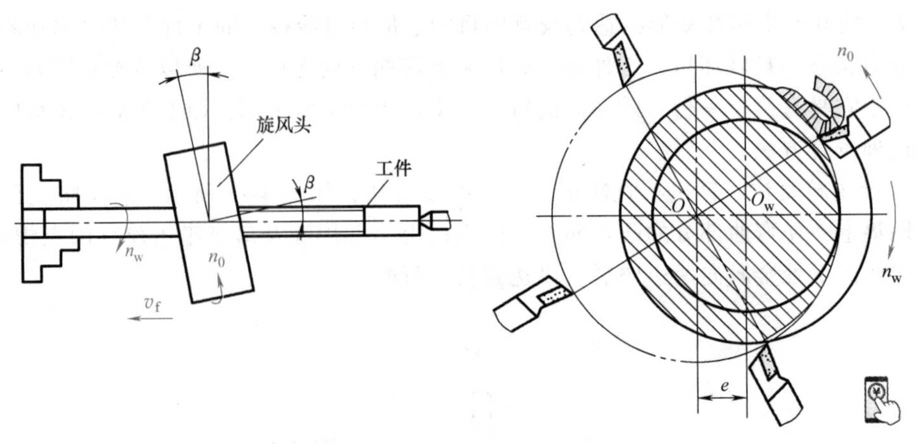

图 4-18　旋风铣螺纹加工示意图

O_w—工件旋转中心　O—铣头转旋中心

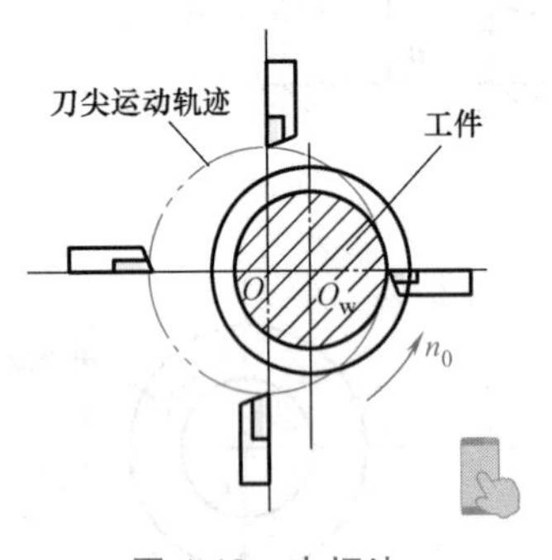

图 4-19　内切法

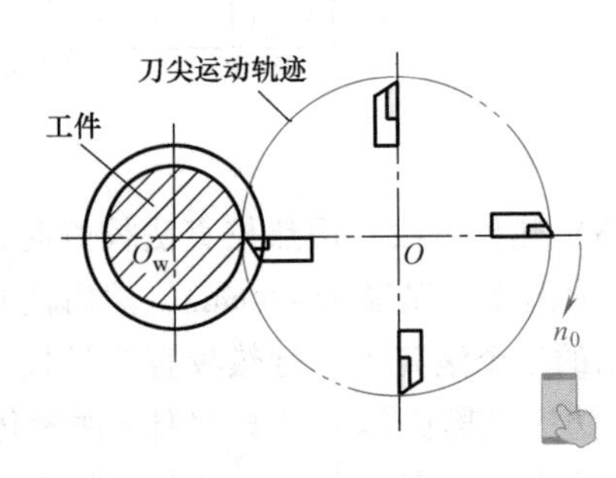

图 4-20　外切法

旋风铣螺纹又有顺铣和逆铣之分。铣头回转方向与工件回转方向相同称为顺铣（图 4-21），反之则为逆铣。顺铣时，刀具容易切入工件，但由于切削方向和机床主轴回转方向相同，而主轴齿轮转动副又不可避免地有啮合间隙存在，铣削必然不平稳，影响工件的加工质量。旋风铣丝杠，一般都用逆铣法加工。

（2）旋风铣螺纹的特点

1）由于高速铣螺纹的进给次数少，C6132 型卧式车床丝杠一次进给即可完成粗加工，所以生产率高，加工梯形螺纹比一般车削高几倍到 20 倍。

2）旋风铣螺纹的加工精度及表面质量较高。内切法加工丝杠及蜗杆精度可达 8 级。表面粗糙度 Ra 可达 3.2～1.6μm。

3）旋风铣螺纹所用的设备简单，操作容易，能减轻工人的劳动强度。

4）旋风铣螺纹属于回转体铣削的范畴，其主运动是刀盘的高速转动，而工件只做低速转动。这在加工大件时，其切削功率比车削小得多，因此能降低能量的消耗。

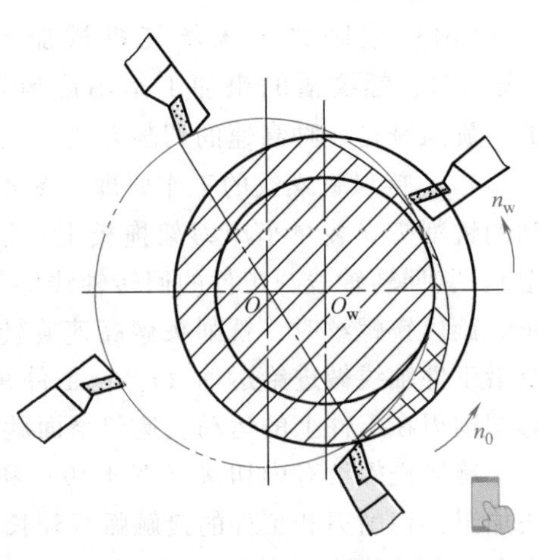

图 4-21　顺铣加工示意图

（3）旋风铣螺纹在生产中存在的主要问题及发展　目前，一般工厂中，通常先采用旋风铣来粗切螺纹，而通过精车螺纹来最终达到所需技术要求，如 C6132 型卧式车床丝杠加工工艺。旋风铣螺纹在生产中主要存在以下问题：

1）铣螺纹有理论误差。从理论上分析，丝杠螺旋面是阿基米德螺旋面，其轴向截形是直线。而旋风铣头的回转轴线与工件轴线有交角 β，若采用直线切削刃就会使加工出的丝杠螺旋面轴向截形不是直线而是曲线。

2）刀具与被加工螺旋面有“干涉”。由于螺旋面的螺纹升角在不同直径处是不同的，小径处最大，大径处最小，而旋风铣刀盘只能偏转一种角度，一般取 $\beta=\omega_{中}$，被加工螺纹的底部和顶部都会被多切去一部分金属，降低了螺纹精度。

3）旋风铣切削力变动大，易产生振动。

4）刀具寿命短。

产生以上问题的主要原因是旋风头的设计、调整使用不够合理，切削用量选择不当，磨刀、装刀等辅助工装不齐全。若采取相应措施加以改进，旋风铣螺纹精度可大大提高，完全可以用于精加工，对精度为 7~8 级的丝杠可一次加工完成，表面粗糙度 Ra 达 1.6μm。

我国目前已生产有专用旋风铣床，旋风头及其辅助工装的制造也日趋完善。由于旋风铣具有优质、高效、低耗的特点，符合当前金属切削加工及机床的主要发展趋势，在生产中应用越来越广泛，具有广阔的发展前景。

3. 车螺纹

精车螺纹是不淬火丝杠的最后加工工序，如 C6132 型卧式车床丝杠。丝杠螺纹精度的几个主要指标——螺距、中径、牙型半角以及表面粗糙度等，都在这道工序中保证。

（1）精车螺纹刀具　螺纹精车刀具的质量至关重要，它对丝杠的加工质量影响很大。螺纹精车刀具应满足以下要求：

1）硬度高、耐磨性好，能长期保持车刀外形，一般采用 W18Cr4V 高速钢，硬度在 64HRC 以上，也有采用硬质合金的，如 YG6。

2）刀具前后面表面粗糙度 $Ra<0.16\sim0.04\mu m$。

3）刀口锋利，不会影响螺纹表面的加工质量。

如图 4-22 所示，为获得精确的螺纹槽截形，螺纹精车刀的前角应取为 0°，刀具两侧刃的后角考虑由于螺旋面引起的后角变动量，而不相等，顶刃后角取值小于侧刃后角。

丝杠螺纹表面是阿基米德螺旋面，通过丝杠中心的轴向截面轮廓是直线。螺纹精车车刀的前角 $\gamma=0°$，左右两主切削刃是直线。因此，车刀在安装时，必须使两切削刃位于通过被加工丝杠轴线的水平面上，并与垂直丝杠轴线的平面成 $\alpha/2$ 角。否则就会影响螺纹的牙型轮廓线，以及牙型半角，造成加工误差，如图 4-23 所示。

（2）丝杠车床　丝杠车床是用于车削丝杠的专用机床。加工出来的螺纹精度可达 6 级以上，表面粗糙度 Ra 可达 0.63~0.32μm。

C6132 型卧式车床丝杠采用 SG8630 型高精度丝杠车床进行精车螺纹加工。它由床身、主轴箱、刀架、尾座、进给交换齿轮和传动丝杠等部分组成。为了减少传动误差，同一般机床相比取消了进给箱和溜板箱。刀架和主轴之间的传动比用精密交换齿轮保证，刀架的横向切入和小刀架的移动均为手动。

丝杠车床之所以能保证高的加工精度，主要是因为它具有以下特点：

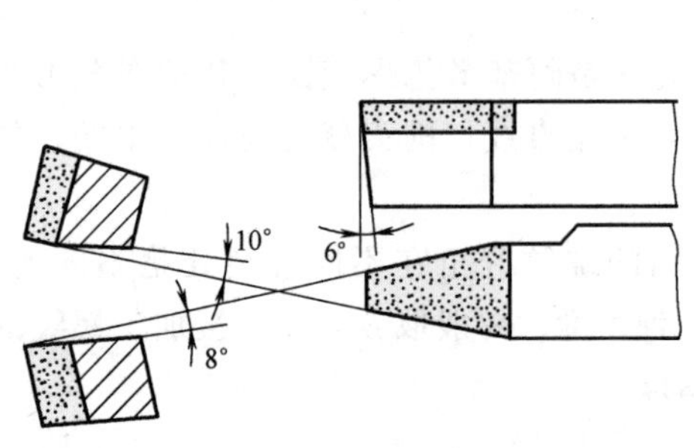

图 4-22　螺纹精车刀

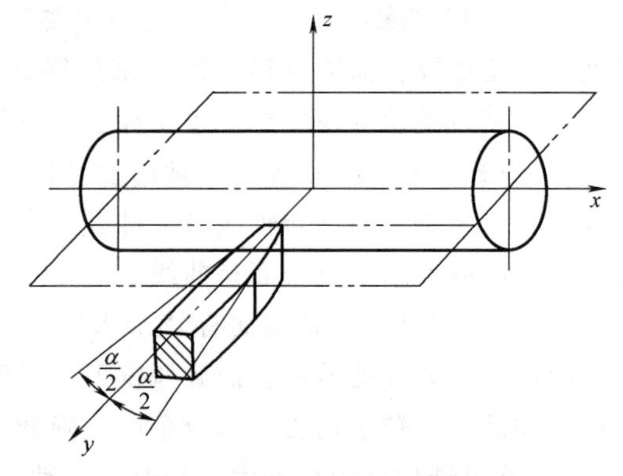

图 4-23　螺纹车刀安装位置

1）传动链短，传动元件的精度高。从主轴到丝杠只经过两对高精度交换齿轮的传动，传动元件的数量减少到最低程度，降低了传动元件误差对传动精度的影响，提高了传动精度。

2）传动丝杠的精度高，直径大，安装在床身两导轨之间。母丝杠直径大，与螺母间的接触应力小、磨损慢，可长时间保持精度。丝杠安装在两导轨间，刀架滑板不受倾倒力矩的作用，母丝杠与螺母的接触均匀。

3）与普通车床相比，丝杠车床的零部件制造精度和装配精度都有显著的提高。

4）为了减小机床热变形对加工精度的影响，丝杠车床是在恒温车间内进行装配和调整的，机床的使用也应在（20±2）℃的恒温条件下。

5）机床带有螺距校正装置。

4.2.4　丝杠的检验

1. 丝杠加工的检验项目

丝杠在加工过程中和加工完成后都要进行检验，以便发现问题及时采取措施，保证丝杠的加工质量。

测量不同精度的零件，应选择不同精度的测量工具，关于测量工具的选择标准，一般以其测量的最大极限误差不得超过被测尺寸公差的 1/10~1/5 为标准；对高精度零件的几何参数，也可适当放宽到 1/3。

丝杠加工的终检项目有：

1）螺距误差。

2）螺距累积误差。

3）螺纹中径误差。

4）螺纹中径圆度误差。

5）牙型半角误差。

6）螺纹表面粗糙度。

7）装配基准面的尺寸精度。

2. 丝杠螺距的测量

生产上对 9 级低精度丝杠的螺距，可用一专用样板来检验。对 7~8 级精密丝杠的螺距，就要采用专门的量具进行测量。对 5~6 级高精度丝杠的螺距，大多采用静态测量的方法。目前较先进的测量方法是丝杠螺距误差的动态测量法。

常用的测量方法有两种。一种是将被测丝杠的螺距与标准螺距逐个进行比较，指示仪的读数就是被测丝杠螺距相对于标准螺距之差；另一种是将被测丝杠的螺距逐个累积与标准刻度（标准丝杠、基础刻线尺、磁尺、长光栅尺等）进行比较，指示仪的读数就是被测丝杠螺距的逐个累积值相对于标准长度之差。这两种测量方法的本质是完全相同的，后一种测量方法的单个螺距误差等于相邻两牙的累积误差之差。图 4-24 所示测螺距检具就属于第一种测量方法的测量装置。图中固定测头 2 和活动测头 1 都装在检具体上，活动测头可以绕轴 7 摆动；在弹簧 3 的作用下，活动测头向一个方向偏摆，与被测螺纹轮廓保持接触；为了防止摆角过大，用限位螺钉 6 限位。千分表 4 由紧固螺钉 5 固定，千分表头的指针应预先在标准丝杠上标定对零。测量时检具体 8 上的 V 形槽骑在被测丝杠的外圆柱面上，让固定测头与丝杠螺纹表面的一侧靠紧，活动测头 1 压在相邻螺纹表面的同名侧面上，通过杠杆推动千分表量头，千分表读数就是被测丝杠螺距相对于标准丝杠螺距的差值。

检具标定对零的方法如下：先让检具体上的 V 形槽置在标准丝杠的外圆柱面上，让固定测头 2 和活动测头 1 分别靠在两相邻同侧螺旋面上，然后转动千分表表盘使指针对零。

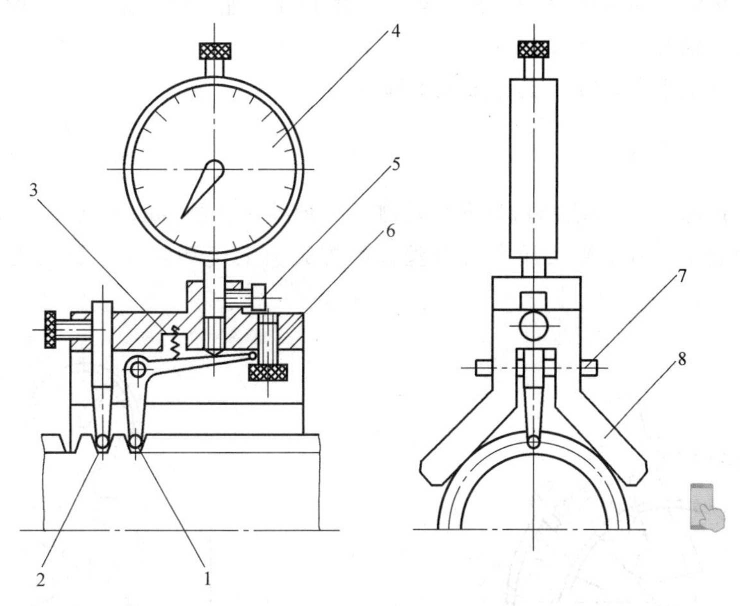

图 4-24　测螺距检具

1—活动测头　2—固定测头　3—弹簧　4—千分表　5—紧固螺钉　6—限位螺钉　7—轴　8—检具体

上述测量方法都是静态测量方法。静态测量比较稳定，只要正确操作，仔细读数，并控制温差，就可以用来测量 6 级精度的丝杠。但这种测量方法有它自身的缺点：测量时间长，测一根丝杠需要几个小时；静态测量是对静止丝杠所进行的单面断续测量，测量值反映不了丝杠螺旋线的全面情况。

要正确反映在运转条件下丝杠的螺旋线精度，需要对丝杠的螺距误差做动态测量。图 4-25 所示为一台对丝杠螺距进行动态测量的检查仪，图中 8 是标准丝杠，被测丝杠 4 用联轴器 6 与标准丝杠相连，1 是工作台，它可以在滚动导轨 9 上自由移动。连续旋转标准丝杠和

被测丝杠，工作台1连同电感测头5连续向前移动，若被测丝杠有螺距误差，电感测头就会连续地将螺旋线精度信息送入自动记录仪2。动态测量方法测一根丝杠一般只要几分钟，故它与静态相比，精度高，测量迅速，操作也方便。

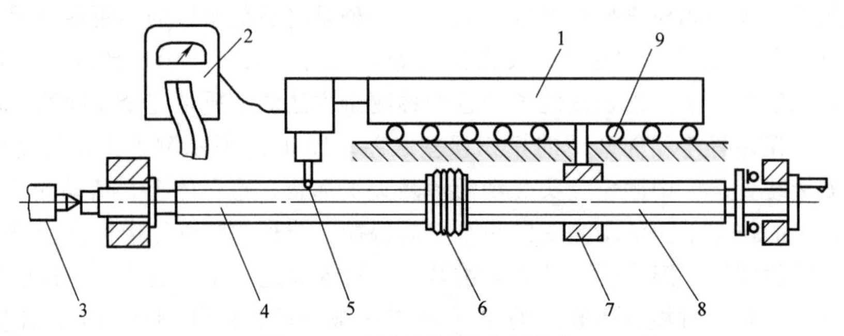

图 4-25 丝杠螺距动态测量仪

1—工作台 2—记录仪 3—气动顶尖 4—丝杠 5—电感测头
6—联轴器 7—螺母 8—标准丝杠 9—滚动导轨

3. 螺纹牙型半角的检验

普通丝杠的牙型半角一般可用样板检查。当用游标万能角度尺进行检查时，角度尺的刀口面要通过丝杠的轴线，如图4-26所示。

精密丝杠的牙型半角可在工具显微镜上检验。

4.2.5 螺纹中径的检验

螺纹中经常用图4-27所示的检具做相对测量。检验时，检具的V形架2置于被测丝杠3的大径上，千分表1的锥形测头压在被测丝杠的螺旋面上（测量前千分表指针可在标准丝杠上标定对零）。

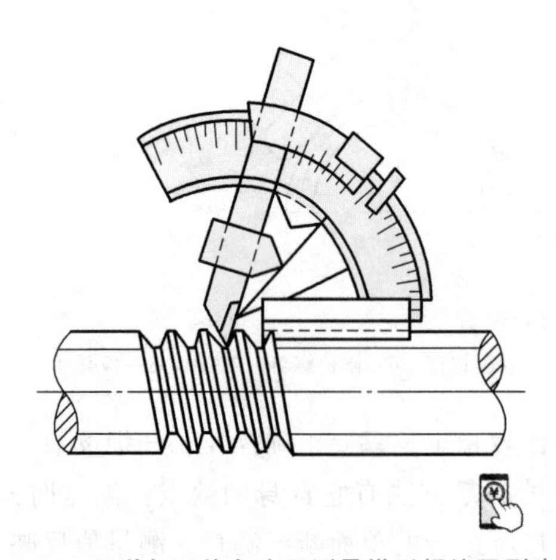

图 4-26 用游标万能角度尺测量梯形螺纹牙型半角

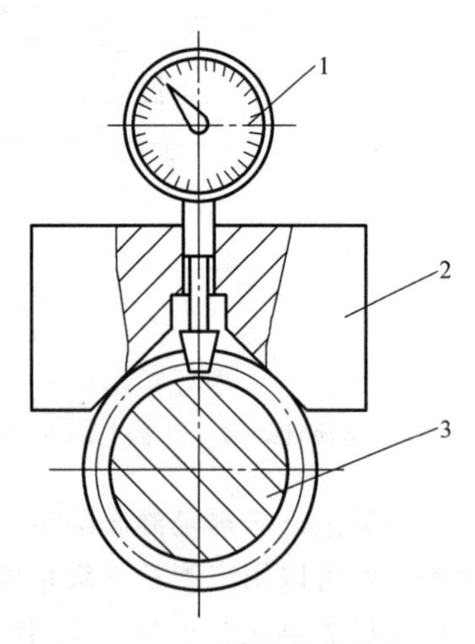

图 4-27 测螺纹中径检具

1—千分表 2—V形架 3—被测丝杠

千分表的读数就是螺纹中径的相对误差。

螺纹中径还可用三针测量法做绝对测量，如图4-28所示。

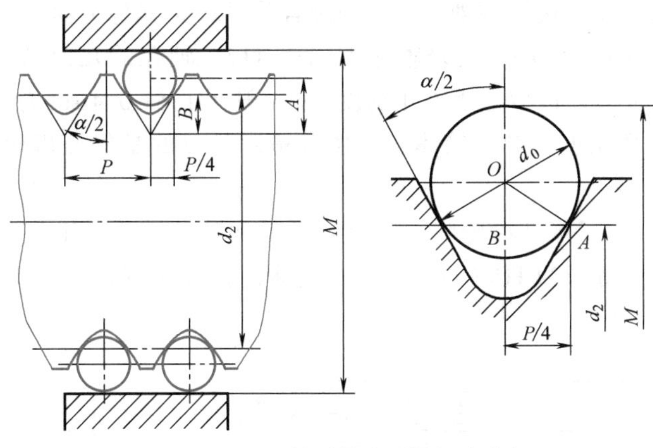

图 4-28　用三针测量法测量螺纹中径

$$d_2 = M - d_0\left(1 + 1/\sin\frac{\alpha}{2}\right) + \frac{P}{2}\cot\frac{\alpha}{2}$$

式中　d_2——螺纹中径（mm）；

d_0——量针直径（mm），$d_0 = \frac{P}{2}\frac{1}{\cos\alpha/2}$；

α——螺纹牙型角（°）；

P——螺距（mm）；

M——用指示测量器具测出的针距尺寸（mm）。

4.3　主轴箱加工

4.3.1　概述

1. 主轴箱的功用和结构特点

主轴箱是机床的基础件之一。机床上的轴、套、齿轮和拨叉等零件都安装在主轴箱箱体上，主轴箱通过自己的装配基准，把整个部件装在床身上。主轴箱不仅按照一定的传动要求传递运动和动力，而且在保证主轴回转精度，保证主轴回转轴线与床身导轨间的位置精度及传动轴间相互位置精度方面都起着重要作用。因此，主轴箱的加工质量对机床的工作精度和使用寿命有着重要影响。

各种机床主轴箱箱体的尺寸大小和结构形式虽有所不同，但却有许多共同的特点，如箱体上有许多平面和孔，内部呈腔状，结构复杂，壁厚不均，刚度较低，加工精度要求较高，特别是主轴孔与装配基准的精度要求。

本节以 C6132 型卧式车床主轴箱为主要讨论对象来分析主轴箱箱体加工的工艺过程。图 4-29 所示为 C6132 型卧式车床主轴箱箱体零件图。

2. 主轴箱的技术要求

为满足主轴箱的上述功用，它的技术要求应包括以下几个方面：

（1）箱体各孔的尺寸精度、形状精度和表面粗糙度　主轴箱箱体各孔的尺寸精度和几

何形状精度及表面粗糙度直接影响轴承与孔的配合质量，尤其是主轴孔。为此，主轴支承孔的尺寸公差等级一般规定为IT6，其余轴孔为IT6～IT7。轴孔的几何精度除做特殊规定外，一般都应控制在孔尺寸公差以内。表面粗糙度Ra一般在1.6～0.4μm内。

（2）各孔间的位置精度　制定箱体各孔位置精度的目的是保证齿轮的正确啮合，它包括以下几项：

1）孔间距公差。为了保证齿轮啮合时有合适的间隙，避免在工作过程中发生“咬死”现象，规定孔间距公差等级为IT9～IT10。有些机床厂内控标准高于国家标准，将孔距公差提高一级。

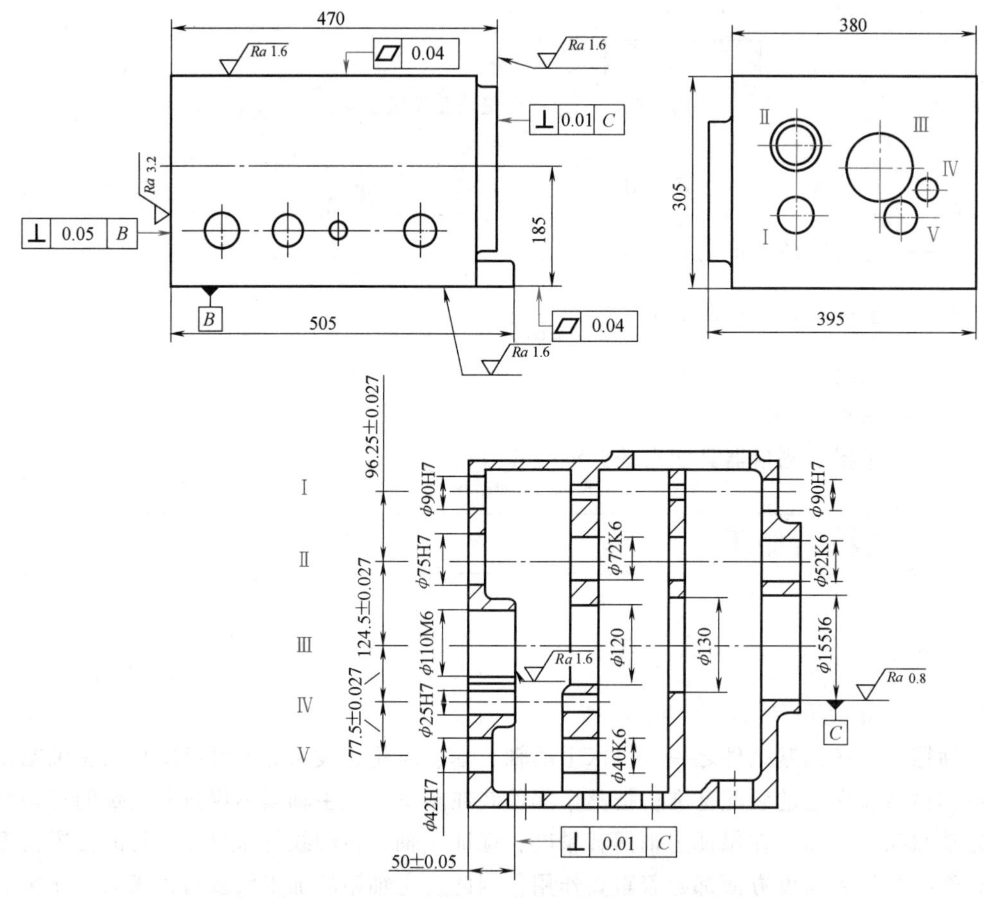

图4-29　C6132型卧式车床主轴箱箱体零件图

2）各孔轴线的平行度公差。为保证轴上齿轮的啮合质量，规定各孔轴线平行度公差等级一般为IT5～IT6。各轴线平行度误差应小于孔距公差。

3）同一轴线上各孔的同轴度公差。同一轴线上各孔的同轴度误差会使轴和轴承装到箱体上后产生倾斜，致使主轴产生径向圆跳动和轴向窜动，轴承负荷加重，磨损加剧，寿命缩短，一般规定其同轴度公差为：主轴孔为4～5级，其他孔为6～7级（或不超过孔公差的1/2）。

4）孔和装配基准的位置精度。一般车床装配中采用修配法达到最后精度，因此主轴孔至装配基准面（底面）的尺寸精度和平行度公差可以适当放宽，但主轴孔至装配基准面的尺寸精度影响主轴与尾座的等高性；主轴孔轴线与底面的平行度影响主轴轴线与导轨面的平行度。为了减少总装时的刮研量，规定主轴轴线对装配基准面的平行度公差为 600：0.1，且在垂直和水平两个方向上只允许主轴前端偏向上和偏向前。

5）主轴孔端面与孔轴线的垂直度公差。主轴孔端面和孔轴线的垂直度误差会使主轴轴向窜动误差增加，其公差一般规定为 5 级。

（3）平面的形状和位置精度及表面粗糙度　作为装配基准面的底面的平面度误差和表面粗糙度影响主轴箱与床身的接触刚度。它也是机加工过程的主要定位基准面，其精度影响到各孔和平面的加工精度，因此规定它和用作定位的侧面的平面度及其间的垂直度公差为 5 级，表面粗糙度 Ra 值为 1.6~0.8μm。

3. 主轴箱的材料及毛坯

普通车床主轴箱一般为 HT100~HT350 各种牌号灰铸铁，多半选用 HT200，这是因为铸铁容易成形，可加工性、吸振性和耐磨性均较好，且价格低廉。某些负荷较大的箱体采用铸钢件，在单件小批生产或某些简易机床的箱体生产中，为缩短生产周期，可采用钢板焊接。C6132 型卧式车床主轴箱的材料为 HT200。

铸件毛坯的加工余量视生产批量而定。单件小批生产时，一般采用木模手工造型，毛坯精度低、加工余量较大。平面上的加工余量为 7~12mm，孔（半径方向）为 8~12mm。大批生产时，通过采用金属模机器造型，毛坯精度较高，余量较小。平面余量为 6~10mm，孔（半径方向）为 7~10mm。单件小批生产时，直径大于 50mm 的孔，成批生产时，直径大于 30mm 的孔，一般在毛坯上铸出毛坯孔，以减小加工余量。济南第一机床厂引进了比较先进的金属模树脂砂造型生产线，使 C6132 型卧式车床主轴箱毛坯余量更小，精度更高，减少了主轴箱体的总加工量。消除铸件内应力，减少机械加工后和使用时的变形，在铸造后，机加工前，通常要经过人工时效处理。时效处理的规范是：铸件在加热炉内经过 4~5h 升温到 500~550℃，保温 5h，然后经 4~5h 降至 150℃。

4.3.2 主轴箱加工工艺拟定

1. 基准的选择

（1）精基准的选择　主轴箱箱体精基准的选择根据生产类型不同有两个方案。

1）以既是装配基准又是设计基准的底面为精基准，体现了“基准统一”和“基准重合”原则。C6132 型卧式车床主轴箱现场工艺就采用此方案。

该方案的优点是没有基准不重合误差，而且由于箱口朝上，观察、测量及安装调整刀具较方便。但是在镗削箱体中间壁上的孔时，为了增加镗杆刚度，需要在中间增加导向支承。以工件底面作为定位基准的镗模，导向支承只能采用悬挂的方式，如图 4-30 所示。很明显，导向支承的这种安装方法使夹具的结构变得复杂，刚性也不好，影响加工质量，同时每加工一件要拆装一次，对生产率也有很大影响，因而不适合大批量生产，常用于单件、成批生产。C6132 型卧式车床主轴箱属于成批生产，采用这种方案是较合理的。

2）在大批量生产中常采用顶面为精基准的方案。即采用“一面两孔”这种典型的统一基准，如图 4-31 所示。

该方案的优点是：加工时箱体箱口朝下，导向支承和定位销都直接装在夹具体上，刚性好，不用经常拆装，夹具结构也较简单，生产率高。

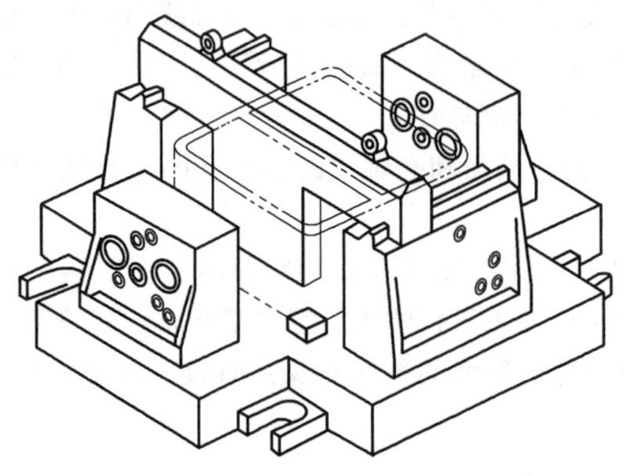

图 4-30　悬挂的中间导向支承图

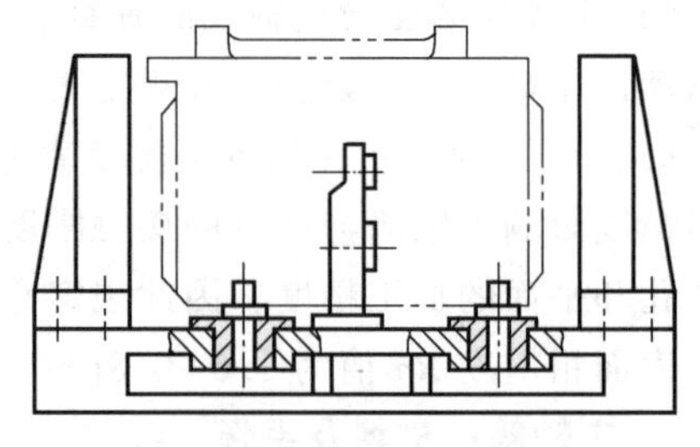

图 4-31　以一面两孔定位示意图

但这一方案由于定位基准和设计基准不重合，存在基准不重合误差。为保证箱体加工精度，必须提高作为定位基准的箱体顶面和两定位销孔的加工精度。因此，在大批量生产的主轴箱箱体加工工艺过程中，要安排磨顶面的工序，严格控制顶面的平面度和顶面至底面的尺寸精度与平行度，并将两定位销通过钻、扩、铰等工序使其精度提高到 H7，额外增加了加工工作量。此外，由于箱口朝下，无法观察加工情况和进行测量、调整刀具。然而在大批量生产中由于采用定尺寸刀具和自动循环的组合机床，质量比较稳定，无须经常干预加工过程，此问题并不突出。

（2）粗基准的选择　主轴箱的主要加工表面有主轴孔、底面及其他轴孔。对孔加工希望尽量保证其加工余量均匀，以便提高孔加工的精度和生产率，另外，箱体内壁是不加工表面，如果粗基准选择不合理，有可能使不加工的箱体内壁与加工表面孔的相互位置误差过大，由此可见，要满足孔的加工余量均匀，应选孔为粗基准，而为保证不加工面与加工面相互位置精度，则应选内壁为粗基准，这是相互矛盾的。但是在箱体的毛坯制造时，内壁与主轴孔是一个整体砂芯，即其相互位置精度是能保证的。因而在主轴箱箱体加工时往往选择主轴孔为粗基准。由此可见，在选择粗基准时，必须充分了解毛坯制造的情况。

生产类型不同，实现以主轴孔为粗基准的工件装夹方式也不相同，成批生产时，毛坯精度较低，一般采用划线找正装夹。划线时以主轴孔为基准，加工主轴箱平面时，按划好的线找正装夹工件，这样就体现了以主轴孔为粗基准。C6132 型卧式车床主轴箱箱体即采用了这种装夹方式，用辅助支承支承顶面，按划线找正，调整辅助支承元件，找正后锁紧，再夹紧工件，将精基准加工出来。

大批量生产时，毛坯精度较高，可以直接以主轴孔和与之距离较远的孔在专用夹具上直接定位夹紧。

2. 加工方法的选择

由图 4-29 可知 C6132 型卧式车床主轴箱箱体各加工面的精度要求。现场工艺采用的保证主要加工表面精度的方法如下：

（1）底平面　粗刨—精刨—磨削。

（2）孔系　包括各孔表面本身的精度和孔系相互位置精度。

1）各孔表面本身的精度。

主轴孔：粗镗—半精镗—精镗。

毛坯上已有孔：粗镗—半精镗—精镗。

没有铸出的孔：钻—粗镗—精镗。

2）孔系相互位置精度。采用一次装夹同时加工的方法用镗模保证各孔之间的相互位置精度。

主轴孔轴线与装配基准的平行度，采用以底面（装配基准）为定位基准，用专用夹具装夹的方法保证。

（3）主要平面与端面　粗铣—精铣。

应当指出，现场采用的上述加工方法不是唯一的，它与生产类型和加工要求等有很大关系。加工表面本身的精度是由最终工序的加工方法保证的，前面工序的加工方法也不是固定不变的，如7级精度的孔，最后采用的加工方法是铰，铰前可以采用扩，也可以采用镗。

总之，在选择加工方法时，应首先考虑保证表面本身的精度要求，同时应使所选择的加工方法与生产类型相适应。

3. 工序的安排

（1）加工阶段的划分　由于C6132型卧式车床主轴箱箱体的技术要求较高，故工艺过程应分粗加工、半精加工、精加工三个阶段。但因为该零件的刚度较好，不易变形，所以加工阶段的划分不像有的零件（如主轴）那样细，以减少不必要的劳动量。例如，顶面不是重要的加工表面，而底面作为装配基准面在装配时还要进行刮研。它们作为孔系和其他表面加工时的定位基准，安排在开始几个工序中加工出来，并达到一定精度，粗、精加工阶段的划分不很明显。但主要的孔系加工划分为粗镗、半精镗、精镗三个阶段，中间穿插其他工序，以消除粗加工对精加工的影响。

（2）工序的集中与分散　C6132型卧式车床主轴箱箱体是成批加工，在组织工序时除去对一系列有相互位置要求的孔系的半精加工和精加工采用了工序集中（用加工中心—高级集中）外，其余大多工序均采用了工序分散的组织方式，这样既利于保证各项技术要求，又能具有一定的生产率。

4. 主轴箱加工工艺过程

表4-8列出了C6132型卧式车床主轴箱箱体零件的机械加工工艺过程。

表4-8　C6132型卧式车床主轴箱箱体机械加工工艺过程

工序号	工序内容	设备
1	铸造、涂底漆	
2	时效处理	
3	涂底漆	
4	划线	
5	刨 粗、精刨底面	龙门刨床
6	铣 粗铣上平面(留余量1~1.5mm) 粗铣前面(留余量1~1.5mm) 粗铣两端面(两面留余量1~1.5mm)	组合铣床
7	镗 粗镗Ⅰ、Ⅱ孔(留余量3~3.5mm) 粗镗F向$\phi70H7$,$\phi90H7$孔(留余量3~3.5mm) 粗刮内端面(留余量0.5~0.7mm)	镗床

（续）

工序号	工序内容	设备
8	喷漆	
9	铣 精铣上平面（平面度<0.03mm） 精铣前面 精铣两端面	组合铣床
10	磨 磨底平面（平面度<0.01mm）	平面磨床
11	镗 精刮右端面 半精镗、精镗各纵向孔 钻、镗各横向孔	加工中心
12	镗 用浮动镗刀块精镗主孔轴	卧式镗床
13	划线	
14	加工各螺纹底孔、倒角、钻油孔 攻各螺纹	摇臂钻床
15	钳工 去各部位毛刺、清理 打顺序号	
16	清洗	
17	检验	
18	入库	

4.3.3 主轴箱箱体加工主要工序分析

1. 平面加工

C6132 型卧式车床主轴箱箱体最主要的平面是底平面，其加工采用了在龙门刨床上粗、精刨，然后再在磨床上磨削的加工方法，来达到要求。刨削加工的主要特点是刀具结构简单、机床调整方便、通用性好，较适合单件成批生产。

C6132 型卧式车床主轴箱其他表面加工采用了粗铣—精铣的加工方法，铣削的生产率高于刨削，常用于大批量生产，现场加工采用了专用组合铣床，也可采用图 4-32 所示的专用多轴龙门铣床，它尤其适合大尺寸工件加工。用几把铣刀同时加工几个平面，既可保证各平面间的位置精度，又可大大提高生产率。特别是近年来，面铣刀在结构、制造精度、刀具材料等方面有了较大的改进与提高，端铣钢、铸铁等材质的工件进给量可高达 1500～10000mm/min，表面粗糙度 $Ra<0.8\mu m$。

箱体平面精加工方法的选择随生产类型不同而不同，大批量生产中，常采用如图 4-33 所示的组合磨削的方法，不仅生产率高，而且还能保证各表面间的相互位置精度。

2. 孔系加工

（1）保证孔距精度的方法　在 C6132 型卧式车床主轴箱箱体孔系加工中，采用了镗模法来保证其孔距精度，如图 4-34 所示。

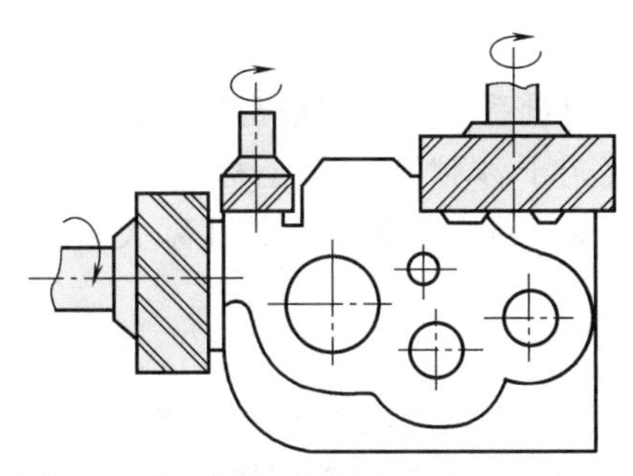
图 4-32　多轴龙门铣加工平面图

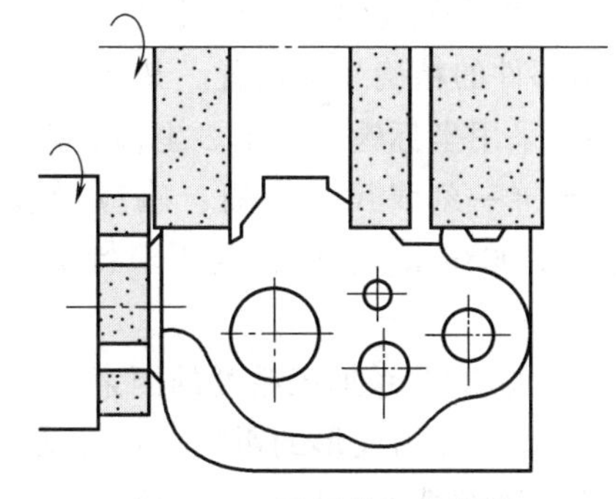
图 4-33　平面的组合磨削

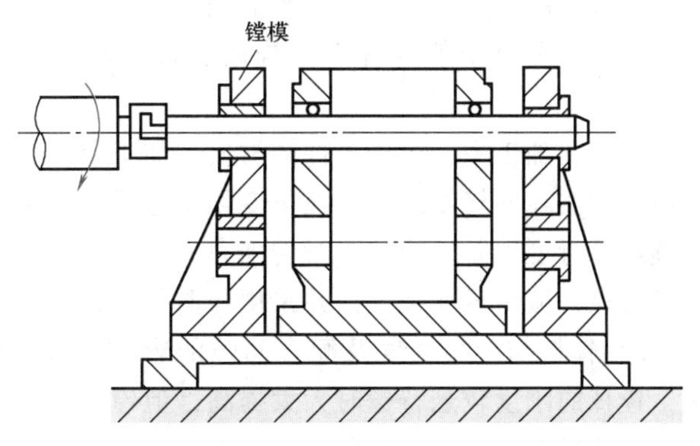

图 4-34　用镗模加工孔系

用镗模加工孔系时，工件装夹在镗模上，镗杆被支承在镗模的导套里，由导套引导镗杆对工件进行镗孔。

用镗模镗孔时，镗杆与机床主轴多采用浮动连接，孔系加工精度主要取决于镗模和镗杆的精度。孔距精度主要取决于镗模上镗套的孔距精度，因此可降低对加工机床的精度要求。由于镗杆由镗套支承着，支承刚度大大提高，可采用多刀加工的方法镗孔；同时，用镗模镗孔时工件由镗模定位夹紧，不需找正，生产率高。用镗模加工孔系，孔径尺寸公差等级可达 IT7，加工表面粗糙度 *Ra* 可达 1.6~0.8μm。孔与孔的同轴度和平行度误差，当从一侧进刀时可达 0.02~0.03mm，从两侧进刀时可达 0.04~0.05mm。

镗模既可在通用机床上使用，也可在专用机床或组合机床上使用。图 4-35 所示为在组合机床上用镗模加工孔系。

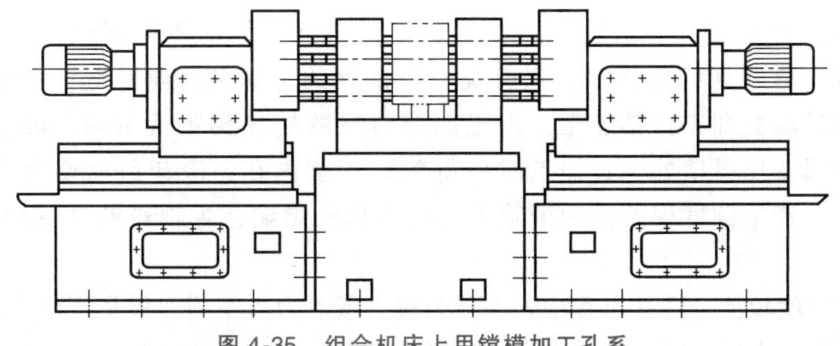
图 4-35　组合机床上用镗模加工孔系

这种方法广泛地用在成批生产及大批生产中。

此外，常用的方法还有以下两种：

1）加装精密测量装置。在普通镗床上加装一套较精密的测量装置，如由金属线纹尺和光学读数头组成的精密长度测量系统，可以提高其坐标位移精度。使用时，可将读数头或线纹尺固定在机床运动部件上（如溜板、工作台、主轴箱等），另一件固定在床身上，并将读

数头的物镜对准线纹尺的刻线面；当机床部件移动时，刻线面的线纹和数字便依次从镜头前通过，读数头的光学系统将线纹或数字放大投影到光屏上。操作者观察读数头的光屏窗，便可知道部件的精确坐标位置。其定位精度可达±0.02mm。

2）采用坐标镗床加工。坐标镗床具有精确的坐标测量系统，如用精密丝杠（附有校正尺）、光屏—刻线尺、光栅、感应同步器、磁尺、激光干涉仪等，其坐标定位精度可达0.002~0.008mm。孔距精度要求特别高的孔系，如镗模、精密箱体等，其孔系大多用坐标镗床加工。

（2）影响孔系加工精度的因素

1）镗杆受力变形的影响。镗杆受力变形是影响孔系加工精度的主要因素之一。当镗杆与机床主轴刚性连接悬伸镗孔时，镗杆的受力变形最严重。这时镗杆受到切削力矩、切削力及镗杆自重的作用。切削力矩使镗杆产生弹性扭曲，影响工件的表面质量和刀具的使用寿命。切削力和自重使镗杆产生挠曲变形。使镗杆的实际回转轴线相对理想回转轴线产生偏移。

在镗孔加工中，由于工件的材质、加工余量、切削用量、镗杆伸出长度等都在变化，因此镗杆的实际回转轴线也在随机变化，这就使孔系加工产生圆柱度误差、同轴度误差、孔距误差和平行度误差。粗加工时切削力大，这种影响更为严重。因此，镗孔时必须尽可能加大镗杆直径、减少悬伸长度，并采用导向装置，以提高镗杆刚度。

2）镗杆与导套精度及配合间隙的影响。采用导向装置或镗模镗孔时，镗杆由导套支承，镗杆的刚度较悬臂镗时大大提高，但镗杆与导套的形状精度及其配合间隙对孔系加工精度有重要影响。

当切削力大于镗杆自重时，导套内孔的圆度误差将使被加工孔产生圆度误差，而镗杆的圆度误差影响较小。相反，精镗时切削力小于镗杆自重，镗杆轴颈的圆度误差将使被加工孔产生圆度误差，而导套的圆度误差影响较小。

精镗时镗杆的圆度误差及镗杆与导套的配合间隙应有严格的要求。

3）切削热与夹紧力的影响。箱体零件壁厚不均，刚度较低，加工中切削热和夹紧力的影响是不可忽视的。

粗加工时产生大量的切削热。同等的热量传递到箱体的不同部位，由于壁厚不均，因此温升不等。薄壁处的金属少，温升高；厚壁处的金属多，温升低。粗加工后如果不等到工件冷却后就立即进行精加工，由于薄壁与厚壁处热膨胀量不同，因而孔内薄壁处实际切去的金属要比厚壁处少；加工时所得到的正圆内孔，冷却后就要变成非正圆的内孔，使被加工孔产生圆度误差。为消除工件热变形的影响，主轴箱的孔系加工需分为粗、精两个阶段进行。

箱体零件刚度较低，镗孔过程中若夹紧力过大或着力点不当，极易产生夹紧变形。在夹紧力作用下所加工出的正圆孔，松夹后孔径弹性恢复而变成了非正圆形孔，同时孔的位置精度也受到影响。为消除夹紧变形对孔系加工精度的影响，精镗时夹紧力要适当、不宜过大，着力点应选择刚度较大的部位。

（3）孔系结构的工艺性　箱体各加工表面的结构工艺性，特别是孔系结构的工艺性，对箱体零件的加工质量、生产率、经济性都有很大影响。

箱体上的孔常有通孔、阶梯孔、不通孔、相交孔等多种结构形式。通孔工艺性较好，特

别是孔长与孔径的比值小于1~1.5的孔，其工艺性最好。阶梯孔的孔径相差越小，则工艺性越好，否则孔径差很大，而刀杆又只能按小孔设计，使刀杆刚度大为降低。

当孔壁不是完整的圆形时，由于切削力的波动，将使孔的加工精度降低。精度要求较高的孔，如有缺口，应补平后再进行加工。

不通孔的工艺性最差，用精镗、精铰等方法加工时比较困难，因此应尽量避免不通孔结构。

当采用镗杆从一端伸入镗孔时，同一轴线上各孔的直径应从镗杆伸入端起逐渐减小，以便能依次加工或同时加工所有的孔。当同时加工所有各孔时，应满足后一个孔的加工尺寸小于前一孔的毛坯尺寸，只有这样才可能使镗刀从前一个孔中通过而达到后一个孔的加工位置。大批量生产中，一般采用专用镗床从两端同时进行镗孔，因此孔径的大小应当从外向内依次递减。这样可以缩短镗杆长度，提高镗杆刚度。

3. 主轴孔的精加工

主轴孔的精度要求比其他孔高，C6132型卧式车床主轴箱主轴孔精加工采用浮动镗刀进行精镗的方法来达到其精度要求。

浮动镗刀镗孔时，镗刀块放在镗杆的精密方孔中，通常可自由滑动，加工时镗杆低速回转并进给，镗刀块在切削中可按加工孔径自动对中。

图4-36所示为镗刀块结构图。两斜刃为切削刃。为了使刀片引进容易，切削刃的最小直径应小于加工前工件的孔径。两对称导向修光刃间的尺寸 D 按被加工孔径尺寸要求刃磨与调整，并要求在刃口磨出圆弧形刃带0.1~0.2mm，加工时刃带起挤光作用。刀片与方孔的配合选H7/g7或H7/f7。切削刃要经过仔细研磨，要求表面粗糙度 $Ra<0.1\mu m$。

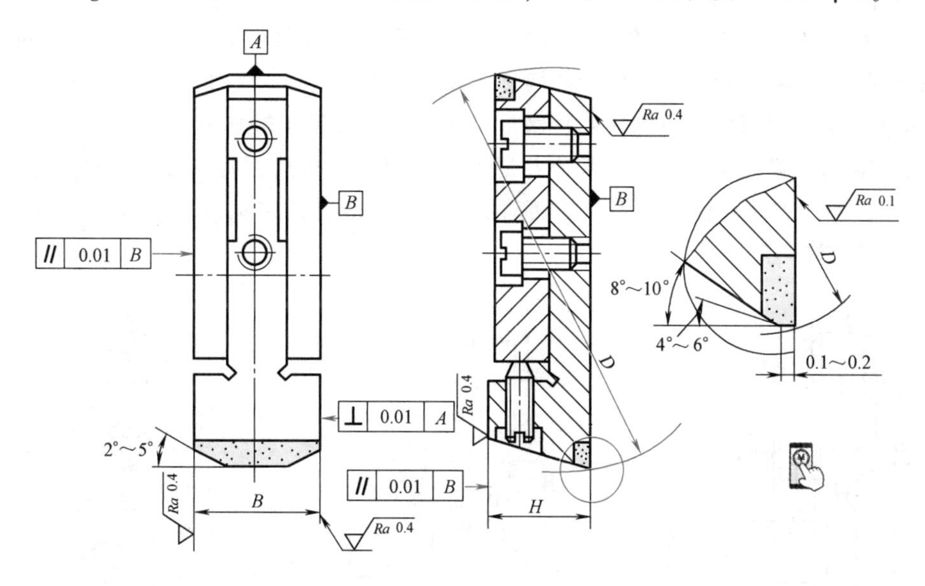

图4-36 浮动镗刀块

浮动镗孔采用的切削速度极低（$v=5\sim8$m/min），而进给量却取得比较大（$f=0.5\sim1$mm/r），加工余量为0.05~0.1mm。浮动镗孔可以获得较高的加工质量。加工表面粗糙度 Ra 值可达0.8~0.4μm，尺寸公差等级可达IT6~IT7。

从镗刀块的切削刃几何形状和所采用的加工用量可知，浮动镗属于铰削加工。但是普通铰刀刀齿数多，切削刃不易磨得对称，铰后常使孔径扩大。而浮动镗刀结构简单、刃磨方便、磨损后可重磨及重新调整，刀具寿命长。由于刀块能自由浮动，孔径扩大的可能性小。但加工时刀具要小心引进，防止碰损，并且不能多孔同时加工。加工铸铁时要用煤油作切削液。

浮动镗刀块不适用于加工带纵向槽的孔。加工大直径孔时，因刀块尺寸要相应增大，当刀块转到垂直位置时在镗刀块自重作用下很容易沿方孔下滑，造成孔的形状误差。加工效果不佳，一般不用。由于浮动镗是以加工表面本身定位进行加工的，因此没有纠正位置误差的能力，工件的位置精度应由精镗工序保证。

主轴孔常用的精加工方法还有以下两种：

（1）金刚镗孔　金刚镗孔与普通镗孔基本相同，这种方法适用于有色金属合金及铸铁件的孔径加工或珩磨和滚压前的预加工。

金刚镗所用刀具最初为金刚石，因天然金刚石刀具成本高，目前已普遍采用硬质合金（YT30、YT15 或 YG3X）以及人造金刚石及立方氮化硼刀具，后者加工钢料比金刚石有更多的优点。

为了获得较高的加工精度和较小的表面粗糙度值，减小切削变形对工件表面质量的影响，采用较高的切削速度（加工铸铁零件，$v=100\text{m/min}$）和较小的进给量（$f=0.04\sim0.08\text{mm/r}$）。高精度、高刚度的金刚镗床是保证加工质量的重要条件。

金刚镗在良好的条件下，加工尺寸公差等级可达 IT6～IT7。孔径在 $\phi15\sim\phi100\text{mm}$ 时，尺寸偏差为 0.005～0.008mm，圆度误差可小于 0.003～0.005mm，表面粗糙度 Ra 值可达 0.16～1.25μm。

为了缩短对刀调整时间、保证尺寸精度，常采用对刀表座和微调镗刀头。对刀表座（图 4-37）是一个带有千分表 1 的 V 形架 2。调整刀具尺寸前，先将对刀表座以 V 形架 2 骑在对刀样块 3 上。对刀样块由两段圆柱组成，大圆柱直径等于被加工孔径，小圆柱直径等于镗杆直径。在对刀样块上调好表的零位并记下表针摆动位置后，将对刀表座骑在镗杆 5 上，微调刀头 4，使刀尖向外伸直至表针的摆动量等于前述表针的摆动量且表针对零为止，然后把镗刀夹固在镗杆上。

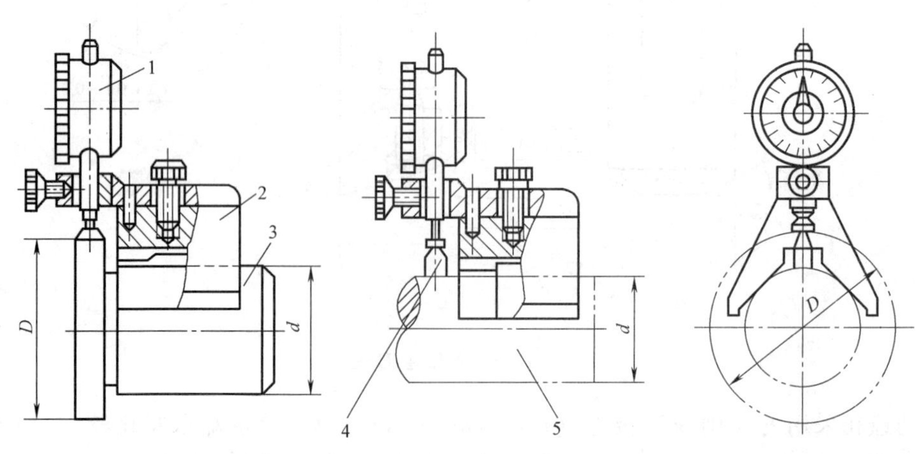

图 4-37　对刀表座

1—千分表　2—V 形架　3—对刀样块　4—刀头　5—镗杆

图 4-38 所示为一种带有游标刻度盘的微调镗刀，刻度盘的刻度值为 0.0025mm。刀杆 4 上装有可转位刀片 5，刀杆 4 上带有精密小螺距螺纹。微调时半松开紧固螺钉 7，用扳手旋转套筒 3，刀杆 4 就可做微量位移。键 9 的作用在于防止刀杆转动。调毕，将紧固螺钉拧紧。

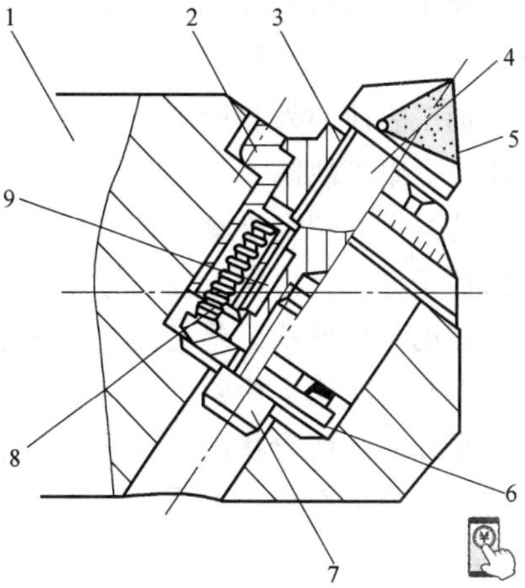

图 4-38　微调镗刀

1—镗杆　2—刻度盘　3—套筒　4—刀杆　5—可转位刀片　6—垫片　7—紧固螺钉　8—弹簧　9—键

（2）珩孔　珩磨可使孔的尺寸公差等级达到 IT6～IT7，圆柱度误差可控制在 3～5μm 之内，但珩磨不能提高孔的位置精度。珩磨后孔的表面粗糙度 Ra 值可达 0.32～0.02μm，表层金属的变质层很薄（2.5～25μm）。珩磨头的圆周速度虽低，但由于砂条与工件的接触面积大、往复速度高，故生产率较高。

珩磨头的直线往复速度，加工铸铁时一般取 v_a = 15～20m/min。在预珩时要切去较多的余量，需采用较大的工作压力（0.5～0.9MPa），这时珩磨头圆周速度 v 不能太大，一般取 $v=(2\sim3)v_a$。终珩时，由于工作压力较小（0.2～0.6MPa），v 可适当提高至（$2.5\sim8)v_a$。

珩磨时采用煤油加 20%～30%锭子油作为切削液。

珩磨条的越程量一般取为砂条长度的 30%～50%，越程量过小，会使孔产生腰鼓形误差；越程量偏大，会使孔产生喇叭形误差。

为了减小珩磨机床主轴与工件孔的同轴度误差及珩磨机床主轴回转精度对加工精度的影响，珩磨头与珩磨机床主轴之间大多采用浮动连接。

图 4-39 所示为珩磨头结构图。本体 5 通过浮动联轴器（图中未画出）与机床主轴相连接。砂条 4 通过黏合剂与砂条座 6 固结在一起，并装在本体 5 的槽中，砂条座的两端用卡簧 8 箍住。旋转螺母 1 向下时，通过调整锥 3 和顶销 7 使砂条胀开，以调整珩磨头的工作尺寸及砂条对工件孔壁的工作压力。珩磨过程中由于孔径扩大、砂条磨损等原因，砂条对孔壁的工作压力经常在变动，需随时调整。

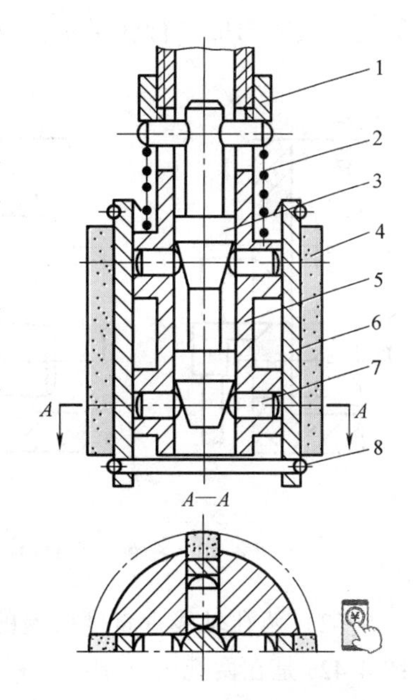

图 4-39　珩磨头结构图

1—旋转螺母　2—弹簧　3—调整锥　4—砂条　5—本体　6—砂条座　7—顶销　8—卡簧

4.3.4　主轴箱箱体的检验

1. 主轴箱箱体的检验项目

主轴箱箱体的主要检验项目有：

1）各加工表面的表面粗糙度及外观。

2）孔的尺寸精度。

3）孔和平面的几何形状精度。

4）孔系的孔距精度。

5）各加工表面间的相互位置精度。

加工表面粗糙度检验。在车间中通常采用和表面粗糙度标准样块相比较或用目测的方法评定。

加工表面的外观检验。主要采用目测的方法，观察加工表面完工情况及表面有无烧伤、气孔、砂眼等缺陷。

孔的尺寸精度检验。在大批大量生产时，一般采用塞块检验；在单件小批生产时，常采用内径千分尺、内径千分表等万能量具检验。

孔的几何形状误差检验。通常采用内径千分表或内径千分尺检验。当精度要求很高时，也可以在圆度仪上检验。

平面的几何形状误差（平面度、直线度误差）检验。通常用涂色法或用平板或用塞尺检验平面的平面度；用平尺和塞尺检验平面的直线度。

2. 孔距精度的检验

孔距精度的检验方法如图 4-40 所示。图 4-40a 采用游标卡尺直接测量，孔心距 $A=l+\frac{d_1}{2}+\frac{d_2}{2}$。图 4-40b 采用检验棒与千分尺测量，孔心距 $A=l-\left(\frac{d_1}{2}+\frac{d_2}{2}\right)$。

3. 各加工面间相互位置精度的检验

（1）平行度误差的检验　图 4-41a 所示为孔与孔之间平行度误差的测量方法。分别在两孔内插入检验棒，用千分尺测出两端尺寸 l_1 和 l_2，其差值即可认为是两孔轴线在检验长度 L 内的平行度误差。图 4-41b 所示为孔与平面之间平行度误差的测量方法。将基准平面放在平台上，在孔内插入检验棒，用高度尺分别测出两端尺寸 l_1 与 l_2，两者之差即为孔与基面在测量长度 L 内的平行度误差。

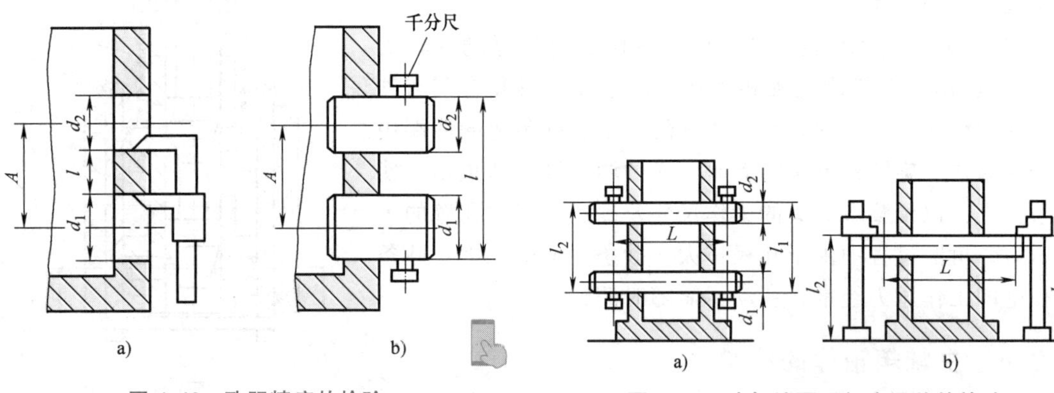

图 4-40　孔距精度的检验

图 4-41　孔与端面平行度误差的检验

（2）两孔轴线垂直度误差的检验。图 4-42 所示为检验两孔轴线垂直度误差的两种方法。图 4-42a 是在两孔内分别插入检验棒，调整千斤顶位置，使直角尺靠紧检验棒 2，然后用百分表在检验棒 1 点测出在检验长度 L 内两孔中心线的垂直度误差。图 4-42b 是在检验棒上装百分表，然后将检验棒回转 180°，即可以以百分表的变动量确定两孔轴线在测量长度 l 上的垂直度误差。

（3）孔与端面垂直度误差的检验　图 4-43a 所示为在孔内插入检验棒，在检验棒上装百分表，将检验棒回转一周（检验棒回转时应无轴向位移），即可读出在检验直径上孔与端面的垂直度误差。图 4-43b 所示为通过用塞尺测得的间隙 Δ，测出垂直度误差。

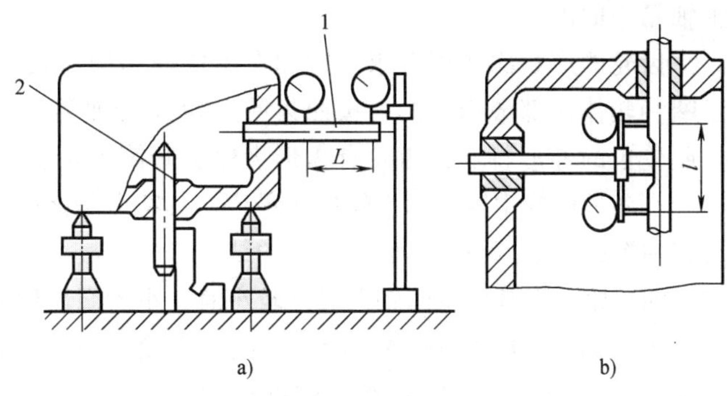

图 4-42　两孔垂直度误差的检验

1、2—检验棒

（4）同轴度误差的检验　一般用综合量规检验同轴度误差，如图 4-44a 所示。量规 2 的直径为孔的实效尺寸，当它能通过被测零件 1 的同轴线孔时，即表明被测孔系的同轴度合格。若要测定同轴度的偏差值，可用图 4-44b 所示的方法，将工件用固定支承 3 和可调支承 4 支承在平板上，基准孔轴线和被测孔轴线均由检验棒模拟，检验棒与孔无间隙配合。调整可调支承使工件的基准轴线与平板平行，分别测量被测孔端 A、B 两点，并求出各自与高度 $L+\dfrac{d_2}{2}$ 的差值 ΔA_X 和 ΔB_X；然后将工件翻转 90°，按上述方法测出 ΔA_Y 和 ΔB_Y，则 A 点处的同轴度误差为

$$\Delta A=2\sqrt{\Delta {A_X}^2+\Delta {A_X}^2}$$

B 点处的同轴度误差为

$$\Delta B=2\sqrt{\Delta {B_Y}^2+\Delta {B_Y}^2}$$

ΔA 与 ΔB 中的较大值即为被测孔的同轴度误差。如测点不能取在孔端处，则同轴度误差可按比例折算。

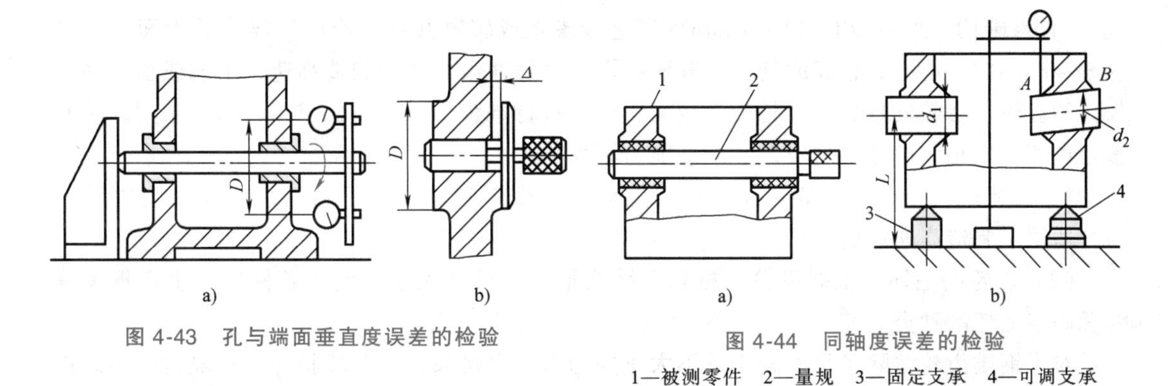

图 4-43　孔与端面垂直度误差的检验

图 4-44　同轴度误差的检验

1—被测零件　2—量规　3—固定支承　4—可调支承

4.4　齿轮加工

4.4.1　概述

1. 齿轮的结构特点和技术要求

齿轮是机械传动中最常用的零件之一。其功用是按规定的速比传递运动和转矩，如车床

主轴箱中的齿轮。

齿轮的形状因使用要求不同而有不同的结构形式，根据其结构特点，可将齿轮看成是由齿圈和轮体两部分构成的。按照齿圈上轮齿的种类，齿轮可分为直齿、斜齿、人字齿轮等；按照轮齿的外形特点，齿轮有盘形齿轮、套筒齿轮、轴齿轮和齿条等。

在各种齿轮中以盘形齿轮应用最广。其特点是内孔多为精度较高的圆柱孔或内花键，轮缘具有一个或几个齿圈。单齿圈齿轮的结构工艺性最好，可采用任何一种齿形加工方法加工。对多齿圈齿轮，当其轮缘间轴向尺寸较小时，小齿圈齿形的加工方法通常只能选择插齿。

国家标准 GB/T 10095—2008《圆柱齿轮　精度值》对渐开线圆柱齿轮除径向综合总偏差 F_i''和一齿径向综合偏差 f_i''（F_i''和 f_i''规定了 4~12 级共 9 个精度等级）以外的评定项目规定了 0、1、2、…、12 共 13 个精度等级，其中 0 级最高，12 级最低，0~2 级为待发展级，3~5 级为高精度级，6~9 级为中精度级，使用最广，10~12 级为低精度级。齿轮精度等级的选择应考虑齿轮传动的用途、使用要求、工作条件以及其他要求，在满足使用要求的前提下，应尽量选择较低精度的公差等级。

齿轮的内孔（或轴颈）和基准端面（有时还有顶圆）是齿轮加工、检验和装配的基准，它们的加工精度对齿轮各项精度指标都有一定影响，因此，切齿前齿坯的精度应满足一定的要求。

2. 齿轮的材料、毛坯与热处理

（1）齿轮的材料　根据齿轮的工作条件（如速度与载荷）和失效形式（如点蚀、剥落或折断等），齿轮常用如下材料制造：

1）中碳结构钢。采用 45 钢等进行调质或表面淬火。经热处理后，综合力学性能较好，但切削性能较差，齿面表面粗糙度值较大，适用于制造低速、载荷不大的齿轮。

2）中碳合金结构钢。采用 40Cr 进行调质或表面淬火。经热处理后其力学性能较 45 钢好，热处理变形小，用于制造速度、精度较高，载荷较大的齿轮。

3）渗碳钢。采用 20Cr 和 18CrMnTi 等进行渗碳或碳氮共渗。经渗碳淬火后齿面硬度可达 58~63HRC，芯部有较高的韧性，既耐磨损，又耐冲击，适于制造高速、中载或承受冲击载荷的齿轮。渗碳处理后的齿轮变形较大，尚需进行磨齿加以纠正，成本较高。采用碳氮共渗处理变形较小，由于渗层较薄，承载能力不如前者。

4）渗氮钢。采用 38CrMoAlA 进行渗氮处理，变形较小，可不再磨齿，齿面耐磨性较高，适用于制造高速齿轮。

（2）齿轮的毛坯　根据齿轮的材料、结构形状、尺寸大小、使用条件以及生产批量等因素确定毛坯的种类。

对于钢质齿轮，除了尺寸较小且不太重要的齿轮直接采用轧制棒料外，一般均采用锻造毛坯。生产批量较小或尺寸较大的齿轮采用自由锻造；生产批量较大的中小齿轮采用模锻。

对于直径很大且结构比较复杂、不便锻造的齿轮，可采用铸钢毛坯。铸钢齿轮的晶粒较粗，力学性能较差，可加工性不好，加工前应进行正火处理，使硬度均匀并消除内应力，以改善可加工性。

（3）齿轮的热处理

1）齿坯的热处理。齿坯粗加工前后常安排预处理，其目的是改善材料的可加工性。减小锻造引起的内应力，防止淬火时出现较大变形。齿坯的热处理通常采用正火或调质。经过正火的齿轮，淬火后变形较大，但可加工性较好，拉孔和切齿时刀具磨损较轻，加工表面粗糙度值较小。齿坯正火一般安排在粗加工之前，调质则多安排在齿坯粗加工之后。

2）轮齿的热处理。齿轮的齿形加工好后，为提高齿面的硬度及耐磨性，常安排渗碳淬火或表面淬火等热处理工序。渗碳淬火后齿面硬度高、耐磨性好，使用寿命长，但变形较大，对于精密齿轮尚需安排磨齿工序。表面淬火常采用高频淬火（适用于模数小的齿轮）、超音频感应淬火（适用于 $m=3\sim6\text{mm}$ 的齿轮）和中频感应淬火（适用于大模数齿轮）。表面淬火齿轮的齿形变形较小，内孔直径通常要缩小 0.01~0.05mm，淬火后应予以修正。

3）齿形的加工方法简述。齿轮加工的核心与关键是齿圈上齿形的加工。齿轮加工中的几道工序，主要是围绕齿形加工服务的。目的在于最终获得符合精度要求的齿轮。按加工过程中有无切屑，齿形加工可分为两大类：无切屑加工和有切屑加工。按其加工原理又可分为仿形法（或成形法）和展成法。常用齿形加工方法对照见表 4-9。

表 4-9　常用齿形加工方法对照

齿形加工方法			刀具	机床	加工效果
有切屑加工	仿形法	铣齿	模数铣刀	铣床	精度及生产率都较低，一般精度在 9 级以下
		拉齿	齿轮拉刀	拉床	精度及生产率都较高，但拉刀需专门制造，成本高，只在大量生产时使用，适宜加工内齿轮
	展成法	滚齿	齿轮滚刀	滚齿机	通常加工 6~10 级齿轮，最高能达 4 级，一般 8~9 级。生产率高，通用性大；常用以加工直齿、斜齿的外啮合圆柱齿轮和蜗轮
		插齿	插齿刀	插齿机	通常加工 7~9 级齿轮，最高能达 6 级，一般 8~9 级。生产率高，通用性大，适宜加工内外啮合小模数齿轮、阶梯齿轮、扇形齿轮、齿条
		剃齿	剃齿刀	剃齿机	能加工 5~7 级齿轮，生产率高，主要用于滚齿、插齿之后，淬火前的齿形精加工
		磨齿	砂轮	磨齿机	能加工 3~7 级齿轮，生产率低，成本高，用于齿形淬火后精加工
		珩齿	珩磨轮	珩齿机 剃齿机	能加工 6~7 级齿轮，多用于经过剃齿和高频淬火后齿形的精加工
无切屑加工		冷挤压	挤轧轮	挤齿机	能加工 6~8 级精度齿轮，生产率比剃齿高，成本低，多用于齿形淬硬前的精加工代替剃齿
		热挤压	挤轧轮	挤齿机	能加工 8~9 级齿轮，生产率高，常用于冷挤压前的粗加工
		电解加工			加工精度较低，表面粗糙度值小，生产率高，可加工特硬、特韧齿轮，常用于加工内齿轮
		粉末冶金			加工精度较高，齿轮耐磨性好，生产率较高，成本低，在汽车制造业中应用广

4.4.2　齿形加工工艺简介

1. 工艺过程

由于齿轮的结构形状、精度等级、生产批量及工厂生产条件不同，齿轮加工的工艺过程不尽相同。图 4-45 所示为车床变速滑动直齿圆柱齿轮，其工艺过程见表 4-10。

齿轮加工工艺过程表明，齿轮加工大致经过以下阶段：

1）齿坯加工阶段（粗加工及半精加工）。

2）齿形加工阶段（半精加工）。

3）热处理阶段。

4）精加工阶段（修复基准及齿形精加工）。

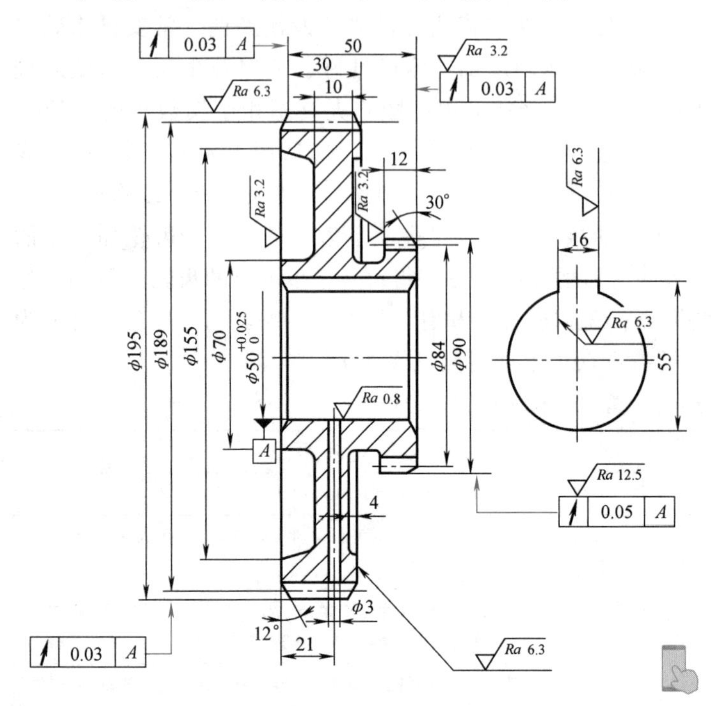

齿号		Ⅰ	Ⅱ
齿数		63	42
模数/mm		3	2
压力角/(°)		20	20
精度等级 GB/T 10095.2—2008		7	7
公法线长度变动量/μm		40	
接触斑点	齿高	45%	
	齿长	55%	

技术要求

1.材料：38CrMoA1A。

2.齿面渗氮处理，65～70HRC。

Ra 25 (√)

图 4-45　齿轮零件图

表 4-10　齿轮机加工工艺过程

工序号	工序名称	工序内容	设备	定位基准
1	粗车	粗车外圆端面，留精车余量 1～1.5mm，钻、扩内孔，留拉削余量	车床	外圆和端面
2	拉孔	拉内孔	拉床	内孔和端面
3	精车	精车外圆、端面	车床	内孔和端面
4	磨	磨端面	磨床	内孔和端面
5	检验	检验		内孔和端面
6	滚齿	滚齿(Z63)，留剃齿余量 0.06～0.08mm	滚齿机	内孔和端面
7	插齿	插齿(Z42)，留剃齿余量 0.06～0.08mm	插齿机	内孔和端面
8	打孔	电火花打 φ3mm 孔		内孔和端面
9	去毛刺	电解去毛刺		内孔和端面
10	倒角	倒齿角		内孔和端面
11	剃齿	剃齿(Z63)，公法线长度至尺寸上限		内孔和端面
12	剃齿	剃齿(Z42)，公法线长度至尺寸上限		内孔和端面
13	热处理	渗氮，65～70HRC		内孔和端面
14	磨孔	磨内孔		齿面和端面
15	珩齿	珩齿		内孔和端面
16	检验			
17	入库			

2. 工艺过程分析

（1）齿坯加工　齿轮加工中所用定位基准和测量基准都是齿坯的部分表面，因而齿坯加工对切齿质量及生产率的影响很大。其关键是保证孔、外圆和端面本身的精度及相互位置精度。

1）成批生产时，为了提高加工精度和生产率，内孔都用拉削。产量少时用镗、钻、铰等方法，但内花键必须拉削，拉孔的质量取决于切削刃修磨、切削液、工件材料及热处理。采用不等距拉刀并修磨好过渡刃，可显著减小表面粗糙度值。

2）外圆和端面加工，以外圆为粗基准加工内孔之后，就可以以内孔为精基准精车外圆和端面，可保证三者的相互位置精度。

因工厂条件不同，加工外圆的方法也不同。齿轮加工既可在多刀车床上一次加工完成，也可精车外圆后进行拉孔。拉孔后用心轴定位，在磨床上磨一个端面后，再在平面磨床上磨另一个端面。

（2）基准的选择

1）精基准。精基准的选择一般按“基准重合”原则，即采用内孔与一个端面作为定位基准。这一方案也满足“基准统一”的要求，使齿形加工工装简化。

2）粗基准。粗基准的选择应从保证齿形加工时余量均匀和定位夹紧方便可靠出发来定，一般选择其外圆与一个端面作为定位基准。

（3）齿形加工方案选择　齿形加工方案选择见表4-11、表4-12。

表4-11　圆柱齿轮齿形加工工艺

类型	不淬火齿轮										淬火齿轮												
精度等级	3	4	5		6			7			3~4	5		6				7					
表面粗糙度 Ra/μm	0.2~0.1	0.4~0.2			0.8~0.4			1.6~0.8			0.4~0.1	0.4~0.2		0.8~0.4				1.6~0.8					
滚齿或插齿	●	●	●	●	●	●	●	●	●	●	●	●	●	●	●	●	●	●	●	●	●	●	●
剃齿				●		●				●			●		●			●					
挤齿																			●				
表面粗糙度 Ra/μm	0.2~0.1	0.4~0.2			0.8~0.4			1.6~0.8			0.4~0.1	0.4~0.2		0.8~0.4				1.6~0.8					
热处理：淬火渗碳淬火											●	●	●	●	●	●	●③	●	●	●	●	●	●③
精整基面											●	●	●	●	●	●		●	●	●	●	●	
珩齿或研齿									●				●		●			●	●		●		
粗磨齿	●	●	●								●	●											
定性处理	●	●	●	●①							●	●											
精整基面	●	●	●								●	●											
精磨齿	●	●	●				●				●	●		●		●②						●②	

① 定性处理在剃前进行。

② 淬火后用硬质合金滚刀精滚代替磨齿。

③ 热处理采用渗氮处理。

表 4-12　齿形加工方法使用情况比较

齿形精度	加工方法	工艺过程	注意事项
8	滚或插	滚(插)齿—热处理—校内孔	热处理前提高一级精度或事后珩齿
7	滚—剃(冷挤)	—	不需淬火
7	滚(插)—磨	滚(插)齿—热处理—磨齿	产量较小的淬火齿轮
7	滚—剃—珩	滚齿—剃齿—热处理—珩齿	产量较大的淬火齿轮
5~6	滚—磨	粗滚—精滚(插)—热处理—磨齿	

(4) 齿端加工　齿廓加工之后的齿端加工有：倒圆、倒尖、倒棱和去毛刺等，如图 4-46、图 4-47 所示。

齿端加工必须安排在齿轮淬火之前，常在滚（插）齿之后接着进行。倒圆、倒尖的齿轮沿轴向滑动容易进入啮合；倒棱可除去齿端的锐边。若不去除锐边，这些锐边经渗碳和淬火后很脆，在齿轮传动时易崩裂。

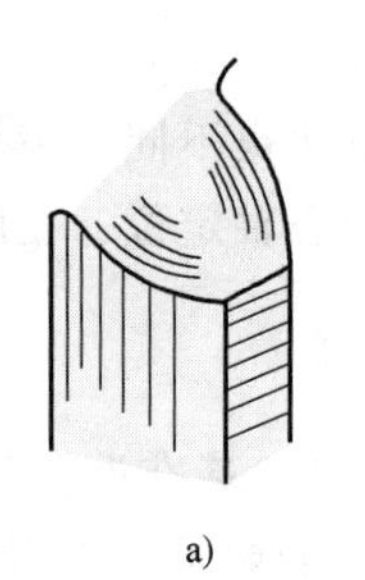
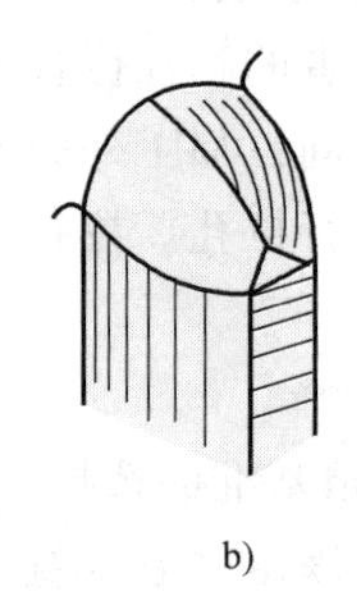
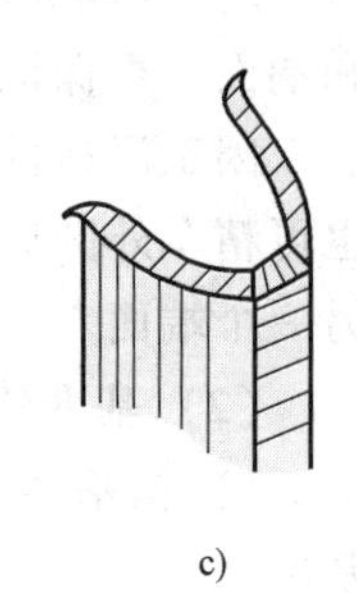
a)　b)　c)

图 4-46　齿端加工形式
a) 倒圆　b) 倒尖　c) 倒棱

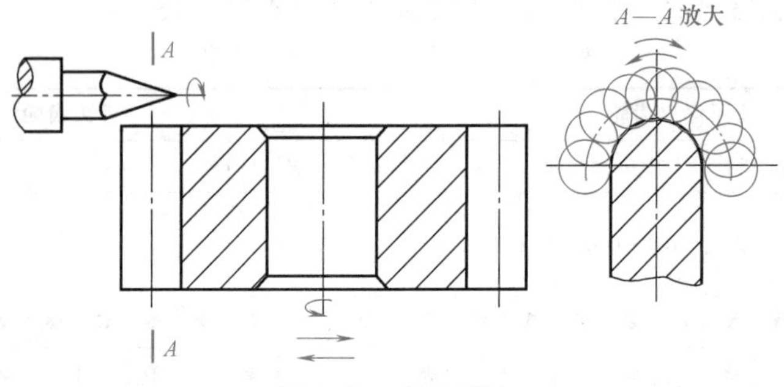

图 4-47　齿端倒圆

(5) 精基准的修整　热处理会引起基准孔变形，为保证精加工质量，对基准孔必须加以修整，修整方法一般用推孔或磨孔。其选择原则为：

1) 当推孔能满足要求时，为提高效率，尽量用推孔。

2) 整体淬火齿轮变形大、硬度高，可采用磨孔。

3) 以大径定心的内花键只能用推孔。

4) 孔径较大和齿厚较薄时一般多用磨孔。

为解决推孔偏斜现象，一些工厂采用加长推刀前导部的方法，也有的采用无屑的挤压推刀，这种刀自位性好、不易偏斜，加工表面质量也高。

磨孔常采用齿轮的分度圆定心，如图 4-48 所示。

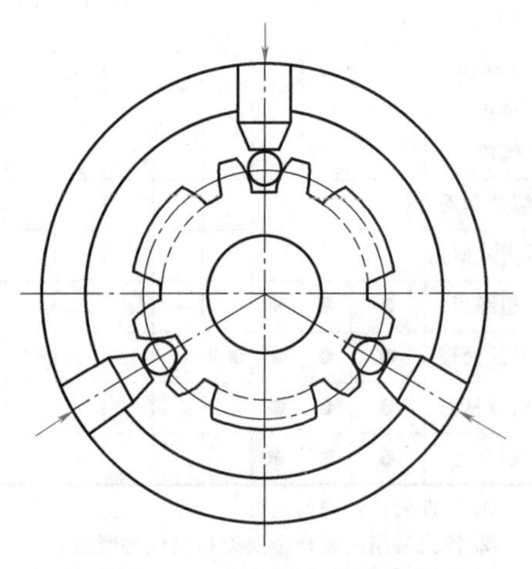

图 4-48　分度圆定心磨内孔

磨孔后齿圈径向圆跳动较小，对以后磨齿、珩齿有利。若以金刚镗代替磨孔，可以提高生产率。

4.4.3　主要工序及其工装

1. 滚齿

（1）滚齿的工艺特点　滚齿加工是按渐开线啮合原理进行展成加工的齿形加工工艺。这种方法机床比较简单，刀具制造较容易、精度也易保证，夹具结构简单并且可达到较高刚度，零件加工精度及生产率均较高，因而目前得到广泛应用。尤其应用于加工直齿、斜齿的外啮合圆柱齿轮及蜗轮。

滚齿一般作为剃齿或磨齿等精加工前的粗加工或半精加工工序。通常，滚齿后即可得到8~9级精度的齿轮。当采用高精度滚齿机和AA级以上的齿轮滚刀时，也可加工出7级以上甚至4级精度的齿轮。滚齿齿面的表面质量较低，常将粗、精加工分为两个工序进行，以提高加工精度和齿面质量。精滚时采用较高的切削速度和较小的进给量。粗滚后齿面上宜留0.3~0.8mm的余量，此时夹具及机床调整应按精滚要求进行。

高速钢滚刀多用于软齿面（未淬火）齿轮的加工，切削用量较低；硬质合金滚刀的出现，为淬火后硬齿面齿轮的精加工或半精加工开辟了一条新路。

（2）提高滚齿生产率的途径

1）高速滚齿。提高切削用量是提高生产率的有效措施，而进给量由于受齿面质量的影响，不能提高太多。因此，提高切削速度就有着重要意义。为了实现高速切削，除采用新型滚刀外，提高机床刚性、广泛采用高速滚齿机，以及对现有滚齿机进行必要的改装，以适应高速切削的需要，也是有效的途径。

目前，高速钢滚刀的切削速度已由70~80m/min提高到100~150m/min，而使用硬质合金刀具，其速度可高达200~400m/min。随着滚齿机和刀具材料的不断改进，高速滚齿的潜力很大，而且加工后的齿轮精度和齿面质量都有很大提高，可以减少剃齿余量，提高剃齿刀寿命，甚至有可能取消剃齿工序。因此，高速滚齿具有一定的发展前途。

2）改进刀具结构。采用大直径滚刀，可使其内径和圆周齿数相应增加，使滚刀刀杆的刚度提高，因而可以加大切削用量。而且由于圆周齿数增加，加工时包络齿面的切削刃数将增加，切削工作平稳，有利于提高齿面精度和刀具寿命。但大直径滚刀需配合采用径向切入法（图4-49b），以大大缩短切入长度。

采用多头滚刀可使齿坯转速提高，将明显地提高滚齿生产率。但多头滚刀因导程大，导程角大，使被加工的齿形误差增加。因多头滚刀不可避免地存在分度误差，使被加工齿轮的齿距误差和齿厚误差加大，多头滚刀加工包络面的刀齿数较少，被切齿面表面粗糙度值较大，因而多头滚刀多用于粗滚和半精滚。采用多头滚刀必须注意使多头滚刀的头数与被切齿轮的齿数之间互为质数，以消减滚刀分度误差对调节误差的影响。

采用正前角的滚刀也能明显地改善刀具的切削性能，增加刀具寿命，并且消耗功率较小，但正前角滚刀使齿形发生变化，因而只适用于粗加工，否则必须修正刀具齿形。

3）改进加工方法。采用对角滚齿法，对于大模数齿轮采用粗开槽后精滚的方法，以顺铣代替逆铣等。

滚齿时若用顺铣方式，刀具磨损、切削刃挤刮现象均相对减少，齿面表面粗糙度值变

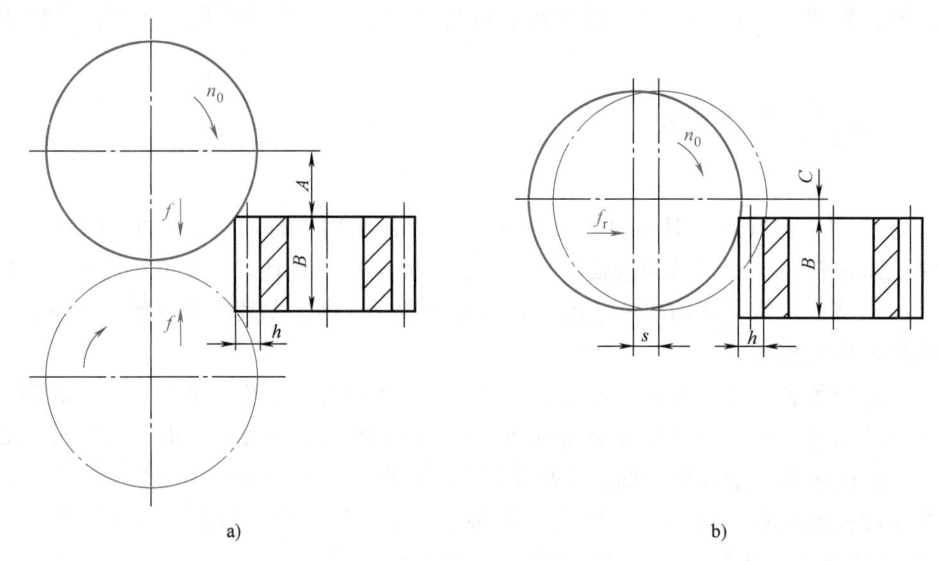

图 4-49　滚刀切入方法

a）轴向切入　b）径向切入

小，但加工时不如逆铣方便，且要求机床垂直进给系统应采取消隙措施。

如图 4-50 所示，对角滚齿法就是让滚刀 1 在切削过程中，除工件 2 轴向进给量 f 外，还增加一个沿滚刀本身轴线方向的切向进给量 f_t。这样滚刀的进给轨迹就成了对角线形。

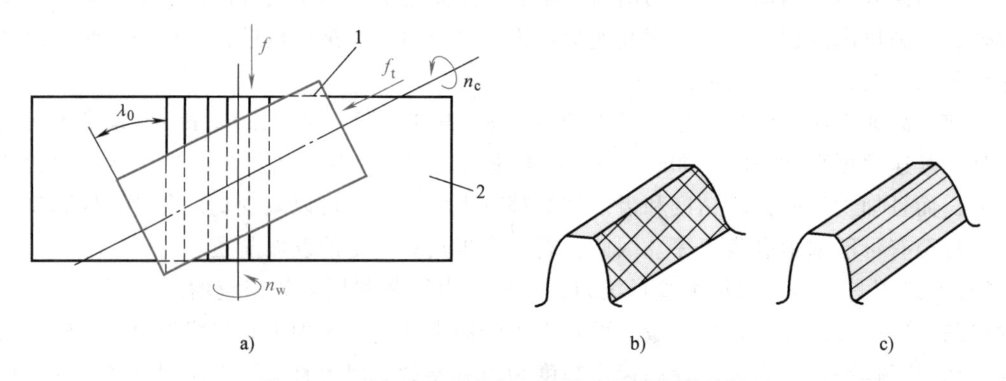

图 4-50　对角滚齿及其与一般滚齿后齿面的比较

a）原理图　b）对角滚齿　c）一般滚齿

1—滚刀　2—工件

对角滚齿的优点是滚刀全长内的刀齿都参加切削，使各刀齿的负荷均匀，而且磨损均匀，刀具寿命高，齿面刀痕成交叉网纹，比一般滚齿齿面条状刀痕表面粗糙度值减小。但缺点是滚刀要长一些，要求滚齿机具有切向进给机构，齿向精度较差。

2. 插齿

（1）插齿的工艺特点　插齿除了能加工内、外啮合直齿轮外，插齿还特别适宜加工齿圈轴向距离较小的多联齿轮、齿条和扇形齿轮等。依靠靠模也可加工外啮合的斜齿轮，但不如滚齿加工方便。

插齿机的传动链较复杂，增加了部分传动误差。刀具垂直的往复运动部分和工作台的让刀运动部分也易于磨损。插齿刀的齿距累积误差反映到齿轮上，使插齿的运动精度一般较滚齿低。由于插齿时形成齿形包络线的切线数量由圆周进给量的大小决定，可以选择，故插齿所得表面粗糙度值比滚齿小得多，齿形误差也较小。插齿刀的安装误差对齿形误差的影响较小，且几何形状是直齿轮，制造工艺较简单，易获得较高的加工精度。插齿时公法线长度变动较大是由于插齿时引起齿轮切向误差的因素比滚齿多。对插齿刀以及带动刀具旋转的蜗杆副的制造与安装精度进行调整可减少此项误差。

（2）提高插齿生产率的途径

1）提高插齿的圆周进给量。加快齿轮的展成运动速度可以提高效率，但会使齿面表面粗糙度值增大，因而宜将粗、精插齿分开，或在机床上装备加工余量预选分配装置，以及粗插低速大进给和精插高速小进给的自动转换机构。

2）增加插齿刀每分钟往复行程次数（高速插齿），目前行程数已达 2500 次/min 以上，切削速度大大增加，缩短了机动时间。

3）采用加大前、后角的插齿刀，充分发挥现有插齿刀的切削性能，提高插齿刀的寿命。

此外，实现夹具的机械化、半自动化，充分利用高速钢的第二切削速度，改善冷却条件等都是切实可行的提高生产率的方法。国外还发展了多刀插齿、多工位插齿等新工艺用于生产，取得了良好的效果。

3. 剃齿

（1）剃齿的工艺特点　剃齿加工是一对螺旋齿轮双面紧密啮合的自由对滚加工过程，它又是切削层极薄，同时伴有挤压和金属滑移的综合过程，如图 4-51 所示。它的优点是机床简单、调整方便，其精度取决于刀具。刀具寿命及生产率均较高。它比一般的滚、插齿加工精度高且表面粗糙度值小，但剃齿刀制造困难，成本较高。剃齿应具有三个基本运动：

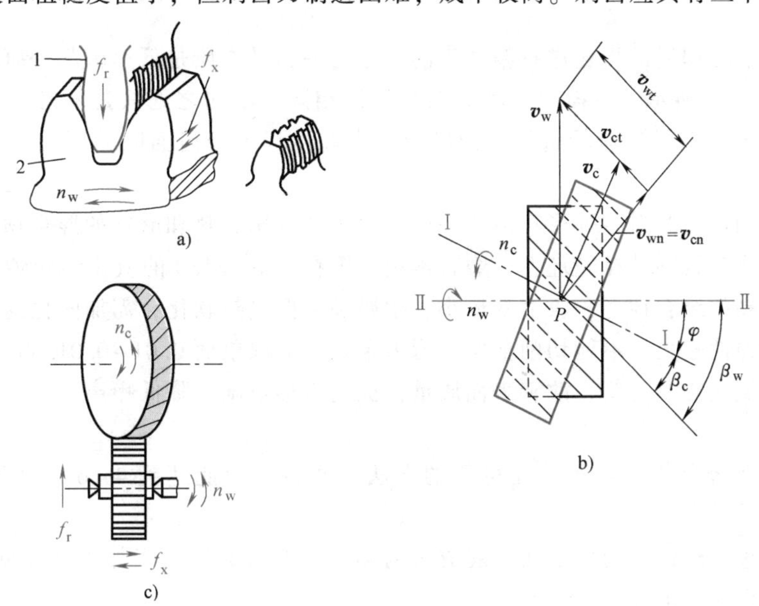

图 4-51　剃齿工作原理

a）剃齿刀上的刀齿　b）剃齿运动　c）剃齿相对滑动速度的产生

1—齿轮　2—剃齿刀

1）剃齿刀的高速旋转 n_c。

2）工件沿轴向的往复运动 f_x（用以剃出全齿宽）。

3）为逐步切除全部余量，并保持剃齿刀和工件间的一定压力，剃齿刀还必须向工件做径向进给运动 f_r。

剃齿刀的齿数和被加工齿轮的齿数一般应互为质数，以减少刀具误差对齿轮加工精度的影响。

（2）提高剃齿生产率的途径及剃齿新工艺　剃齿工艺的不断改进发展，使得生产率有很大的提高。目前较为成熟的剃齿新工艺有以下几种：

1）对角线剃齿法。即工作台往复运动方向和被加工的齿轮轴线方向有一夹角 γ，因而剃齿刀上和齿轮啮合节点的位置随工作台的移动而变化。因此，剃齿刀在整个齿宽上的磨损较为均匀，刀具寿命延长，径向进给量可以增加。同时行程可随 γ 角的增大而减小，且可将中心距调好后一次进给完成加工，使生产率较普通剃齿法提高 3~4 倍。

由于刀具与齿轮干涉的可能性减小，故可以剃削两个齿圈相距很近的齿轮，但要求剃齿机工作台可调角度，且要求有较高的刚性和较大的功率。在操作上则要求在调整啮合节点的变化范围时，使该点正好在剃齿刀有效工作长度内，调整的工艺水平要求较高。

2）切向剃齿法。当对角线剃齿的 γ 角为 90°时，就成了切向剃齿。它的行程更短，生产率更高，但要求更宽的剃齿刀。

3）径向剃齿法。它只有径向进给，没有轴向和切向进给，生产率大大提高。径向剃齿刀必须比工件宽，而且必须使相邻刀齿的齿沟相错，以取得连续切削，同时侧面要求制成凹入的双曲线体，以便使工件获得鼓形。

4）单行程剃齿。该剃齿刀有导入、切削及修正三组齿（故成锥形）。切削中仅有切向进刀，刀具寿命高，生产率高。

4. 珩齿

珩齿是对热处理后的齿轮进行精加工的方法之一，其本质是低速磨削、研磨和抛光的综合过程，如图 4-52 所示。珩齿的运动关系与剃齿相同，不同之处只是珩齿采用含有磨料的塑料齿轮（珩轮）与被珩齿轮进行自由啮合，在此过程中借齿面间的压力和相对滑动来进行切削。

珩轮多采用钢料制造，外形和齿轮一样，轮齿部分用塑料和磨料的混合物制成，并利用塑料的粘结力将磨料粘结在轮坯上。磨料常用粒度在 F80~F150 的氧化铝和碳化硅。环氧树脂粘结剂具有高的结合性能，收缩变形小，耐腐蚀，但受热软化，需加固化剂乙二胺等。

由于珩轮弹性较大，不能切削金属，珩齿余量一般取单面 0.01~0.015mm。珩齿主要用来除去热处理氧化皮及毛刺，改善表面质量，提高齿形精度，降低噪声。

5. 磨齿

磨齿是加工淬硬齿轮最稳定而可靠的方法。磨齿一般能达到 4~6 级精度，但生产率较低。

按加工原理，磨齿分为成形法和展成法两类。成形法磨齿由于加工精度低而用得很少，生产中常采用展成法磨齿。

（1）用一个锥面砂轮磨齿　如图 4-53 所示，截面呈齿形的砂轮，一面以速度 n_s 旋转，一面以速度 v_f 沿齿宽方向做往复运动，构成假想齿条的一个齿，工件一面以速度 n_w 旋转，一面移

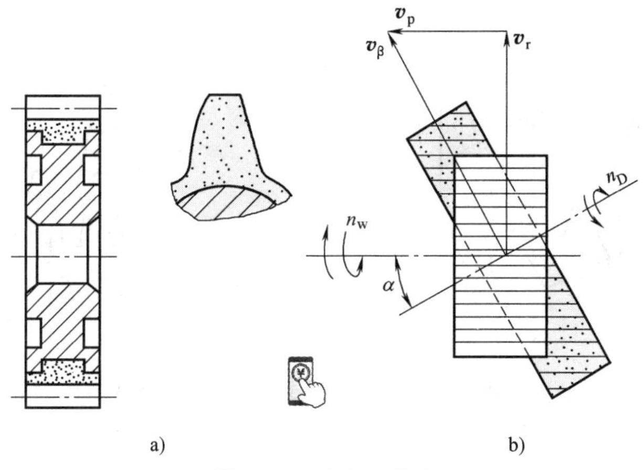

图 4-52 珩齿工作原理

a）珩轮 b）珩齿运动

动，实现滚动展成运动。磨完一个齿后，工件还需做分度运动。应用这种原理的机床有 Y7131。

用这种方法磨齿，由于传动链复杂，传动误差大，精度较低，一般只达 5~6 级；用单边磨削，空行程时间长，影响效率；但通用性好，适于中、小批生产。

（2）用两个碟形砂轮磨齿 如图 4-54 所示，两片砂轮倾斜一定角度，构成假想齿条的一个齿的两外侧面，同时磨削一个（或两个）齿槽的两内侧面。属于这一类型的机床有 Y7011、Y7032 及瑞士马格型磨齿机等。

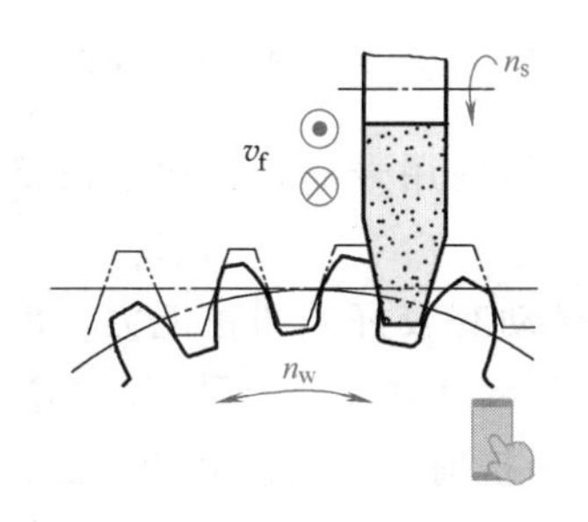

图 4-53 单片锥形砂轮磨齿原理

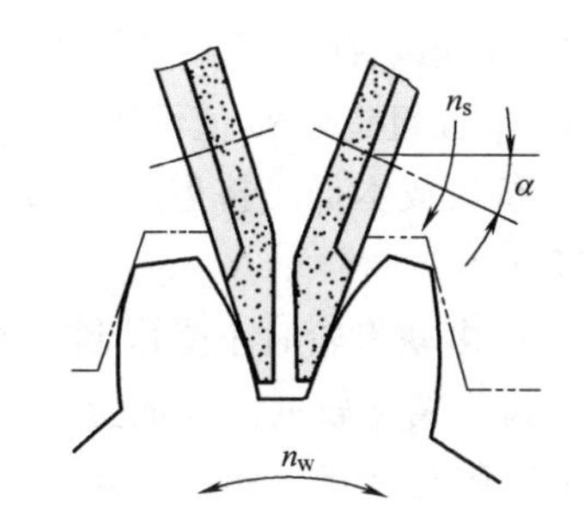

图 4-54 用双碟形砂轮磨齿

这种磨齿方法由于传动环节少，制造精确，传动误差小，展成运动精度高，精度可达 4 级。

（3）用蜗杆砂轮磨齿 如图 4-55 所示，采用这种方法的机床有 Y7232、Y7215，它是将砂轮做成蜗杆形状 1，其螺牙在法向剖面上的齿形和被磨齿轮 2 基准齿形相同。这种加工法与滚齿相似，也是效率很高的一种。这是因为砂轮转速很高，而砂轮转一转，齿轮至少转过一个齿。因此，工件的转速也很高，同时分度运动是连续进行的。这种磨齿方法精度可达 4~5 级，但最大缺点是砂轮修整困难，需使修整器按砂轮修形动作循环进行修整，如图 4-56 所示。

6. 挤压

如图 4-57 所示，齿轮的冷挤是一项比较新的加工方法，它是通过在一定的压力作用下，使淬硬的轧轮与一个经过粗加工而未淬硬的齿轮进行强制过盈啮合，从而使齿轮共轭齿面上产变形的几何特性符合啮合点运动规律，故其加工精度主要取决于轧轮的制造精度。另外，由于轧制中表面形成冷硬层，使其耐磨性及疲劳强度也有较大提高。

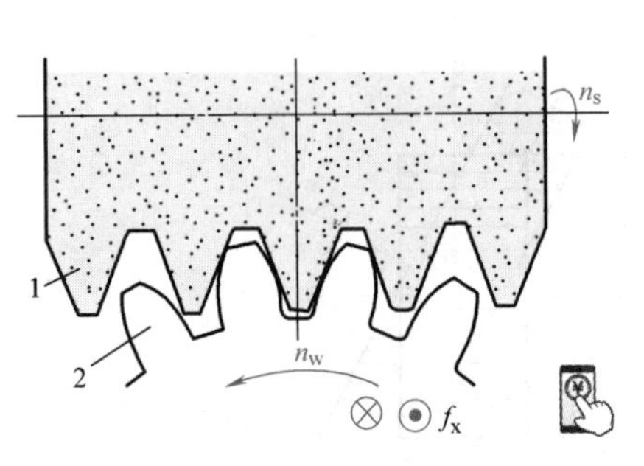

图 4-55 蜗杆砂轮磨齿原理

1—砂轮 2—被磨齿轮

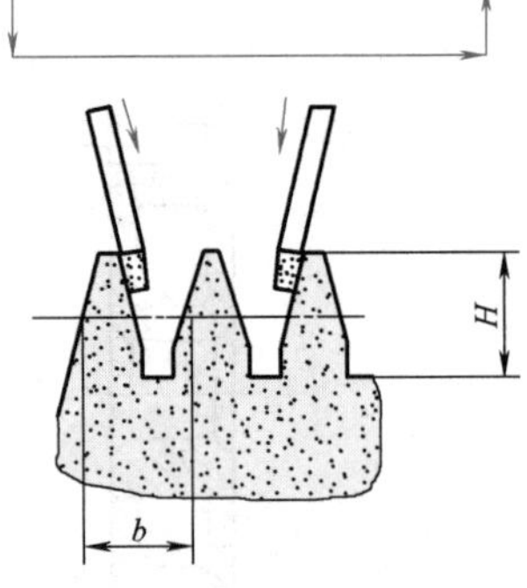

图 4-56 砂轮修形循环简图

挤齿与剃齿一样，都属于轮齿淬火前的齿形精加工，但与剃齿相比，挤齿具有下列优点：

（1）生产率高 对于中等尺寸齿轮，挤齿只需 15~20s，而剃齿常需 2~4min。

（2）精度高 挤齿可使齿轮精度提高到 7—6—6，甚至更高，另外从接触精度来看，挤齿比剃齿稳定。

（3）表面粗糙度值小 挤齿时工件的余量被熨压平整，所以有些表面缺陷和刮伤等容易被填平。这样表面粗糙度 Ra 值可达 0.4~0.1μm。

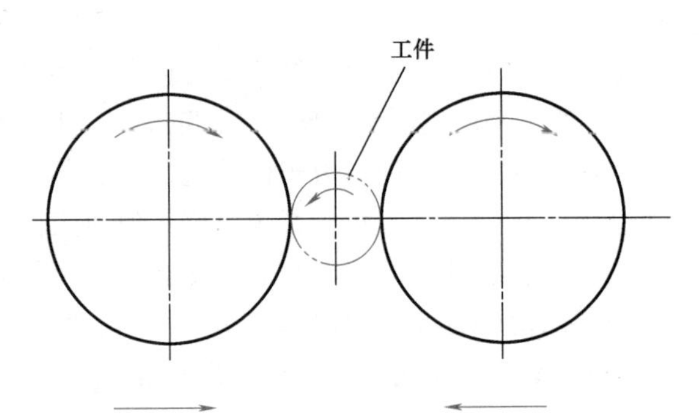

图 4-57 冷挤齿轮加工示意图

（4）挤齿成本低 挤齿不开槽，结构简单，成本低，但使用寿命长，而且被挤齿轮使用时间长。

（5）挤多联齿轮时不受限制 冷挤对齿圈的径向圆跳动有较好的纠正能力，齿向精度较高，但齿形精度较低。齿面上常出现中凹、顶凸和根凸等畸变现象。一种解决办法是使挤前齿轮节圆附近余量分布多一点，以补偿挤后的凹入量。但挤前刀具制造复杂，挤后质量不易稳定。较合理的办法是从挤轮上考虑，合理选择挤轮参数，并且正确地进行齿廓修形以控制冷挤过程齿面受力状况和金属流动情况。而冷挤余量仍采用均匀分布形式。

4.4.4 检验

齿轮加工后应按照图样提出的技术要求进行验收，有条件时应优先采用综合检验。检验一般包括中间检验和最终检验两类。图 4-58 所示为齿轮中间检验内容。

切齿前使用通用测量工具（外径千分尺、百分表及有关装置）或极限量规（卡规、塞规等）检验。

切齿后检验，一部分使用通用量具（齿厚卡尺、卡规、齿形轮廓仪等），大多数需要专用的量具或检具。

不同用途和工作条件下的齿轮传动，其使用要求可归纳为以下四个方面：传递的准确性，传动的平稳性，载荷分布的均匀性，齿轮副侧隙。齿轮检查项目应根据齿轮的重要性、工艺稳定性及检验设备的具体条件而定，见表 4-13、表 4-14。

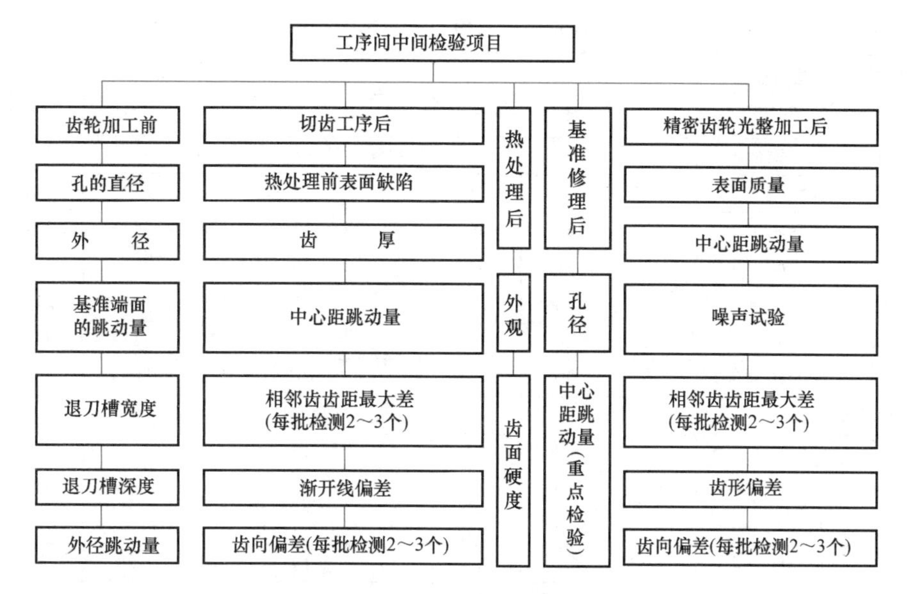

图 4-58　齿轮中间检项目

表 4-13　齿轮应检精度指标的公差和极限偏差（摘自 GB/T 10095.1—2008）

分度圆直径 d/mm	模数 m/mm 或 齿宽 b/mm	精度等级												
		0	1	2	3	4	5	6	7	8	9	10	11	12
齿轮传递运动准确性		齿轮齿距累积总偏差 F_p/μm												
$50<d\leqslant125$	$2<m\leqslant3.5$	3.3	4.7	6.5	9.5	13.0	19.0	27.0	38.0	53.0	76.0	107.0	151.0	214.0
	$3.5<m\leqslant6$	3.4	4.9	7.0	9.5	14.0	19.0	28.0	39.0	55.0	78.0	110.0	156.0	220.0
$125<d\leqslant280$	$2<m\leqslant3.5$	4.4	6.0	9.0	12.0	18.0	25.0	35.0	50.0	70.0	100.0	141.0	199.0	282.0
	$3.5<m\leqslant6$	4.5	6.5	9.0	13.0	18.0	25.0	36.0	51.0	72.0	102.0	144.0	204.0	288.0
齿轮传动平稳性		齿轮单个齿距偏差 $\pm f_{pt}$/μm												
$50<d\leqslant125$	$2<m\leqslant3.5$	1.0	1.5	2.1	2.9	4.1	6.0	8.5	12.0	17.0	23.0	33.0	47.0	66.0
	$3.5<m\leqslant6$	1.1	1.6	2.3	3.2	4.6	6.5	9.0	13.0	18.0	26.0	36.0	52.0	73.0
$125<d\leqslant280$	$2<m\leqslant3.5$	1.1	1.6	2.3	3.2	4.6	6.5	9.0	13.0	18.0	26.0	36.0	51.0	73.0
	$3.5<m\leqslant6$	1.2	1.8	2.5	3.5	5.0	7.0	10.0	14.0	20.0	28.0	40.0	56.0	79.0
齿轮传动平稳性		齿轮齿廓总偏差 F_α/μm												
$50<d\leqslant125$	$2<m\leqslant3.5$	1.4	2.0	2.8	3.9	5.5	8.0	11.0	16.0	22.0	31.0	44.0	63.0	89.0
	$3.5<m\leqslant6$	1.7	2.4	3.4	4.8	6.5	9.5	13.0	19.0	27.0	38.0	54.0	76.0	108.0
$125<d\leqslant280$	$2<m\leqslant3.5$	1.6	2.2	3.2	4.5	6.5	9.0	13.0	18.0	25.0	36.0	50.0	71.0	101.0
	$3.5<m\leqslant6$	1.9	2.6	3.7	5.5	7.5	11.0	15.0	21.0	30.0	42.0	60.0	84.0	119.0
齿轮载荷分布均匀性		齿轮螺旋线总偏差 F_β/μm												
$50<d\leqslant125$	$20<b\leqslant40$	1.5	2.1	3.0	4.2	6.0	8.5	12.0	17.0	24.0	34.0	48.0	68.0	95.0
	$40<b\leqslant80$	1.7	2.5	3.5	4.9	7.0	10.0	14.0	20.0	28.0	39.0	56.0	79.0	111.0
$125<d\leqslant280$	$20<b\leqslant40$	1.6	2.2	3.2	4.5	6.5	9.0	13.0	18.0	25.0	36.0	50.0	71.0	101.0
	$40<b\leqslant80$	1.8	2.6	3.6	5.0	7.5	10.0	15.0	21.0	29.0	41.0	58.0	82.0	117.0

表 4-14　齿轮精度指标公差值（摘自 GB/T 10095.2—2008）

分度圆直径 d/mm	法向模数 m_n/mm	精度等级								
		4	5	6	7	8	9	10	11	12
齿轮传递运动准确性		齿轮径向综合总偏差 F''_i/μm								
50<d≤125	1.5<m_n≤2.5	15	22	31	43	61	86	122	173	244
	2.5<m_n≤4.0	18	25	36	51	72	102	144	204	288
	4.0<m_n≤6.0	22	31	44	62	88	124	176	248	351
125<d≤280	1.5<m_n≤2.5	19	26	37	53	75	106	149	211	299
	2.5<m_n≤4.0	21	30	43	61	86	121	172	243	343
	4.0<m_n≤6.0	25	36	51	72	102	144	203	287	406
齿轮传动平稳性		齿轮一齿径向综合总偏差 f''_i/μm								
50<d≤125	1.5<m_n≤2.5	4.5	6.5	9.5	13	19	26	37	53	75
	2.5<m_n≤4.0	7.0	10	14	20	29	41	58	82	116
	4.0<m_n≤6.0	11	15	22	31	44	62	87	123	174
125<d≤280	1.5<m_n≤2.5	4.5	6.5	9.5	13	19	27	38	53	75
	2.5<m_n≤4.0	7.5	10	15	21	29	41	58	82	116
	4.0<m_n≤6.0	11	15	22	31	44	62	87	124	175

4.4.5　齿轮加工的发展

由于齿轮在各种机器中的广泛应用，世界各国对齿轮加工的研究相当重视，各种新工艺、新方法不断推广应用。目前主要有以下几种：

1. 电解齿轮加工

如图 4-59 所示，电解加工的基本原理是金属的电解作用，而其实质是电能与化学能的综合利用。将要加工的工件 2 接于直流电源的阳极，齿轮形的工具 1 接于阴极，工件与工具之间保持很小的间隙，通过液压泵使具有一定压力的电解液从间隙中高速流过，于是工件表面的金属随工具形状迅速电解并随即被电解液冲走。工具不断地沿工件轴向前进，一直到达整个齿宽为止。电解加工工具常用薄青铜板制造：加工内齿轮时制成相应的外齿轮形状；加工外齿轮时制成相应的内齿轮形状。

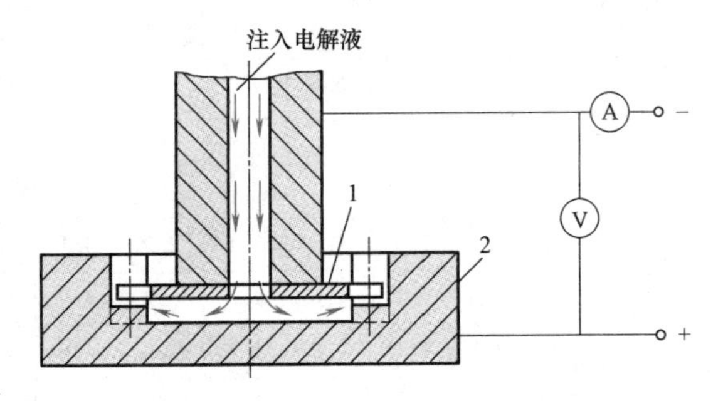

图 4-59　电解齿轮加工原理示意图

1—工具　2—工件

电解法具有很多优点：可加工特硬、特韧的齿轮，生产率高，表面粗糙度值小，没有毛刺，工具损耗少。缺点是精度不高，常用来加工内齿轮和链轮等。

2. 齿轮热轧加工

齿轮热轧加工是利用高频加热器把齿坯加热到热塑状态，并根据齿轮渐开线展成原理，利用齿轮形的轧轮径向移近，将工件一次轧制出齿形的一种无屑加工方法。它的特点是生产率高、节省原料、齿轮强度高、成本低、工艺范围广。热轧精度稳定在 8~9 级，在热轧后冷挤、磨齿可获得更高精度。

3. 粉末冶金齿轮加工

按一定的比例，把铁、铜、石墨、硬脂酸锌及少量镍、铬等合金元素的粉末均匀混合，经过压制、烧结、整形和少量机械加工，即制成粉末冶金齿轮。这种方法材料利用率高，生产率高，成本低。尤其有以下独特的优点：

1）齿轮中有含油的连通孔隙，能自动润滑，耐磨性好，运动噪声小。

2）齿轮中的孔隙，能容纳悬浮在油中的硬质微粒，从而减少运转时齿面的磨损。

3）齿轮的精度较高，互换性好。

4）齿面表面粗糙度值较高。

4. 双刀盘切向切齿

用零度压力角平面齿条和平面齿轮啮合，加工渐开线和非渐开线的直齿和斜齿圆柱齿轮，是一种较新的齿轮加工方法。

如图 4-60a 所示，当零度压力角的平面齿条 2 和平面齿轮 3 啮合时，如固定齿条不动，则齿轮基圆 1 做纯滚动并沿平面齿条节线平行移动，这就是零度压力角齿条加工平面齿轮的原理。若齿条同时沿工件轴线平行移动，即为加工斜齿轮原理（图 4-60b）；若齿条沿和工件轴线成某一角度的方向移动，使工件的旋转速度和零度压力角齿条的移动速度的合成矢量平行于工件轴线时，即为加工直齿轮原理，如图 4-60c 所示。

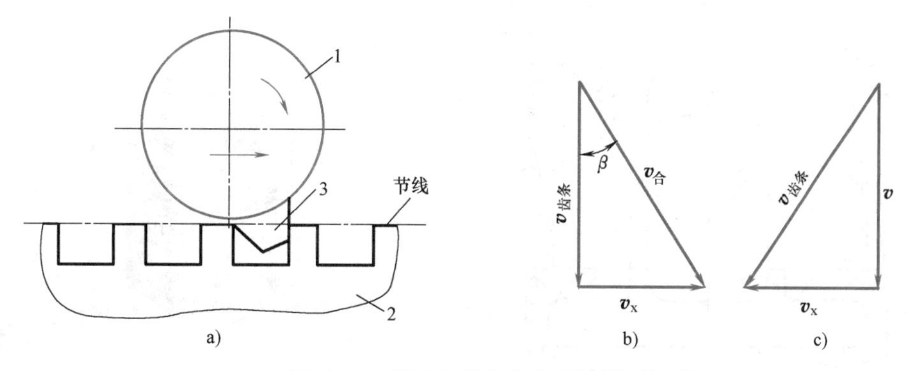

图 4-60　双刀盘切向切齿原理图

1—齿轮基圆　2—平面齿条　3—平面齿轮

双刀盘切向切齿法是用大直径的零度压力角的圆盘铣刀（圆周装有 90 多个刀齿）来近似替代零度压力角的平面齿条，以较高的切削速度（约 140m/min）加工齿轮，当啮合运动的瞬时传动比为定值时，则加工出渐开线齿轮，当瞬时传动比为变值时，则加工出非渐开线齿轮。

这种方法的优点为生产率高，加工精度可达 5~6 级，表面粗糙度值小；机床传动链短，刚性好，刀具几何形状简单，可采用硬质合金刀具以提高刀具寿命等。

4.5　活塞加工

4.5.1　概述

1. 活塞的功用和结构特点

活塞是柴油机的重要零件之一，它与活塞环、气缸套、气缸盖构成了工作容积和燃烧室。

在柴油机工作过程中，依靠活塞的往复运动，使气缸工作容积周期性地改变，从而实现进气、压缩、膨胀、排气的工作循环。由于可燃气体在爆炸的瞬间要产生相当高的温度，同时又产生强大的推力，作用于活塞顶部迫使活塞向下移动，所以活塞是在高温、高压下做长时间连续交变负荷的往复运动。图 4-61 所示为 Z12V190 型柴油机活塞结构示意图。图中，活塞顶面 1 承受着高温高压气体的直接作用。在气环槽 3 中装有气环，用以密封活塞顶面的燃烧室。油环槽 4 通过油环把飞溅到气缸套内壁上的多余润滑油刮掉，并通过油环槽内的回油孔 2 流回油底壳，活塞销孔内装有活塞销，活塞销孔 6 内装有活塞销，通过活塞销将活塞、连杆连接起来，两端挡圈槽 5 内装有弹性挡圈，防止活塞销的窜动。上开裆 7 和下开裆 8 用于连杆定位。底部的止口 9 是机械加工的工艺基准，它在发动机工作过程中没有作用。工作过程中高压柴油通过喷油头喷入燃烧室 13 与空气混合形成涡流，气阀坑 14 的作用是防止活塞上升到上止点时与气阀相碰。裙部外圆 10 在活塞工作过程中起导向作用。图 4-62 所示为活塞与相关零件的装配关系图。

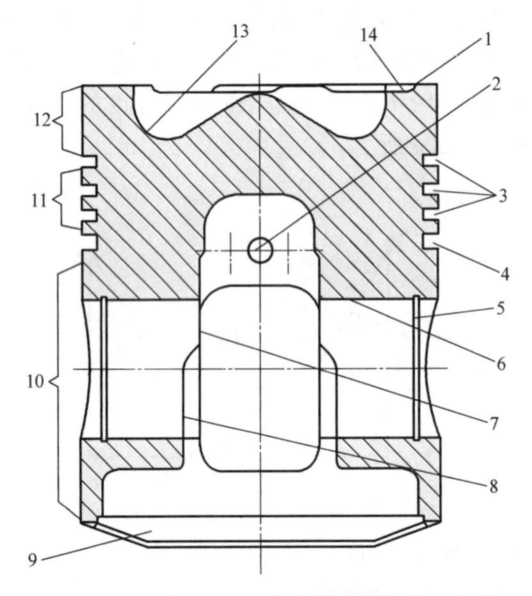

图 4-61　Z12V190 型柴油机活塞结构示意图

1—活塞顶面　2—回油孔　3—气环槽　4—油环槽　5—挡圈槽　6—活塞销孔　7—上开裆　8—下开裆　9—止口　10—裙部外圆　11—环岸外圆　12—头部外圆　13—燃烧室　14—气阀坑

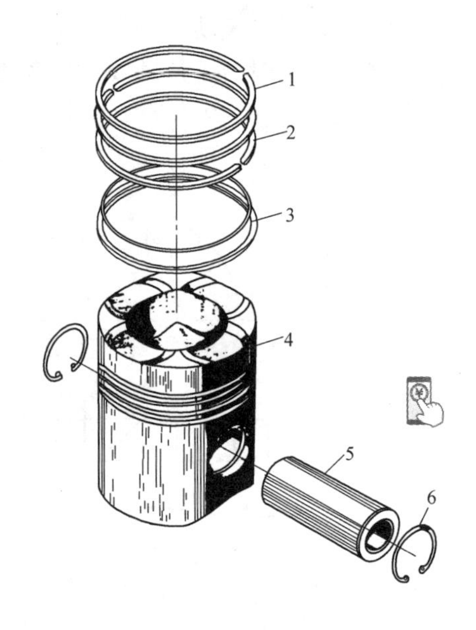

图 4-62　活塞与相关零件的装配关系图

1、2—气环　3—油环　4—活塞　5—活塞销　6—挡圈

由于活塞在工作过程中受到高温和高压的作用，所以必然产生热变形和受力变形。活塞的顶面受到气缸内气体压力的作用，产生弹性变形。由于活塞裙部在圆周方向刚性不同，在活塞销轴线方向的弹性变形量比垂直于该方向的弹性变形量大，使活塞裙部在受力后变成椭圆。另一方面，活塞顶部与高温气体接触，导致销座部位的裙部向外扩张。

如图 4-63a 所示，热量通过活塞顶部传到活塞裙部，温度升高产生热变形。又因为活塞裙部圆周上壁厚不均匀，销孔轴线方向厚，热膨胀量大；垂直于销孔方向的热膨胀量小。从而使活塞裙部由于热变形变成椭圆，如图 4-63b 所示。

所以无论是受力变形或热变形，都使原来的圆柱形的裙部变成椭圆形，椭圆的长轴在活塞销孔的轴线方向上。这样必然使活塞与气缸壁间的间隙不均匀甚至消失，以至于发生剧烈磨损甚至咬死。为了补偿上述变形，把活塞裙部设计制造成椭圆形，椭圆的长轴在垂直于活塞销孔轴线的方向上，圆度的大小随活塞的型号不同而改变。Z12V190柴油机的活塞裙部圆度为0.4mm。

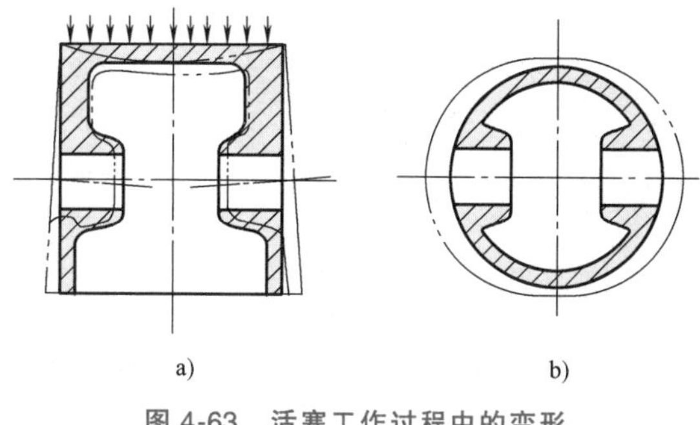

图4-63　活塞工作过程中的变形
a）受力变形　b）热变形

此外，活塞工作时，顶面与高温气体直接接触，热量由头部传到裙部，头部温度高，热膨胀量大；裙部温度低，热膨胀量小。为了补偿这种不均匀的热变形，把活塞头部的外径设计得比裙部外径小，同时活塞裙部也设计成中间大，上下两端小的腰鼓形，以保证其具有良好的导向性。因此，Z12V190型柴油机的活塞称为中凸椭圆形活塞。

2. 活塞的技术要求

铝合金活塞的技术条件已有国家标准，对于各部分的尺寸公差，形状和位置公差以及表面粗糙度均做了详细规定。图4-64所示为Z12V190型柴油机活塞零件图及部分技术要求。

（1）裙部外圆　裙部外圆起导向作用，要求与气缸精密配合，其尺寸公差等级一般为IT6，对于高速内燃机的活塞甚至要求为IT5。在大批量生产中为了减小机械加工的难度，经常将活塞裙部和气缸套孔径的制造公差均放大，装配时采用分组装配法，以保证达到要求的间隙。Z12V190型柴油机活塞裙部的制造精度为IT6，表面粗糙度Ra为0.4μm。活塞裙部沿长轴轴线方向对活塞顶部外圆的线轮廓度误差为0.08mm，且只允许裙部各点位置对于理论轮廓方向同向加或减。

（2）销孔　销孔尺寸精度要求很高，一般在IT6以上，为了减小机械加工的难度，活塞销孔的加工和活塞销的装配也采用分组装配法。Z12V190型柴油机活塞的销孔尺寸为$\phi70_{-0.018}^{-0.006}$mm，表面粗糙度Ra为0.4μm。活塞销孔的位置度公差是：

1）销孔的轴线到顶面的距离（压缩高）影响气缸的压缩比，即影响发动机的效率，因此必须控制在一定的范围内，Z12V190型柴油机的这一距离为（145±0.025）mm。

2）销孔轴线对顶部外圆轴线的垂直度影响活塞销、活塞销孔和连杆的受力情况。垂直度误差过大将使活塞销、销孔和连杆单侧受力，导致活塞在气缸中倾斜，加剧磨损。Z12V190型柴油机活塞要求不大于0.04∶200。

3）销孔轴线对头部外圆轴线的对称度误差也会引起不均匀磨损，Z12V190型柴油机活塞的对称度公差为0.20mm。

（3）环槽　为了使活塞环能随气缸套孔径大小的变化而自由地胀缩，Z12V190型柴油机对活塞环槽做了下列规定：

1）环槽两侧面对头部外圆轴线的垂直度误差不大于0.07∶25。

2）环槽两侧面对头部外圆轴线的跳动误差不大于0.05mm。

3）环槽宽度尺寸公差为0.02mm。

4）环槽两侧面的表面粗糙度为Ra0.4μm。

（4）活塞质量　为了保证发动机的运转平稳，同一台发动机的活塞其相互间的质量差不应相差很大，Z12V190型柴油机活塞的质量差要求不大于15g。

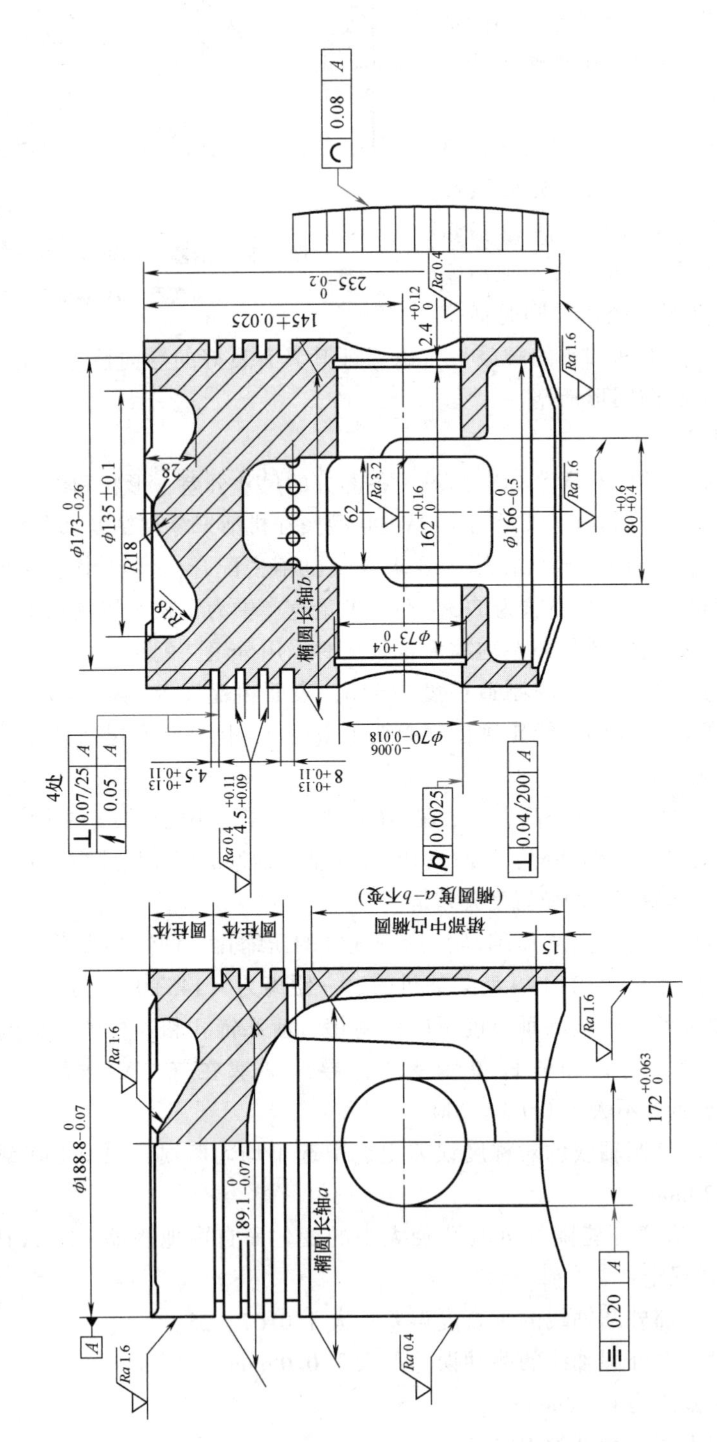

图 4-64　Z12V190 型柴油机活塞零件图及部分技术要求

3. 活塞的材料及毛坯

由前面分析可知，活塞工作的主要特点是在高温高压下做长期的连续变负荷往复运动。为了提高活塞的工作性能和可靠性，其材料必须满足如下要求：

1）在高温高压下具有足够的强度和刚度。

2）较小的结构质量。

3）良好的耐热性和耐蚀性。

4）良好的导热性，热膨胀系数小。

为了满足上述要求，在汽油发动机和高速柴油机中活塞的材料一般都选用硅铝共晶合金。而在低速、高负荷、低级燃料的发动机中有时采用铸铁作为活塞材料。

铝合金与铸铁相比，具有下列优点：

1）导热性好，使活塞顶面的温度降低较快，可以提高发动机的压缩比，又不致引起混合气体自燃，因而可以提高发动机的功率。

2）质量小，惯性力小。

3）可加工性好。

4）铸造性能好。

但它也有下列缺点：

1）材料价格较贵。

2）热膨胀系数大，约为铸铁的两倍。

3）机械强度及耐磨性较差。

综合比较，高速发动机中都用铝合金作为活塞的材料。

Z12V190 型柴油机活塞为硅铝共晶合金，其代号为 190 铝合金。

铝活塞毛坯一般都采用金属模铸造。金属模铸造的毛坯有较高的精度，但因铝合金断面收缩率大，凝固时间长，容易吸收气体，因而容易产生热裂、气孔、针孔及缩松等缺陷。为了克服铸造缺陷，可以采用压铸法铸造。Z12V190 型柴油机的活塞毛坯采用低压铸造工艺铸造。

铝合金活塞在机械加工前要切去浇冒口，并淬火、时效处理，以提高物理、力学性能，并改善切削条件。

4.5.2　活塞加工工艺的拟定

1. 基准的选择

（1）精基准的选择　活塞是薄壁零件，在外力作用下很容易产生变形。其主要表面的尺寸精度和位置精度的要求都很高，因此希望以一个统一的基准来加工这些要求高的表面。目前，生产活塞的工厂大多采用止口和底面作为统一基准。Z12V190 型柴油机活塞各主要加工面均采用止口及底面定位。

采用止口和底面作为精基准有以下优点：

1）可以做到基准统一。用这种方法定位可以做到加工裙部、环岸、环槽、头部外圆、顶面、燃烧室、销孔等主要表面所用的基准统一，有利于保证各表面之间的相互位置精度。

2）可以减少变形。活塞裙部在径向刚性差，而利用止口和底面定位可以沿活塞轴向夹紧，不致引起严重变形，还可以进行多刀车削。

3）夹具定位、夹紧元件基本一致，结构简单，制修容易；工件装卸方便，生产率高。

采用止口定位有以下缺点：

1）定位误差较大。由于止口是工艺基准，它与活塞各主要技术要求的设计基准不一致，这就存在基准不重合误差，影响加工精度。例如，销孔到顶面间的距离（封闭环）公差本来就很小，采用止口定位，活塞高度（组成环）也参与尺寸链，使工序尺寸公差缩小，给加工带来困难。另外，止口与活塞头部外圆的同轴度及止口与定位销的配合间隙（产生基准位移误差）也会影响活塞裙部、环岸、环槽、销孔等的位置精度。

2）增加了多余加工工序。止口与活塞性能无关，加工止口实际上是多余的，且止口精度要求较高，不仅增加了工序，还给加工带来了一定的难度。

综上所述，采用止口和底面作为精基准虽有以上缺点，但从保证加工质量方面来看，采用统一基准的优点比较明显，且其缺点可以采取措施克服。因而 Z12V190 型柴油机活塞在加工过程中，大部分工序采用止口、底面作精基准，体现了统一基准的优点，而为了克服上述缺点，在精镗销孔工序采用了顶面和头部外圆作为基准，实现了基准重合。因为活塞头部外圆和顶面也是以止口、底面为基准与裙部等外圆面一次装夹加工出来的，故销孔与裙部等外圆面的相互位置精度也得到了保证。

（2）粗基准的选择　Z12V190 型柴油机活塞的外圆与不加工表面内腔的壁厚差要求为 0.8mm，毛坯铸造过程中很难保证内腔与外圆的同轴度，如果以毛坯外圆作粗基准加工定位止口和端面，则很难保证壁厚公差的要求。再者活塞内腔底面至止口端面的尺寸大小对活塞质量大小影响很敏感，这是因为自内腔底面至活塞顶面为一圆柱形实体，而内腔底面至止口端面则是一薄壁圆柱体。为了保证同一台柴油机一组活塞质量差的分组要求，控制单件活塞的质量差是至关重要的。因此，Z12V190 型柴油机活塞的粗基准选用不加工表面内腔定位以保证其与加工表面（外圆、底面、顶面）间的相互位置要求。Z12V190 型柴油机活塞内腔定位示意图如图 4-65 所示。

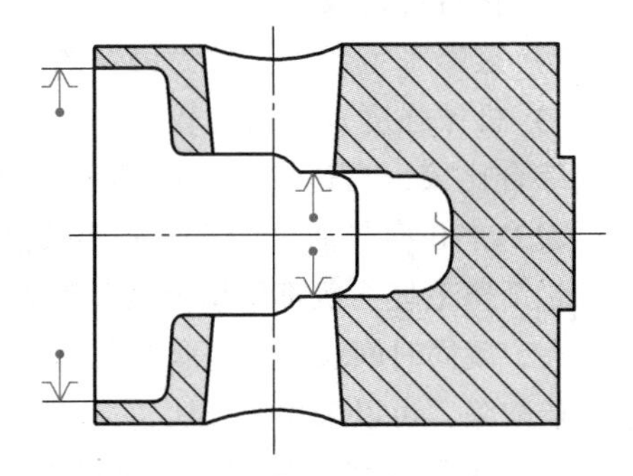

图 4-65　Z12V190 型柴油机活塞内腔定位示意图

2. 加工方法的选择

由于活塞是大批量生产，其毛坯采用金属模低压铸造，其余量较小且均匀。因此，其主要工序可采用一些高效专用且利于保证其相互位置要求的设备、工装。

同时，由于工件材料为铝合金，各表面的精加工不宜采用磨削。因此，销孔、外圆等的精加工应采用高速精镗、精车等。刀具材料也应适当选择。

3. 工序的安排

（1）加工阶段的划分　由于活塞是一个薄壁零件，且主要表面的精度要求很高，因此合理地安排粗、精加工的顺序对于保证产品质量是至关重要的。在粗加工阶段就要将定位止口和端面加工好，工序安排不当就会影响定位止口精度。例如，Z12V190 型柴油机活塞的铣内腔工序，由于切除金属余量大，又需用成形铣刀加工，切削时刀具与工件接触面积大，切削热量高。如将铣内腔工序放在前面，在连续生产中工件得不到及时冷却即进入定位止口加工工序，则很难保证止口精度。

在精加工阶段，为了保证精加工的表面不被后续工序破坏，对裙部外圆和销孔的精加工工序应尽量安排在最后，这同时也是为了使粗加工产生的内应力有充足的时间重新分布，从而保证精加工尺寸的精度。

（2）工序的集中与分散　Z12V190 型柴油机活塞属于大批生产，按工序集中的原则，在生产线上采用了较多的高效率专用机床和专用夹具。例如，在一台六轴自动车床上一次安装同时完成外圆（共三段），粗切环槽、精切环槽、车顶面、钻中心孔并锪去中心孔的多工位加工。而粗镗、半精镗销孔，镗卡圈槽、内挡倒角则用四工位组合机床加工。油孔加工工序采用立、卧组合式十四轴油孔钻一次加工完毕。其他大多数工序都由复合工步组成。由于工序集中，减少了机床数量，节省了生产面积，减少了操作工人数量，提高了生产率。又由于充分发挥了工序集中的特点，在一次装夹下尽可能将有相互位置要求的表面同时加工出来，以有利于保证各表面间的相互位置精度。

4. 活塞的加工工艺过程

表 4-15 列出了 Z12V190 型柴油机活塞的工艺过程。

表 4-15　Z12V190 型柴油机活塞工艺过程

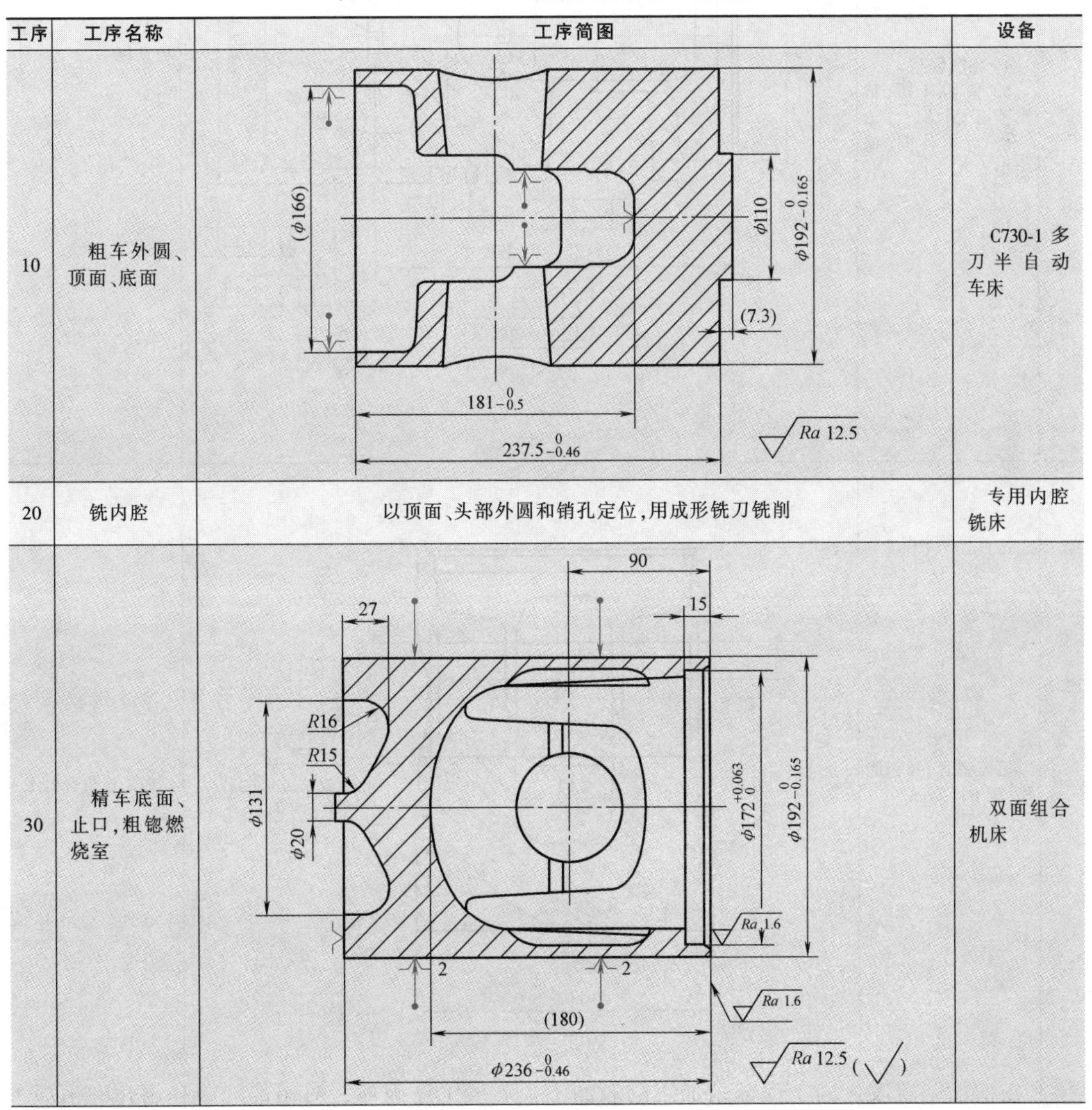

工序	工序名称	工序简图	设备
10	粗车外圆、顶面、底面		C730-1 多刀半自动车床
20	铣内腔	以顶面、头部外圆和销孔定位，用成形铣刀铣削	专用内腔铣床
30	精车底面、止口，粗锪燃烧室		双面组合机床

（续）

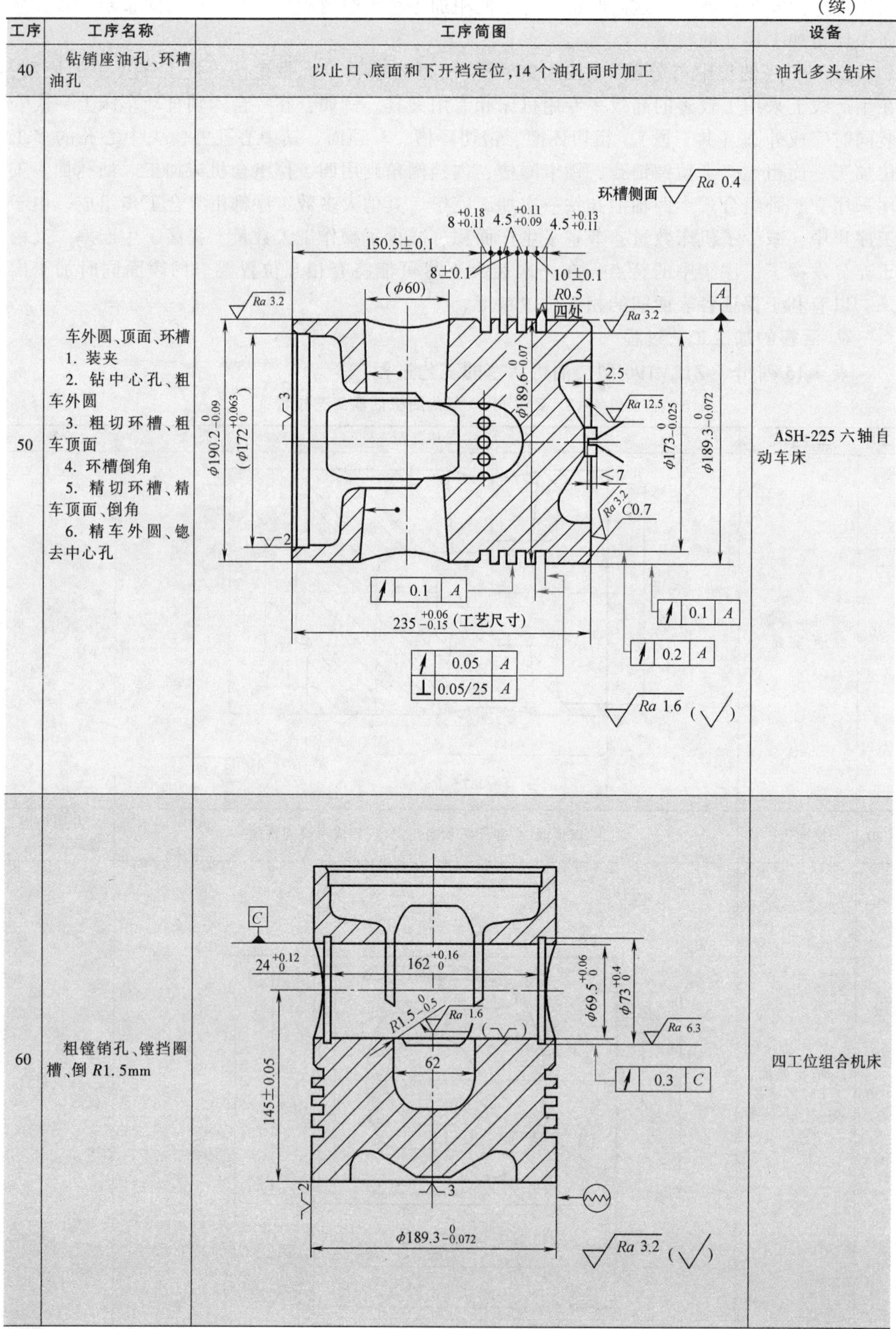

工序	工序名称	工序简图	设备
40	钻销座油孔、环槽油孔	以止口、底面和下开档定位，14 个油孔同时加工	油孔多头钻床
50	车外圆、顶面、环槽 1. 装夹 2. 钻中心孔、粗车外圆 3. 粗切环槽、粗车顶面 4. 环槽倒角 5. 精切环槽、精车顶面、倒角 6. 精车外圆、锪去中心孔		ASH-225 六轴自动车床
60	粗镗销孔、镗挡圈槽、倒 $R1.5$mm		四工位组合机床

（续）

工序	工序名称	工序简图	设备
70	铣上开裆	150；$62^{+0.4}_{0}$；R5；(145±0.05)；2；3；($\phi189.3^{0}_{-0.072}$)；Ra 6.3	销座开裆铣床
80	铣下开裆	定位同上工序	销座开裆铣床
90	精车燃烧室	28±0.1；2；4.6；3；R18；R18；($\phi172^{+0.063}_{0}$)；$\phi135\pm0.1$；($235^{+0.05}_{-0.15}$)；Ra 1.6	
100	铣气阀坑并修毛刺	以止口、底面和销孔定位	气阀坑铣床

（续）

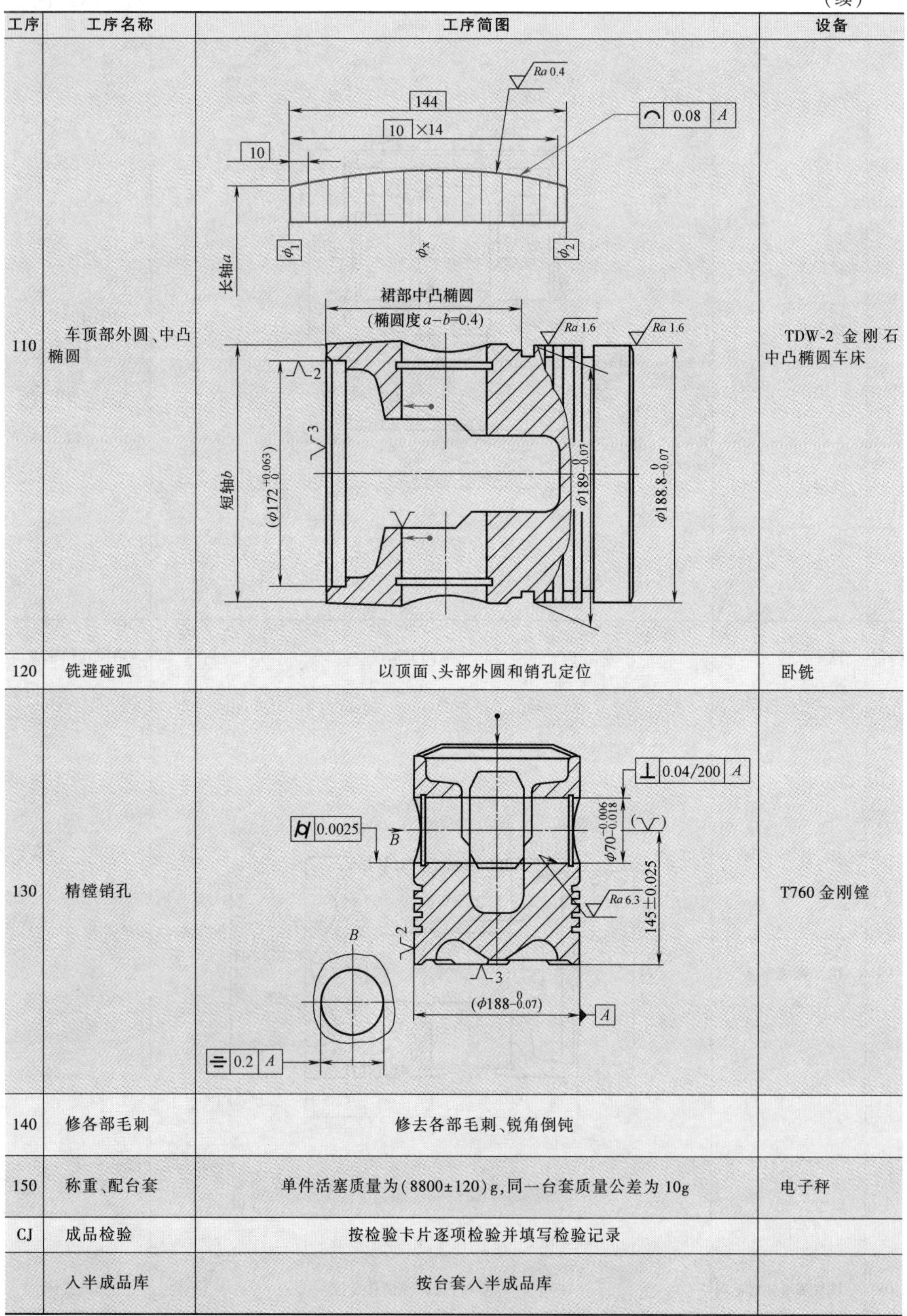

工序	工序名称	工序简图	设备
110	车顶部外圆、中凸椭圆	144；10 ×14；10；Ra 0.4；0.08 A；ϕ_1；ϕ_x；ϕ_2；长轴a；裙部中凸椭圆（椭圆度 $a-b$=0.4）；Ra 1.6；Ra 1.6；2；3；短轴b；$(\phi172^{+0.063}_{0})$；$\phi189^{0}_{-0.07}$；$\phi188.8^{0}_{-0.07}$	TDW-2 金刚石中凸椭圆车床
120	铣避碰弧	以顶面、头部外圆和销孔定位	卧铣
130	精镗销孔	0.04/200 A；0.0025；B；$\phi70^{-0.006}_{-0.018}$；Ra 6.3；145 ± 0.025；2；3；$(\phi188^{0}_{-0.07})$；A；0.2 A	T760 金刚镗
140	修各部毛刺	修去各部毛刺、锐角倒钝	
150	称重、配台套	单件活塞质量为(8800±120)g，同一台套质量公差为 10g	电子秤
CJ	成品检验	按检验卡片逐项检验并填写检验记录	
	入半成品库	按台套入半成品库	

4.5.3　活塞加工的主要工序及其工装

1. 止口及其底面的加工

在大批量生产中，止口及其底面的加工多采用毛坯外圆及顶面为基准。用加长爪自定心卡盘装夹。其特点是夹具比较简单，操作方便。但必须以较高精度的毛坯为前提。一般情况下，采用此种定位方式，毛坯外圆与内腔各部位置要求难以保证。所以，比较理想的方法是以活塞不加工的内腔为基准，加工止口及其端面。这样可以保证止口与内腔同心，然后以止口定位加工各部外圆及环槽等，从而有效地保证壁厚均匀及各有关相互位置要求。图 4-66 所示为以内腔为基准装夹工件的夹具示意图。

该夹具的前端设有支承头 1，用以确定活塞的轴向位置并克服活塞顶端的切削抗力。滑柱 2、3 和短滑销 7，在顶杆 4 的作用下，带动有斜面的滑套 5、6，使滑柱 2、3 和短滑销 7 沿径向同步伸缩，从而实现以内腔定位、撑紧的作用。两组碟形弹簧作为浮动环节，使滑柱 2、3 和短滑销 7 均能可靠撑紧内腔，保证定位稳定、可靠。采用这种定位方式可以同时加工外圆、顶面、底面，但是要把止口同时加工出来却比较困难。为此，Z12V190 柴油机活塞是先把活塞的外圆、顶面、底面加工出来，然后以加工过的外圆和顶面为定位基准，再加工止口。为了保证在精加工燃烧室时的余量均匀，在加工止口工序，选用一台双端面镗车组合机床，将止口加工和燃烧室的粗加工合并为一个工序。由于燃烧室的余量较大，为了减少因夹紧力大而引起的变形，影响止口的加工精度，装夹工件时采用二次夹紧的办法，先加工燃烧室，再减少夹紧力加工止口，止口与底面的精加工用镗车端面头同时完成。

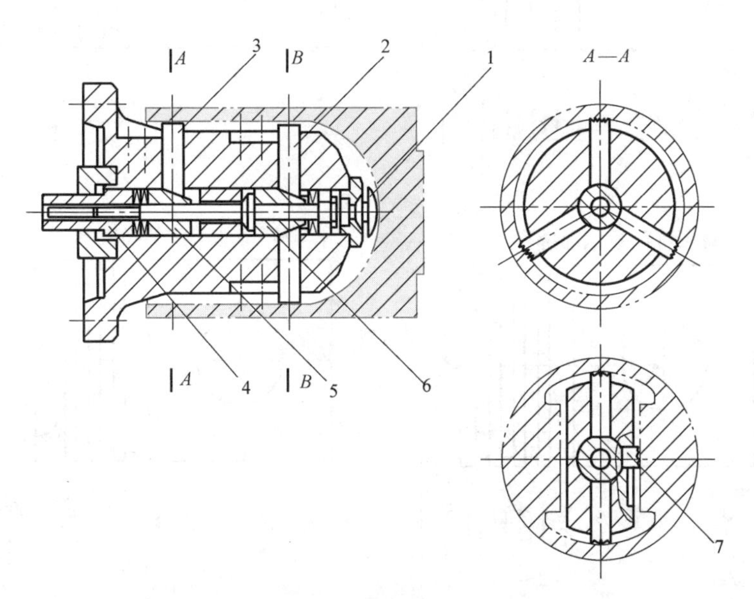

图 4-66　内腔定位夹具示意图

1—支承头　2、3—滑柱　4—顶杆　5、6—滑套　7—短滑销

2. 环槽的加工

环槽加工是活塞加工的重要工序之一，环槽两侧面对轴线的跳动、垂直度、表面粗糙度和尺寸精度都有较高的要求。Z12V190 型柴油机活塞环槽的加工是在一台进口的 ASH-225

六轴自动车床上与头部顶面、各部外圆在一次装夹中分粗切、精切、倒角三个工步加工出来的。其定位基准是止口及其底面，夹紧方式采用销孔拉紧。

本工序的特点是：

(1) 工序集中　在一次装夹中完成了粗车外圆、钻中心孔，粗切环槽及头部顶面，环槽两侧倒角，精切环槽、头部顶面并倒角，精车各部外圆并锪去顶孔，如图 4-67 所示。

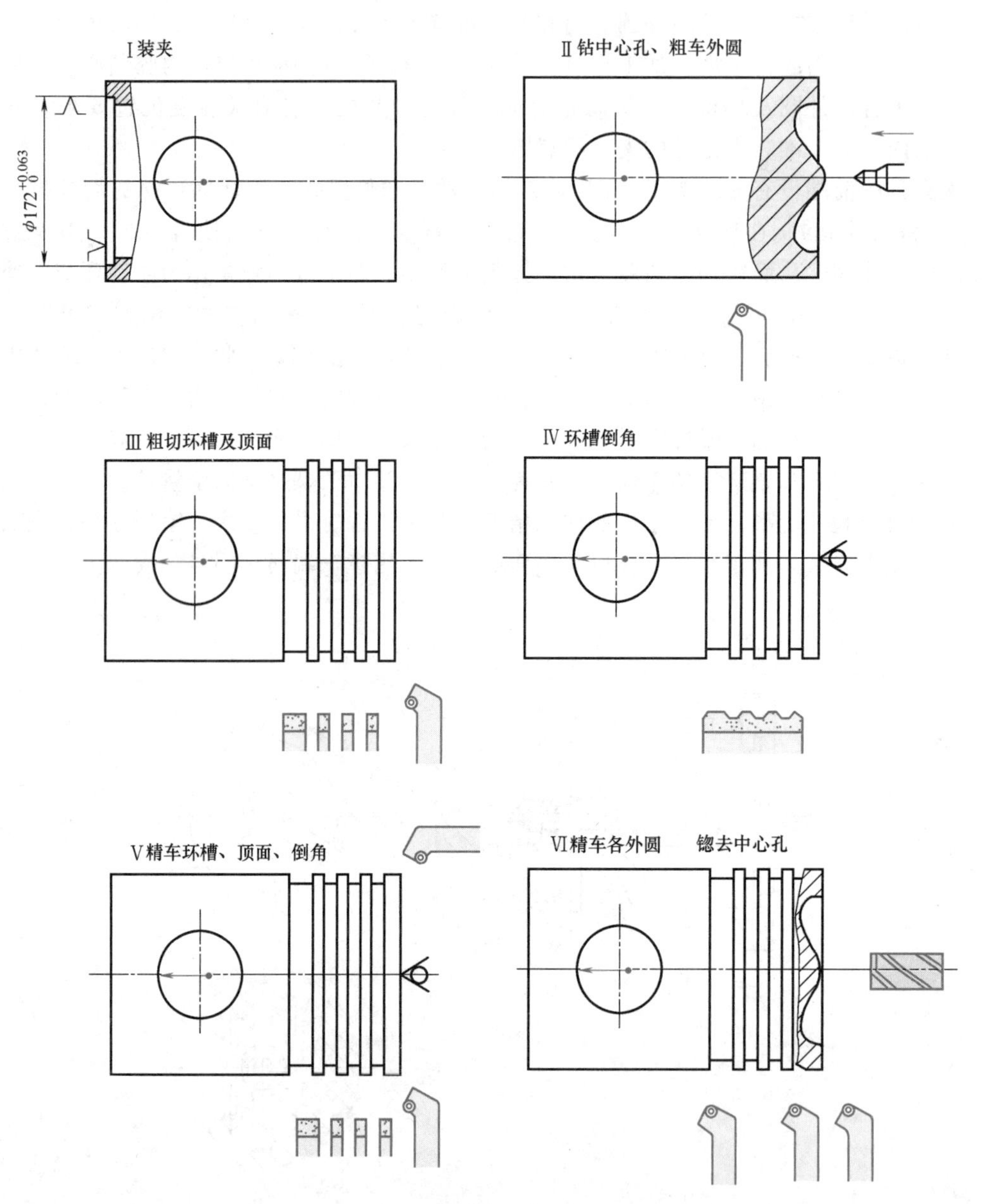

图 4-67　六轴自动车床加工示意图

(2) 环槽粗切、精切　这是在一次装夹中完成的，减少了装夹和对刀误差，环槽精度得到了保证。

这是因为环槽切刀呈薄片状，刚性较差，如果在第一次粗切后卸下工件，再次装夹就存在装夹误差和对刀误差，这样两侧面的加工余量很难均匀分配，容易造成刀具在切削过程中产生弯曲，影响了环槽的尺寸精度和位置精度要求。

（3）ASH-225 六轴自动车床设有专用对刀器　在环槽加工过程中，刀具间的距离和刀具伸出长度直接影响到环槽的距离和槽底直径误差。

六轴自动车床采用整体式，底部带有三角齿形定位槽的对刀器。其结构形式如图 4-68 所示。环槽间的距离是由一组精加工两平面的垫板来保证的，其厚度误差一般限制在 0.01mm 以内。刀具的伸出长度由设在对刀器上的千分表，经标准块测定后精确地检测刀具伸长量。机床的刀架上设有同样的三角齿形定位装置，经检测后的刀夹可以方便地装到刀架上去。由于采用“线外对刀”，因此操作方便，对刀精度高。

由于在一次装夹中完成了外圆和顶面所有工序的加工，因此环槽、顶面，及各外圆对头部外圆轴线的位置精度均得到了保证。同时该机床采用两组成形倒角刀，使加工出的零件各部夹角均相当圆滑。

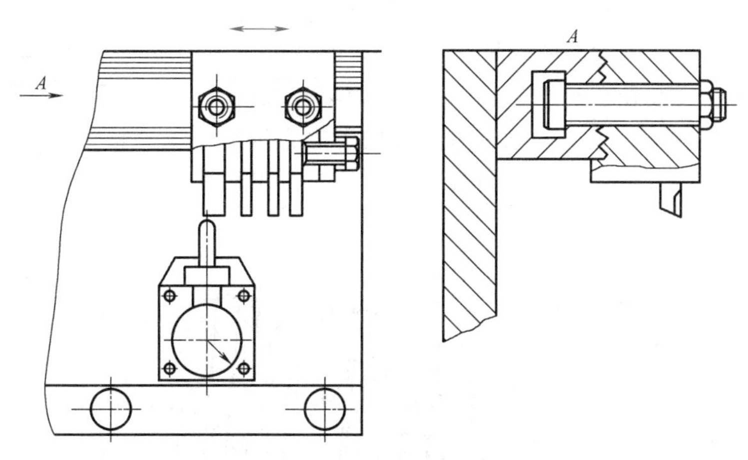

图 4-68　六轴自动车床线外对刀示意图

3. 裙部外圆的精加工

柴油机活塞的裙部外圆多为中凸椭圆形，且现代高速柴油机的活塞裙部越来越多地采用变椭圆结构。因此给加工带来了很大的难度。目前加工裙部中凸椭圆的方法有硬靠模法（套车法、凸轮杠杆机构车削法、立体靠模车削法）和软靠模法（数控车削法）两种。套车法的特点是机床结构较为简单，一般厂家多为自己设计制造。其缺陷是由于受结构限制，很难理想地达到设计图样要求。再就是套车时以顶部外圆定位装夹，套车头只能完成裙部外圆的加工，而顶部和环岸外圆则是在另一道工序加工完成的。因此三段外圆的同轴度很难保证。

采用立体靠模车削法时，以止口和底面定位，采用销孔拉紧，可将头部外圆、环岸外圆、裙部外圆一次车成，因此各部外圆同轴度易于保证。从机床结构上来讲，立体靠模车床的刚性较套车机床要好，且传动机构简单，结构紧凑。但立体靠模车床对靠模的精度要求很高，由于活塞裙部结构复杂，特别是变椭圆活塞的靠模制造很困难，所以一般的活塞生产厂家或机床厂不具备生产高精度靠模的手段。

数控加工法是根据活塞的型面进行编程，并以所编制的程序作为靠模，采用计算机控制刀具的高频微位移进给机构来进行活塞的加工。随着计算机数控技术、直线电动机技术的发

展，越来越多的生产柔性高的高性能数控机床已应用于活塞裙部的加工，满足了活塞品种越来越多的生产要求。

现将套车法和立体靠模车床加工裙部外圆的方法简介如下：

(1) 套车法　套车法的原理如图 4-69 所示。

所谓套车法是指车刀绕活塞裙部回转，车刀回转轴线与活塞裙部轴线之间的夹角为 α。此时车刀的轨迹圆在活塞裙部横截面上的投影即为一标准椭圆。

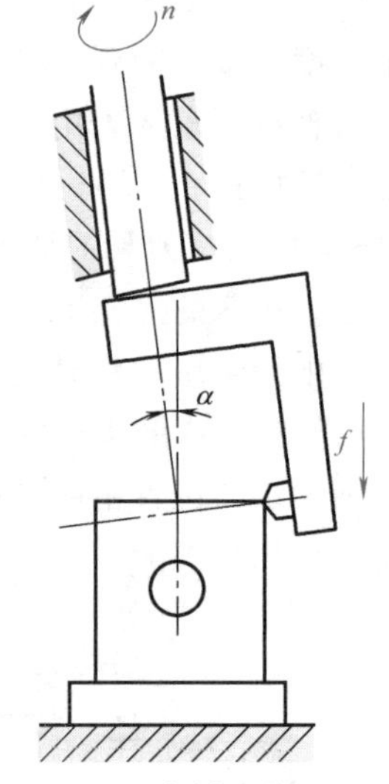

图 4-69　车椭圆的原理图

套车活塞车床的结构如图 4-70 所示。主轴 3 中装有心轴 4。车刀 9 装在可以绕销轴摆动的杠杆 8 上，杠杆 8 的另一端装有滚轮，在弹簧 7 的作用下，滚轮与心轴 4 保持接触。心轴 4 的上端固定，当主轴下降时，心轴 4 与主轴 3 相对运动，而滚轮则随主轴下降，心轴直径的变化将推动杠杆 8 摆动，从而使刀尖产生位移，使活塞裙部在高度方向上获得预定的尺寸。

整个主轴系统安装在小滑板 5 上，小滑板再以销轴 13 铰接安装在床鞍 6 上，并由床鞍 6 带动主轴系统向下垂直进给。当主轴回转轴线与进给方向之间的夹角为 α 时，即可车出活塞裙部椭圆。

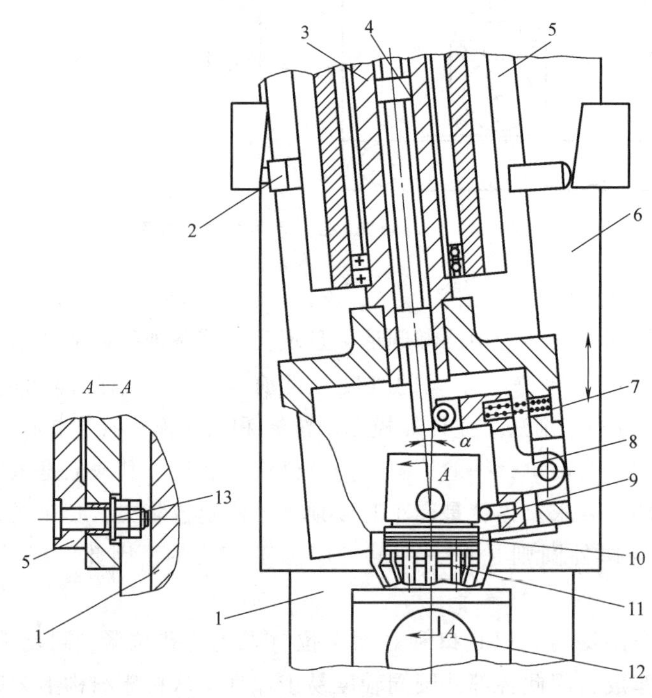

图 4-70　套车活塞车床的结构示意图

1—机床立柱导轨　2—滚轮支座　3—主轴　4—心轴　5—小滑板　6—床鞍　7—弹簧　8—杠杆　9—车刀　10—卡盘　11、12—夹紧气缸或液压缸　13—销轴

为了能车出变椭圆活塞，必须在主轴向下进给的过程中不断改变 α 角。小滑板两侧装有滚轮支座 2，两滚轮同时压在固定于床身上的靠模板上，当床鞍向下进给时，小滑板在靠

模板的推动下绕销轴13旋转，使进给方向与主轴回转轴线之间的夹角发生变化，这样就能车出变椭圆活塞。

工件用卡盘10以头部外圆及其顶面装夹在机床工作台上，顶面的定位元件是三个支承钉，11、12是夹紧气缸或液压缸。

（2）立体靠模车削法　图4-71所示为一种卧轴立体靠模金刚石活塞车床，活塞3以止口及底面和内腔的挡部定位，通过销孔拉紧，由尾座顶住顶面（或中心孔）。机床主轴5与靠模主轴平行。主轴与靠模的传动靠齿形带带动。车削过程中靠模主轴在电动机6的带动下，通过齿形带使主轴与靠模主轴同步。靠模触头1采用耐磨塑料制成，触头通过摆杆带动刀架，使刀具4沿立体靠模2的椭圆曲线在主轴垂直方向移动，实现椭圆的加工。切削过程中，靠模触头机构与刀架系统沿主轴轴线方向移动，从而实现了椭圆及轴线方向的中凸形线的加工。机床采用步进电动机拖动，通过PC控制实现主轴的无级调速。刀具采用金刚石车刀，以确保活塞裙部中凸椭圆的表面加工质量。

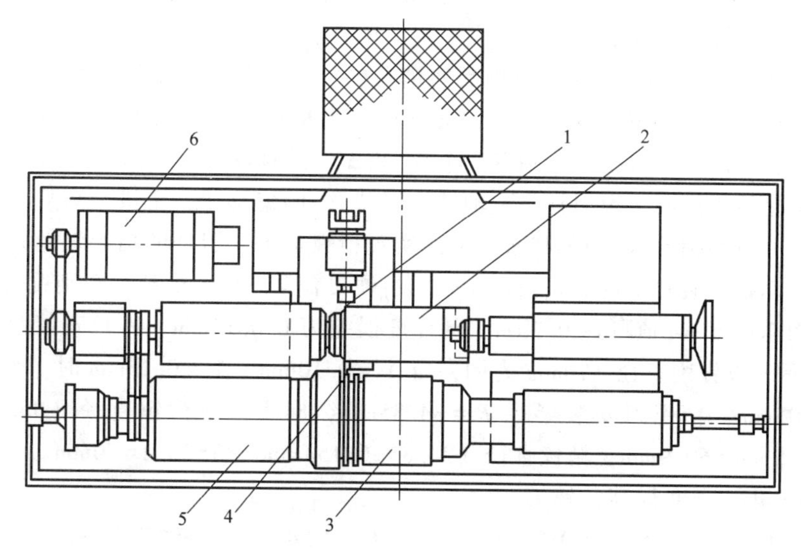

图4-71　卧轴立体靠模金刚石活塞车床示意图

1—靠模触头　2—立体靠模　3—活塞　4—刀具　5—机床主轴　6—电动机

4. 活塞销孔的加工

活塞的毛坯一般都铸成锥形销孔（便于起模）。由于销孔是许多道工序施加夹紧力的部位，所以粗镗工序应尽量向前安排，以便在其后的工序能使夹紧应力均匀地分布。

精镗销孔是活塞加工中的关键工序之一，由于销孔的尺寸、形状和位置精度以及表面粗糙度的要求都很高，用普通镗床加工往往因主轴回转精度不高等原因而达不到要求。静压镗头是应用较多的结构之一。Z12V190型柴油机活塞的精镗销孔工序就是在一台配制了静压镗头的金刚镗床上加工的。采用活塞的顶面和头部外圆定位，用一根装在尾座套筒中的菱形销插入销孔，当用螺杆通过压紧块将活塞压紧后，再将菱形销从销孔中退出。镗刀杆上顺次装两把镗刀，当第一把半精镗刀完成前段孔的切削后，精镗刀进入切削。由于精镗刀切削时余量分布均匀，所以能获得较高的加工精度，如图4-72所示。

采用上述方法定位，可以精确地保证活塞镗孔轴线至顶部平面（145±0.025）mm的公差。

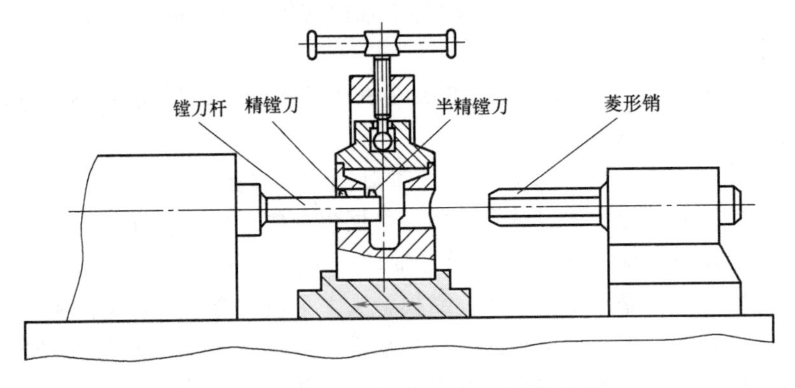

图 4-72　顶面和顶部外圆定位精镗销孔

有的工厂采用活塞的止口及端面作为定位基准。这样虽然做到了各工序的基准统一，但由于活塞销孔轴线至顶部平面（145±0.025）mm 的公差值较小，因此要求在加工活塞总长时严格控制公差。这样给上面的工序带来了一定的困难。

为了进一步提高 Z12V190 型柴油机活塞销孔的加工质量，可采用专用高精度活塞销孔镗床，该类机床的特点是镗杆具有自动进刀功能。半精镗和精镗刀的安装错开 2mm，镗刀杆与主轴轴线在两次切削过程中分别有一个 Δ_1 和 Δ_2 的偏移量，刀具的安装由对刀器按预定值设置。当半精镗工进时，镗刀杆与主轴轴线保持 Δ_1 的偏移量，工进结束后，工作台按工进速度退回，并自动抬起 Δ_2 的偏移量，从而实现精镗加工。刀杆的抬起装置是由一个专门设计的液压自动抬刀装置实现的。该机床采用由硬质合金刀体，由聚晶金刚石刀尖的专用镗刀，镗削表面粗糙度 Ra 值可达 0.2μm，圆柱度误差为 0.0015mm。刀具安装及进刀示意图如图 4-73 所示。以镗削直径 ϕ70mm 为例，当 $\Delta_1=0.10$mm，$\Delta_2=0.15$mm 时，半精镗刀安装半径 $R=35.05$mm，精镗刀安装半径 $R=34.85$mm，即得：半精镗直径（35.05－0.10）×2mm＝34.95×2mm＝69.9mm，精镗直径（34.85+0.15）mm＝35×2mm＝70mm。

由于精镗切削速度很高，镗刀杆的轴线与主轴轴线又有一个 Δ 的偏移量，所以主轴应有相应的减振装置，镗刀杆也必须用轻金属制造。

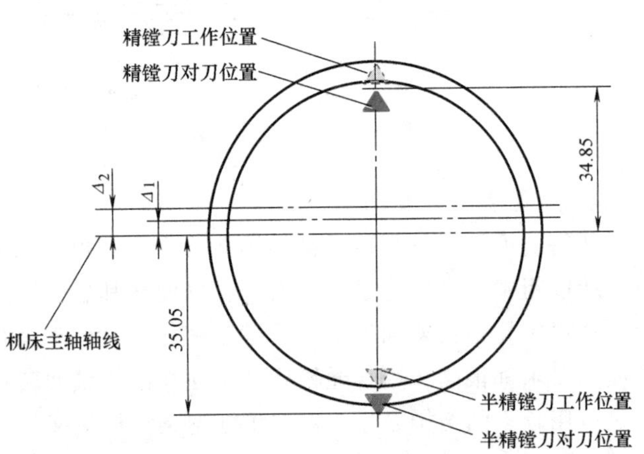

图 4-73　刀具安装及进刀示意图

国内有的活塞生产厂家为了提高销孔的质量，在精镗工序之后采用脉冲滚压或镜面镗削法，现简介如下：

（1）脉冲滚压法　脉冲滚压工具如图 4-74 所示，滚压器的心轴 1 与滚针 2 相配合的表面是多边形。当心轴转动时，多边形心轴推动滚针在销孔表面形成脉冲式的滚压，滚压频率取决于滚压器的转速和多边形心轴的边数，一般约为 100 次/s，加工可在立钻或摇臂钻上进行，滚压时需要充足的切削液。活塞装在底座是球面形状的 V 形块上。以滚压器前端的导向套插入销孔进行自动找正。机床开动后滚压器向下进给，在滚针穿过销孔后停止主轴转动，然后退出滚压器，整个工作循环时间为25~35s。

经过脉冲滚压的销孔表面粗糙度 *Ra* 值可达 0.2μm 以上。其缺陷是对滚压前的余量和滚压时间要严格控制。否则容易引起表面脱皮，甚至降低表面质量。

（2）镜面镗削法　该方法是在专用镗床上用镜面镗刀镗削销孔。镗刀结构如图 4-75 所示。这种镗刀刀体前端有一 55°密封管螺纹孔，并在头部开一条纵向槽，扭动螺塞可以使管螺纹胀开，从而起到调节镗刀直径的作用。两切削刃应与回转中心严格对称，两块硬质合金刀片的前后面都应研磨到表面粗糙度 *Ra* 值小于 0.025μm。

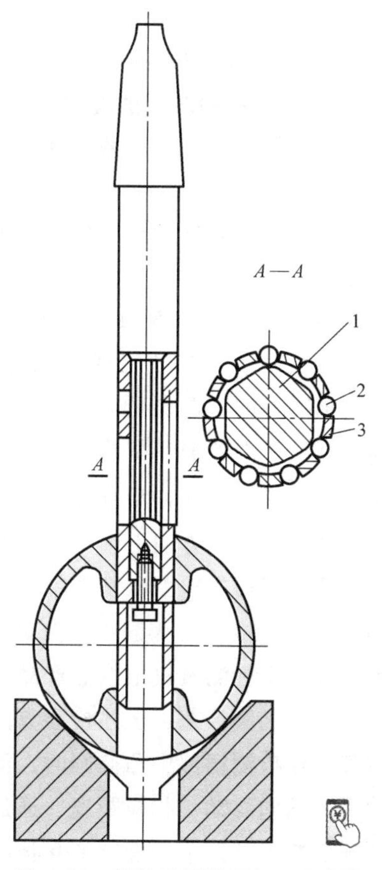

图 4-74　销轴滚压器及加工示意图
1—心轴　2—滚针　3—套筒

镜面镗削法与脉冲滚压法相比，其对镜面镗削前的精镗工序要求比脉冲滚压法低，它能稳定地达到活塞销孔的最终要求。由于镜面镗刀的结构所限，对较小的活塞销孔不宜采用。

4.5.4　活塞的检验

在活塞加工过程中和加工完毕后分别设有工序检验和成品检验。工序检验主要设置于重要工序的生产过程，其主要作用是防止废品继续流入下道工序，造成工时的浪费和影响生产计划的正常完成。同时也是对机床和刀具的随机监控。工序检验一般采取抽检法，而成品检验则要对活塞的全部技术要求进行全面检验。一般情况下，对有配合要求的尺寸公差的检查率要达到百分之百。而对一些靠机床精度来保证的形状精度和位置精度则规定出定期抽检的周期，对一些精度要求不高的部位，各工厂检验部门均有各自的检验标准及检查频率。Z12V190 型柴油机活塞的主要检验项目有：

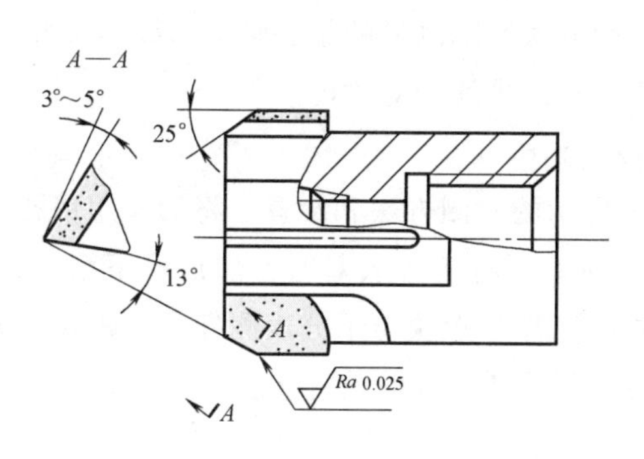

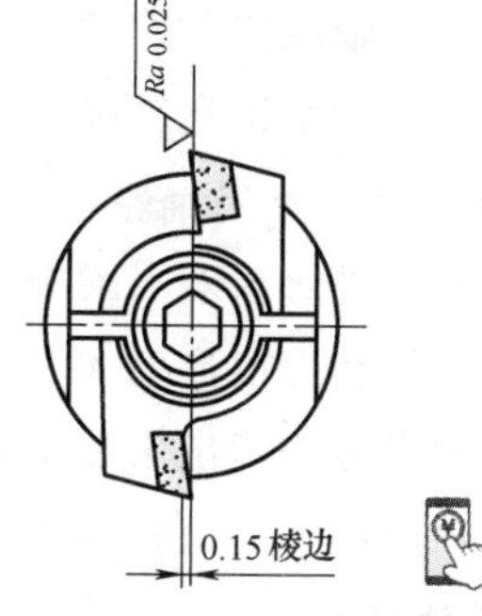

图 4-75　镜面镗刀

1）外观及表面粗糙度检验。

2）销孔尺寸及形状误差的检验。

3）裙部中凸椭圆尺寸的检验。

4）环槽宽度、底径，环槽侧面的垂直度和跳动的检验。

5）按质量分组。

现将成品检验中几项主要技术要求的检验方法简述如下：

1. 裙部直径和圆度的检测

活塞裙部直径尺寸一般用千分表进行检验。检测方法和测量装置如图4-76所示。将标准检验样件置于工作台上，调整千分表读数值，使表针指向零位，校准后即可对工件进行测量。

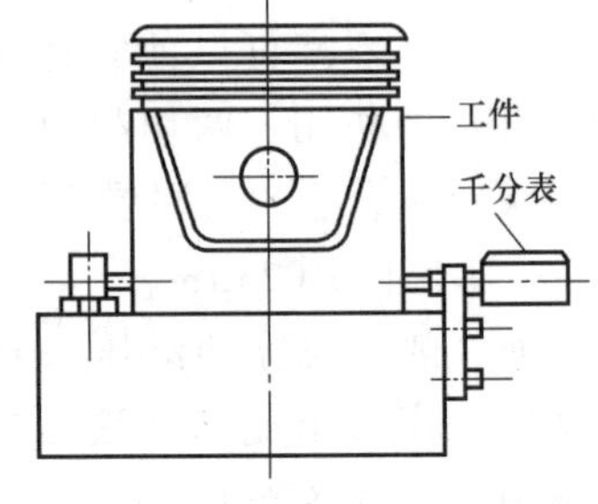

图4-76　裙部径向尺寸的测量

在与销孔垂直的方向上测得的是裙部的最大直径，即椭圆的长轴。该尺寸也就是图样上标注的裙部直径。在销孔轴线方向上测得的直径是椭圆的短轴。长短轴之差即为圆度。Z12V190型柴油机活塞的裙部是中凸椭圆形，其裙部长轴尺寸在活塞轴线方向上不是一个定值，因此仅测某一个截面上的尺寸是不够的。为此，沿轴线方向上于裙部的上端、下端和中间部位分别设置了三块千分表，这样通过对三个不同截面的检测以判断中凸椭 圆形状是否满足产品图样的要求。此时沿轴线方向设的测点越多，检验精度越高。为确保裙部中凸椭圆形状的加工精度，还需定期在计量中心的圆度仪或三坐标测量机上按照产品图样要求的精度对每一段长轴尺寸进行鉴定。

对于变椭圆活塞，上述检验方法已难以满足检测要求。因此国外已生产高精度活塞综合检测仪。在检测裙部中凸椭圆时，活塞以定位止口为基准，活塞沿高精度传感器旋转。每旋转一周，轴向移动一相应距离，通过计算机对数据进行处理，并将每个截面的图形绘出，以准确地判断各截面上的椭圆变化情况。

2. 销孔轴线与头部外圆轴线对称度的测量

测量时用图4-77所示的检测装置。在销孔内插入适当尺寸的心轴1，将活塞的止口底面放在夹具平板上，心轴与两定位销2接触，将活塞连同心轴一起移动，记下千分表的最大读数。然后将活塞及心轴旋转180°，用同样的方法测出最大读数。两次测得数值的差值即为销孔轴线与头部外圆轴线的对称度。这种方法实际测量的是心轴侧母线至头部外圆的距离 l_1 和 l_2，$|l_1-l_2|$ 即为活塞销孔轴线对头部外圆轴线的对称度。

3. 销孔轴线对头部外圆轴线垂直度的测量

Z12V190型柴油机活塞采用图4-78所示的检测方法和装置，将活塞用销孔安装在心轴1上，并以头部外圆靠在刀口形的V形块2上，将千分表对零，然后取下活塞，从销孔另一端插入心轴，用同样方法读出第二个数据。若V形块与千分表测杆间的距离为 L，则千分表读数除以2即为在长度 L 上销孔轴线与头部外圆轴线的垂直度。

4. 销孔直径的检测

由于销孔的精度很高，一般常用器具不能满足精度要求，活塞生产厂家多用气动量仪检测。

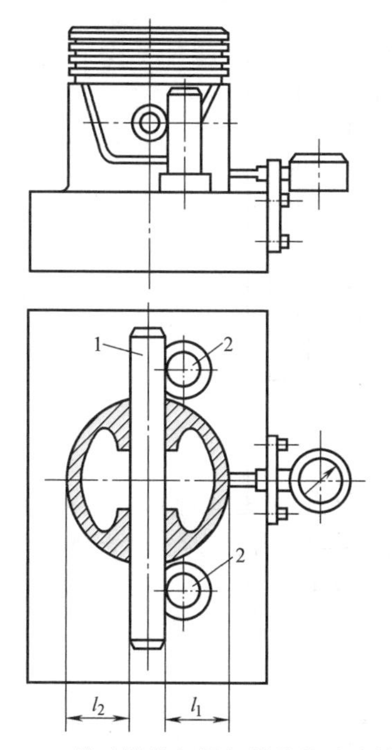

图 4-77　销孔轴线与裙部轴线偏移度检具

1—心轴　2—定位销

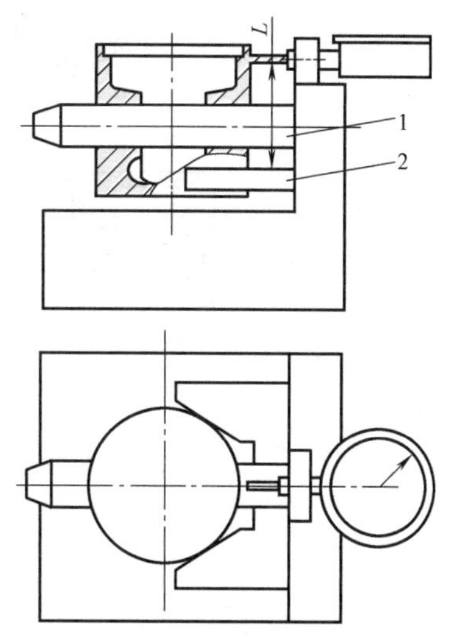

图 4-78　销孔轴线与头部外圆轴线垂直度检具

1—心轴　2—V 形块

气动量仪的检验原理如图 4-79 所示。具有恒定压力 p_1 的空气通过 d_1 进入气室并经 d_2 孔排入大气。气室内的压力 p_2 取决于两孔截面积之比。如果遮挡 d_2 的出口，则空气由出口处的环形空间排入大气。当环形间隙值改变时，p_2 也发生相应的变化，由此可根据 p_2 的大小来判断环形间隙的大小，即工件尺寸的变化。

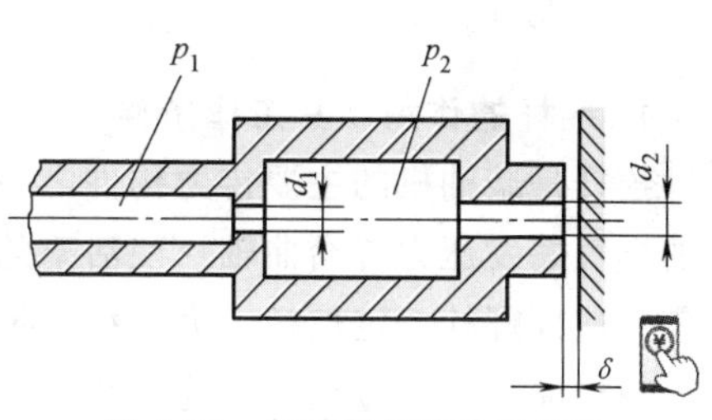

图 4-79　气动量仪的检验原理

当空气压力为 4000～10000Pa 时，空气中的压力 p_2 可以用水柱高度来测量，称为水柱式气动量仪。水柱式气动量仪的灵敏度为 0.1μm。

Z12V190 型柴油机活塞销孔的测量是用另一种形式的气动量仪——浮子式气动量仪。它不是测量气压 p_2，而是测量出口处的空气流量。

浮子式气动量仪如图 4-80 所示。它由锥形玻璃管 3 和浮子 4 组成。恒定压力的空气自下而上通过锥形玻璃管后由喷嘴与工件之间的间隙喷出。当气流从锥形管下端向上流动时，浮子就悬置越高，根据标尺的刻度即可读出工件的具体尺寸。

测量活塞销孔的气动量仪由两只锥形玻璃管组成，分别与空气塞规 2 的两组喷嘴相连，可测出两端销轴的尺寸。空气塞规有固定式和活动式两种，对于质量较小的活塞一般都采用固定式。而 Z12V190 型柴油机活塞质量较大，用手搬动活塞很不方便，所以采用活动式塞规。

利用气动量仪不但可以精确地测出销孔的直径尺寸，还可以测出销孔圆柱度误差。

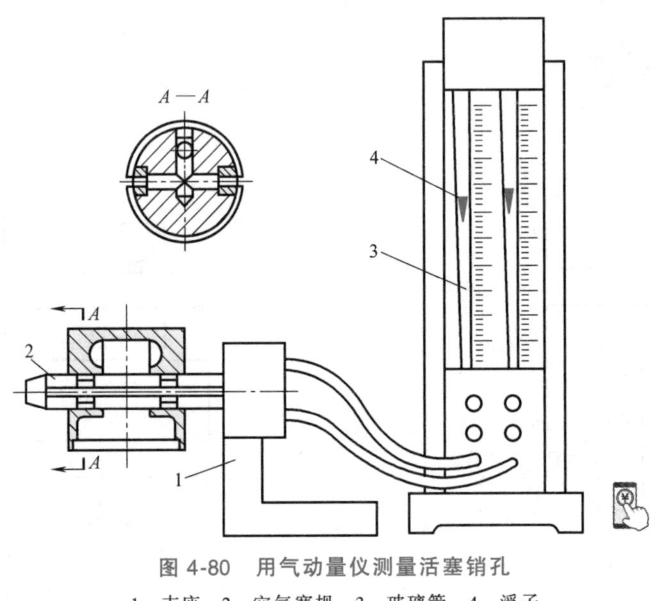

图 4-80　用气动量仪测量活塞销孔

1—支座　2—空气塞规　3—玻璃管　4—浮子

4.6　连杆加工

4.6.1　概述

1. 连杆的作用及其工作条件

连杆是柴油机的主要传力构件之一，其作用是把活塞和曲轴连接起来，将作用在燃烧室中的燃气爆发压力传给曲轴，使活塞的往复直线运动变为曲轴的旋转运动。它由连杆体，连杆盖，连杆螺栓，定位销，大、小端轴瓦等组成连杆组件。

在柴油机工作过程中，连杆小头与活塞一起做往复运动，连杆大头与曲轴一起做旋转运动。此时连杆杆身随之做复杂的平面摆动。

同时，连杆还承受了大小和方向周期变化着的压力和惯性力的作用。这些力使连杆产生压缩、拉伸及弯曲应力。并且其载荷是交变的，具有冲击的特性。因此，连杆要有足够的强度和刚度。再有因连杆的往复速度很高，所以要严格控制其质量，以减小惯性力和保证平衡。

2. 连杆的结构特点

连杆按其结构功能可分为连杆小头、连杆杆身和连杆大头三部分。

(1) 连杆小头　连杆小头是指连杆与活塞销相连接的部分，它不仅传递由活塞传来的力，还相对于活塞销往复摆动。

连杆小头一般为薄壁圆形结构，下端用半径较大的圆弧与杆身圆滑衔接。连杆小头孔内装有耐磨的薄壁衬套。为了润滑衬套与活塞销间的配合表面，一般在小头和衬套上钻孔，用以收集飞溅下来的油雾，或在杆身内钻一个油道孔，使从曲轴的曲柄销油孔流出来的润滑油通过油道送入小头衬套。

（2）连杆杆身　连杆杆身是指连杆大头与小头之间的连接部分。杆身的断面形状多为工字形，也有的低速柴油机采用圆柱形截面。当连杆小头采用压力润滑方式时，一般在杆身工字形截面内钻有油道孔，如图4-81所示。

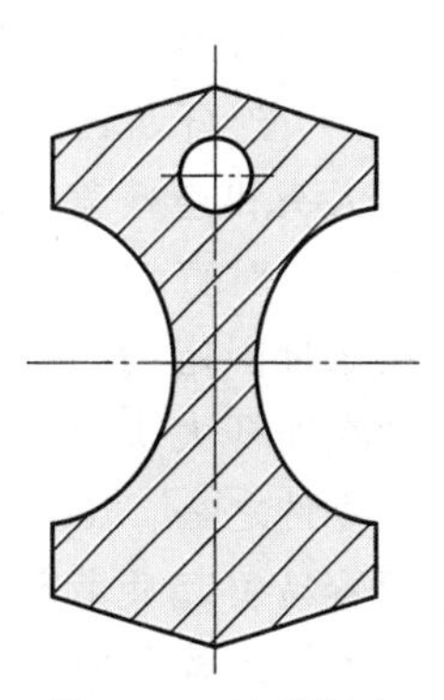
图4-81　连杆杆身截面形状

（3）连杆大头　连杆大头是指连杆与曲柄销相连接的部分，是曲柄销的轴承。

连杆大头一般做成分开式，被分开的部分称为连杆盖，通过连杆螺栓（或螺钉）把它紧固在连杆体的大头上。中间孔内装连杆轴瓦。

对于一般汽油机和部分柴油机来说，连杆体与连杆盖的结合面是与大、小头孔中心线垂直的，称为直剖式连杆，如图4-82a所示。对于强化程度较高的柴油机，大头结构更为粗大，为了使连杆在拆装时能够从气缸孔内通过，需要减小连杆垂直于大、小孔中心线方向的宽度，因此采用斜剖式结构，即结合面与大、小头孔中心线形成一定的角度，如图4-82b所示。

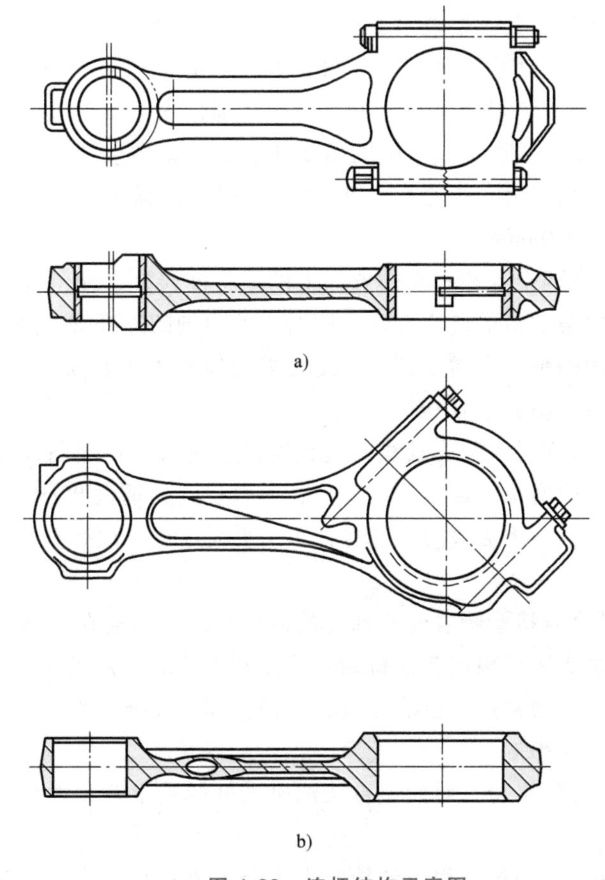
图4-82　连杆结构示意图
a）直剖式连杆　b）斜剖式连杆

为了保证连杆体与连杆盖的装配精度，通常采用的定位方式有精制螺栓定位或定位套定位。但对于强化程度要求高的柴油机连杆多采用齿形定位，即在连杆体和连杆盖的结合面上加工

出齿形角为60°~90°的齿形，装配时使两齿形面紧密咬合在一起，这种方式定位可靠、结构紧凑，但齿形面精度要求高，工艺难度较大。图4-83为齿形结构示意图

（4）连杆螺栓　连杆螺栓的功用是紧固连杆大头和连杆盖，使其构成曲柄销可靠的轴承孔，对直剖式连杆的连杆螺栓其螺纹端是用螺母固定的。斜剖式连杆则用螺钉直接旋紧在连杆大头上。连杆螺栓是承受负荷最大的零件之一，工作中承受着的交变负荷作用很容易引起疲劳断裂而造成严重后果，因此对连杆螺栓的材质、力学性能及表面粗糙度都有严格的要求。同时在装配时要严格控制扭紧力矩。

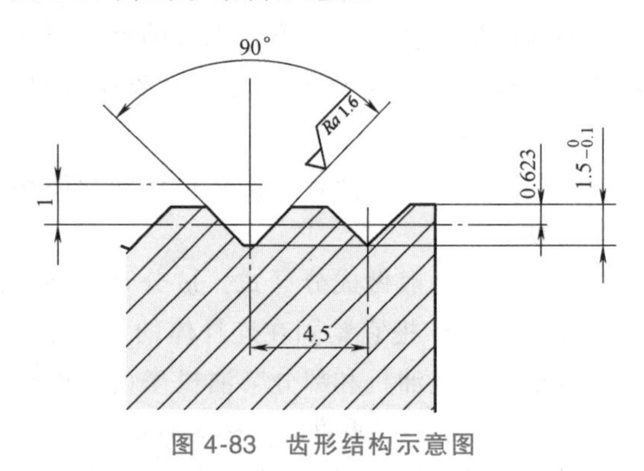

图4-83　齿形结构示意图

3. 连杆的技术要求

连杆上需要进行机械加工的主要表面为大小头孔、上下两平面，连杆体和连杆盖的齿形结合面、螺栓孔及输油孔等。其主要技术要求如下：

1）为了使连杆大小头运动副之间配合良好，大小头孔的尺寸公差等级取为IT6，表面粗糙度 Ra 值为0.8μm，大孔圆柱度不低于6级，小孔圆柱度不低于7级。

2）大小头孔的中心距直接影响到气缸的压缩比，进而影响柴油机的效率，两孔中心距的极限偏差按中心距尺寸划分为：中心距大于350mm时极限偏为±0.05mm，中心距小于等于350mm时极限偏差为±0.03mm。

3）大小头孔中心线在两个互相垂直的方向上的平行度误差会使活塞在气缸中倾斜，致使缸壁磨损不均匀，缩短柴油机的使用寿命，同时也使曲轴的连杆轴颈磨损加剧，因此在大小头孔轴线所决定的平面的平行方向上其平行度公差值应不大于0.03：100，垂直于上述平面的方向上平行度公差值应不大于0.06：100。

4）连杆大小头孔两端面对大头孔轴线的垂直度误差过大，将加剧连杆大头孔两端面与曲轴连杆轴颈两端面之间的磨损，甚至引起烧伤，一般规定其垂直度公差等级不低于8级。

Z12V190型柴油机由于采用活塞内挡与连杆小头平面定位，故其垂直度对小头平面提出了相应要求。

5）齿形结合面的精度直接影响着连杆轴瓦的装配精度，目前在大功率柴油机中广泛采用的锯齿形定位结构是由制造厂根据柴油机结构特点和本厂的工艺状况来确定的，其技术要求一般按接触面积来衡量，通常用着色法检查，在连杆体与连杆盖啮合情况下其均匀接触面积应不小于总面积的70%~80%。

6）为了保证柴油机运转平稳，对同一台柴油机连杆的质量差和大头、小头的质量都分别提出了严格的要求。

7）连杆在大孔精加工和装配过程中的预紧力十分重要，它直接影响柴油机的装配精度和可靠性，因此在连杆技术条件中都对螺栓的预紧力提出了严格的要求。测量预紧力目前有扭矩法、伸长量法及转角法等。Z12V190型柴油机的螺栓扭紧力矩为（255±10）N·m。

图4-84所示为Z12V190型柴油机连杆主要技术要求。

4. 连杆的材料及毛坯

由于连杆在工作过程中受交变负荷，尤其是高速大功率柴油机，其工作条件更为恶劣，因此必须保证连杆具有足够的强度及刚度，且尽量减小质量，这就对连杆材料的选择提出了较高的要求。

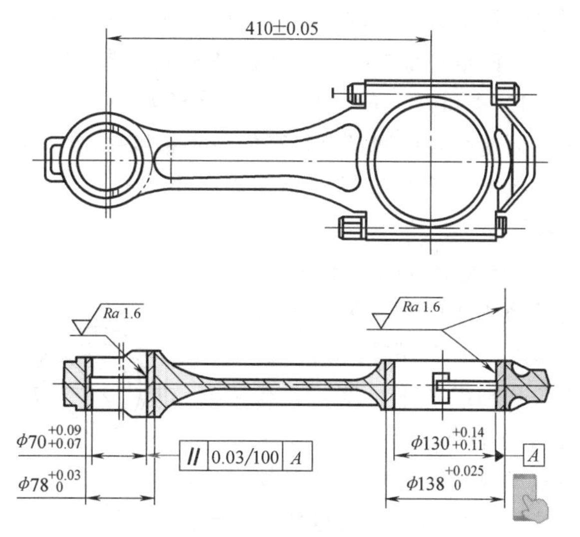

图 4-84　Z12V190 型柴油机连杆主要技术要求

一般中小功率柴油机连杆的材料多为优质中碳钢，而高速大功率柴油机则多采用高强度合金钢。Z12V190 型柴油机连杆选用 42CrMo 中碳合金钢。

连杆的毛坯一般都是锻造出来的。成批大量生产中多用模锻。只有某些大型发动机的连杆和单件生产的连杆采用自由锻造的方法，此时连杆的杆身要经过机械加工。对于某些小批生产的连杆，有时也采用胎模锻造，即用简单的成形模进行中间或最后的锻造。连杆的毛坯还可用滚模锻和精压两端面以获得比较精确的锻件和提高生产率。

模锻连杆的毛坯，分模面是在工字肋腰部的母线平面上。连杆在锻造时冲出大孔。尺寸较大的连杆小头孔也是冲出来的，尺寸较小的连杆小头孔则不必冲出或只冲出一个凹坑。

连杆模锻可采用整体锻造或分开锻造。整体锻造是把连杆体和连杆盖作为一个整体来模锻。整体式毛坯可提高材料利用率，但是锻造设备所需动力较大，锻模也比较复杂，并且机械加工中需要增加连杆和连杆盖的切开工序。在这种毛坯中，大头孔应锻成椭圆形，在切开后再把连杆和连杆盖装配在一起。Z12V190 型柴油机连杆的大孔粗加工是在仿形铣床上沿毛坯椭圆方向铣出椭圆，再用双工位组合机床分两个工步镗出椭圆孔，铣开后使大孔成近似圆形。分开锻造是把连杆体和连杆盖分开来模锻，这种方法比整体锻造简单，但材料消耗较多，且需要两套锻模。在机械加工中，结合面的加工余量较大，两平面在分别加工后合并，然后校正，因此也有一定的工作量。一般来说，整体锻造采用较多。在锻造设备能力不足或连杆盖的结构设计受到限制的情况下往往采用分开锻造。

对大批量生产的中小功率发动机连杆在模锻后可增加精压工序，以提高尺寸精度，大、小头端面可以直接进行磨削和拉削。例如，第二汽车厂的发动机连杆就是在毛坯经过精压后直接磨削两平面。

近年来，粉末锻造连杆在国内外应用越来越广泛，粉末锻造技术是常规的粉末冶金工艺和精密锻造有机结合发展起来的一项颇具有市场竞争力的，少、无屑加工方法，其大大提高了产品的加工质量、精度、效率，降低了制造成本。

4.6.2　连杆工艺过程的拟定

1. 定位基准的选择

（1）精基准的选择　连杆的外形较为复杂，刚性差，但它的大小头孔精度，中心距、齿

形结合面等技术要求又很高。恰当地选择定位基准是经济可靠地保证连杆加工表面间相互位置精度的重要前提之一。连杆精基准的选择应遵循以下原则：

1）基准统一的原则。由于连杆大头孔、齿形结合面等主要加工表面要经过多道工序加工，而这些表面间又有较高的位置精度要求，所以采用统一基准是至关重要的。Z12V190型柴油机连杆工艺选择大小端面、小头孔和大端外圆一侧的工艺侧面为精基准，如图4-85所示。

2）基准重合的原则。它使连杆的主要技术要求（如大、小头孔间距，大、小头孔轴线的平行度，孔与端面的垂直度等），在加工中减少或排除定位误差对加工精度的影响，同时也便于加工中或加工后的检测。

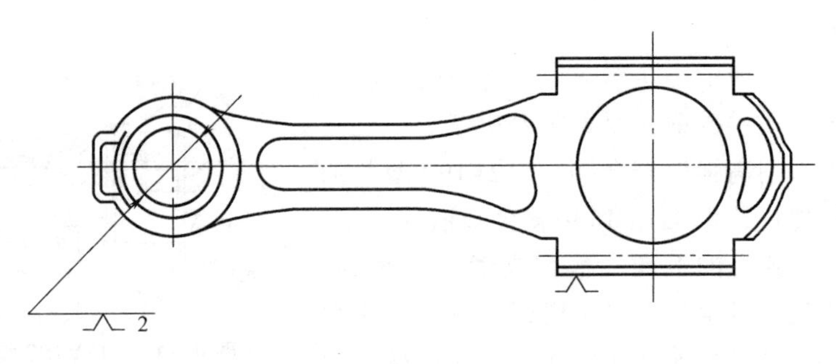

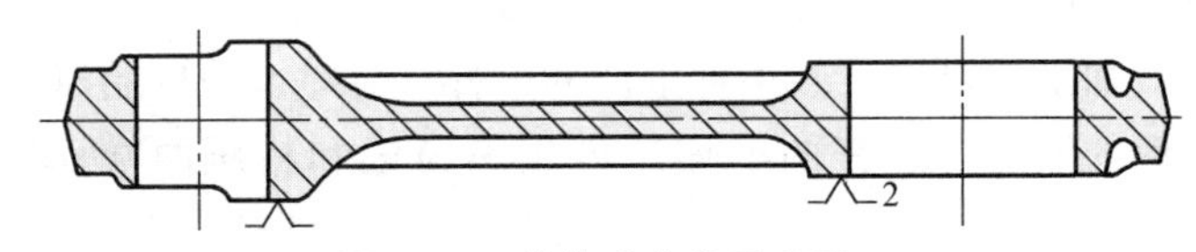

图 4-85　精基准定位示意图

连杆是细长杆件，刚性较差，基准选择不当，容易引起杆身变形，从而影响各加工表面之间相互位置精度。因此要选择支承面积大、精度高、定位准确，又能防止夹紧变形的表面作为精基准。

Z120V190型柴油机连杆精基准的选择在满足了上述原则的情况下，还对各道工序工艺侧边定位的尺寸做出了统一规定，从而保证了每道工序夹具设计定位基准的统一，以利于提高定位精度。在精镗大、小头孔工序中，为了保证两孔的平行度和孔对端面的垂直度要求，若仍用大、小头平面定位，两端面落差的制造误差会引起杆身轻微的变形。因此，在该工序中采用大端面为主基准，小端面则采用浮动夹紧方式。

（2）粗基准的选择　粗基准的选择应满足以下要求：

1）连杆大、小头孔及两端面应有足够而且均匀的加工余量。

2）连杆大、小头孔圆柱面及两端面应与杆身纵向中心线对称。

3）连杆大、小头外形应分别与两孔轴线对称。

Z12V190型柴油机连杆是以大、小端面为粗基准铣削另一端平面的。为了保证两端面余量均匀分布和两端面杆身纵向对称中心面（分型面处）的对称，采取粗铣平面前预选毛坯分组加工的方法。一般情况下，按连杆毛坯的厚度差分为三组进行加工。这样较好地解决了毛坯两端面与杆身纵向对称中心面的对称问题。

小端孔是后续加工的主要基准之一。它的预加工以粗铣过的大、小端面和大端外形为基准。为了补偿连杆毛坯中心距的偏差造成的大、小头孔加工余量不均匀，镗孔夹具的小头外形定位块设计成可调式，夹具结构如图4-86所示。

2. 加工方法的选择

Z12V190型柴油机连杆的生产规模属于大批量生产。

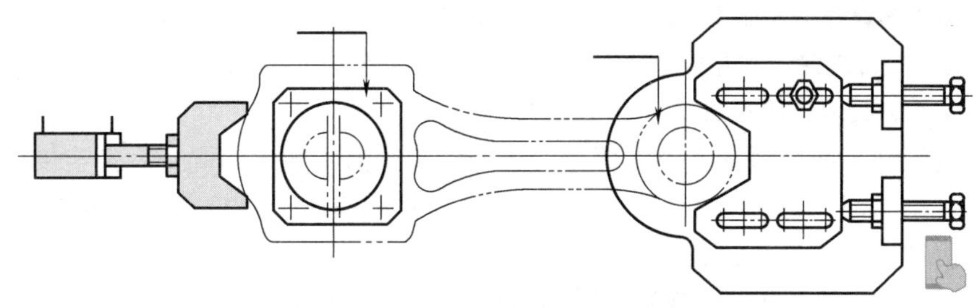

图 4-86　定位块可调式粗镗大、小头孔夹具

从零件结构特点和技术要求等方面考虑，连杆大、小端面是不连续的平面，因此采用面铣刀进行阶梯铣削较为适宜。但在大批量生产的中小功率柴油机行业中，为了提高生产率则多采用磨削两端面的加工方法。此时对连杆毛坯的精度要求较高，加工余量也应适当缩小。

连杆的齿形结合面是保证大孔重复装配精度的重要结构要素，由于齿距误差、齿形角误差和贴合度的要求都比较高，因此工艺难度较大。早期的齿形加工多用一组铣刀成对加工连杆体和连杆盖的齿形结合面，但由于铣削难以满足上述要求，所以近年来在大功率柴油机连杆加工中多采用缓进强力磨削工艺。

连杆大、小头孔的中心距和孔的尺寸精度、表面粗糙度及位置精度要求都很高，为了保证上述要求应尽量采用双轴专用镗床加工。

3. 工序的安排

(1) 加工阶段的划分　对于整体锻造的连杆，机械加工工艺过程可分为以下三个阶段：

1) 连杆盖切开以前的加工。这个阶段主要是为以后的机械加工准备好基准和把一些加工表面切去大部分的余量，使工件内应力重新分布，以减少由于内应力引起的变形所产生的误差，为精加工做好准备。这个阶段包括粗铣大、小端平面，粗镗大、小孔，铣工艺侧边等工序。

2) 铣开连杆盖以后的加工。这个阶段主要是加工连杆体和连杆盖的结合面、螺栓面、螺栓孔、定位销孔、输油孔和结合面齿形，为连杆体和连杆盖的合并加工创造条件。

3) 连杆体和连杆盖合并以后的加工。此阶段包括重新修整基准面，主要表面的半精加工和精加工以及装入大小端衬套的最后精加工，如精磨平面，半精镗、精镗大、小头孔，珩磨大头孔及装入大、小头衬套，精镗衬套孔等工序。

在上述三个阶段中，可根据需要穿插其他一些工序，如倒角、去毛刺、检验、装上螺栓和螺母等零件、称重、分组及清洗等工序。

(2) 加工顺序的安排　由前面的分析可知，各主要加工表面的加工方法和顺序分别为：

1) 两端面：粗铣、精铣、精磨。

2) 小头孔：钻孔、粗镗、半精镗、精镗。

3) 大头孔：粗铣（仿形)、粗镗、半精镗、精镗、珩磨。

4) 螺栓孔：钻孔、扩孔。

5) 定位销孔：钻孔、扩孔、铰孔。

6) 齿形：缓进给强力磨削（一次切入磨成)。

在安排连杆加工顺序时要注意影响其加工精度的两个主要因素：

1) 连杆杆身的刚性差，在外力作用下容易变形。

2) 孔的余量大，切削时会产生较大的残余应力，要考虑内应力重新分布引起的变形。

因此，在考虑到各主要加工表面的加工方法和工序内容后，安排加工顺序时应将加工表面相应加工阶段的内容合理穿插。并将一些次要表面的加工视需要和可能，安排在工艺过程的中间。

4. Z12V190 型柴油机连杆加工工艺过程

本工艺过程共分两个部分，第一部分为连杆体铣开前的加工和铣开后各连接部位所有表面的精加工。第二部分为连杆体与连杆盖组装以后的半精加工和精加工。表 4-16 列出了连杆体、连杆盖加工工艺过程，表 4-17 列出了连杆组件加工工艺过程。

表 4-16 Z12V190 型柴油机连杆体、连杆盖加工工艺过程

工序	工序名称	工序简图及加工说明	设备
05	供毛坯	毛坯需经调质处理并涂红浆	
10	粗钻小头孔	用 ϕ65mm 钻头钻通小头孔	Z575 立钻
20	粗铣一平面	(83.9)　10±0.05　30.4±1　(63.9)	X52 立铣
30	粗铣另一平面	以铣过的平面为基准，用强力电磁吸盘装夹，粗铣另一平面	X52 立铣
40	精铣一平面	用强力电磁吸盘装夹，精铣一平面	X52 立铣
50	精铣另一平面	用强力电磁吸盘装夹，精铣另一平面	X52 立铣
60	粗铣大头孔	用液压仿形铣床按靠模轨迹铣去大孔切边余量	仿形铣
70	退磁	去掉残磁，为后续工序提供条件	退磁机
80	粗镗大、小头孔	$\phi77.5^{+0.046}_{0}$　$\phi136^{+0.16}_{0}$　$\phi136^{+0.16}_{0}$　410±0.10　(8)　2	双轴两工位组合机床

（续）

工序	工序名称	工序简图及加工说明	设备
90	修毛刺	修去各部加工工序产生的尖角毛刺	
100	套车大头外圆	以粗镗过的大、小头孔及大端平面定位，套车大头外圆	组合机床
110	铣工艺侧边	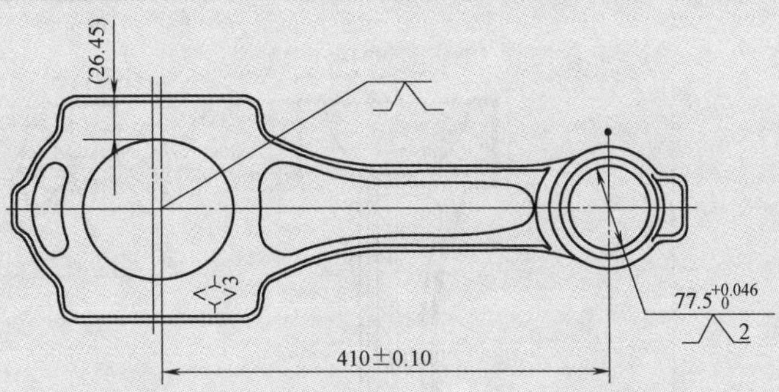 (26.45) 3 $77.5^{+0.046}_{0}$ 2 410±0.10	X52 立铣
120	打编号	于大外圆侧面在杆体和盖子分界面分别打印年、月及顺序号	
130	粗铣螺栓面并铣开	以大、小端面，工艺侧边定位，铣一侧螺栓面、铣另一侧螺栓面，然后铣开	三工位组合机床
140	精铣结合面	以大端平面、小头孔及工艺侧边定位，精铣结合面	X62 卧铣
150	精铣螺栓面	以大端平面、小头孔及工艺侧边定位，精铣杆体、盖子螺栓面	X62 卧铣
155	精磨螺栓面肩部 *R*3	以结合面、工艺侧边及大端面定位，用成形砂轮磨肩部 *R*3	M6025C 工具磨床
160	钻、扩螺栓孔，钻、扩、铰定位销孔 1. 钻螺栓孔 2. 扩螺栓孔 3. 钻定位销孔 4. 扩定位销孔 5. 铰定位销孔	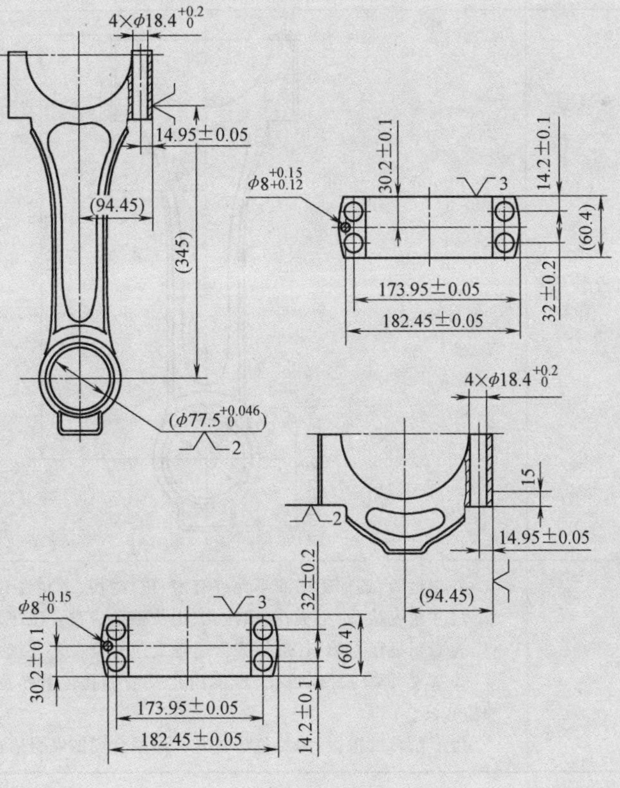 $4\times\phi18.4^{+0.2}_{0}$ 14.95±0.05 (94.45) (345) $(\phi77.5^{+0.046}_{0})$ 2 $\phi8^{+0.15}_{+0.12}$ 30.2±0.1 3 14.2±0.1 (60.4) 32±0.2 173.95±0.05 182.45±0.05 $4\times\phi18.4^{+0.2}_{0}$ 15 2 14.95±0.05 (94.45) $\phi8^{+0.15}_{0}$ 3 32±0.2 30.2±0.1 (60.4) 173.95±0.05 14.2±0.1 182.45±0.05	八工位组合机床

（续）

工序	工序名称	工序简图及加工说明	设备
170	螺栓孔口倒角	以结合面为基准,用接杆锪钻锪杆体及盖子各螺栓孔口倒角	摇臂钻床
180	小头孔口倒角	以大、小头端面为基准,用专用倒角锪刀锪孔口倒角	摇臂钻床
190	钻输油孔	(94.45) 23 3 ϕ8 (345) ($\phi 77.5^{+0.046}_{0}$) 2	油孔钻床
200	铣油槽	以大、小端面,小头孔及工艺侧边定位,用专用铣刀铣油槽	X52 立铣
210	修毛刺	修去尖角毛刺	
220	磨结合面齿形	3 (94.45) (345) 411 2 ($\phi 77.5^{+0.046}_{0}$)	缓进给强力磨床
220J	工序检验	1. 外观检验:各加工表面不允许有磕、拉、碰伤,不允许有尖角毛刺 2. 尺寸精度检验:小头孔、螺栓孔、定位销孔应符合工序尺寸要求 3. 表面粗糙度检验:各加工表面粗糙度应符合工艺要求 4. 位置精度检验:螺栓孔、定位销孔及输油孔位置精度应符合工艺要求(抽检) 5. 齿形贴合度检验:用着色法检验齿形结合面的贴合度(抽检)	

表 4-17　Z12V190 型柴油连杆组件加工工艺过程

工序	工序名称	工序简图及加工说明	设备
10	清洗	用金属净洗剂溶液将连杆、螺栓、螺母、垫圈洗净	清洗箱
20	合装	1. 修去合装处毛刺 2. 清洗各合装面并吹净 3. 将定位销压装在连杆盖上 4. 穿入螺栓并于螺纹处涂油，手工扭入螺母，用扭力扳手扭紧，扭紧力矩为 274N · m 5. 将螺母松开 1/2 圈 6. 再次扭紧，扭紧力矩为 274N · m	274 ~ 754N · m 扭力扳手
30	精磨一平面	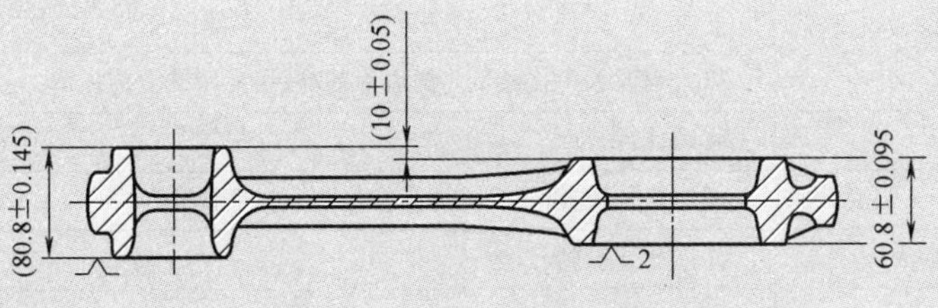 (10 ± 0.05)　(80.8 ± 0.145)　60.8 ± 0.095　2	平面磨床
40	精磨另一平面	以磨过的平面为基准，用强力电磁吸盘装夹，精磨另一平面	平面磨床
50	退磁	退去残磁	退磁机
60	半精镗大头孔	以大、小端面，小头孔及工艺侧边为基准，半精镗大头孔	金刚镗床
70	精镗大、小头孔 1. 一工位半精镗大孔 ϕ137.8mm、小孔 ϕ77.8mm 2. 二工位精镗大孔 $\phi138_{-0.02}^{0}$mm、小孔 $\phi78_{0}^{+0.03}$mm	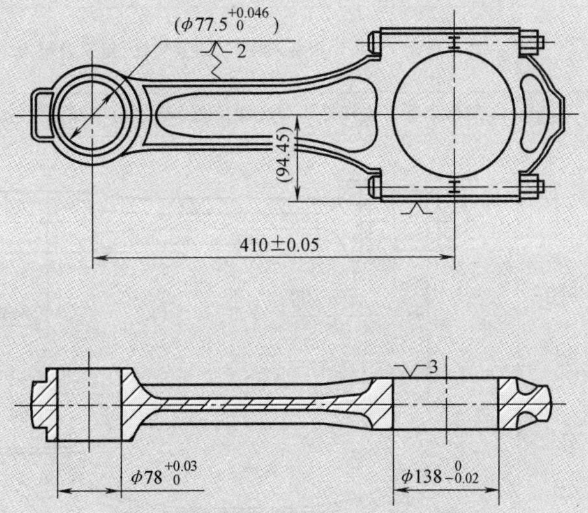 ($\phi77.5_{0}^{+0.046}$)　2　(94.45)　410±0.05　3　$\phi78_{0}^{+0.03}$　$\phi138_{-0.02}^{0}$	双轴两工位组合机床
80	大头孔口倒角	以大、小端面，小头孔及工艺侧边定位，用专用镗刀倒角	组合机床
90	热装小头衬套	1. 擦净小头孔 2. 电加热 7 ~ 9min，温度 160 ~ 180℃，装入小头衬套 3. 衬套端面不得高于小头端面	电热装小头衬套机

（续）

工序	工序名称	工序简图及加工说明	设备
100	铣小头台阶	以大、小端面，小头孔及大孔为基准 1. 铣一端台阶 2. 铣另一端台阶	X53T 立铣
110	修毛刺	修去小头两端台阶处毛刺	
120	珩磨大头孔	0.08　($\phi 138_{-0.02}^{0}$)　3　$\phi 138_{+0.01}^{+0.03}$	M4215 珩磨机
130	铣瓦槽	以大端面大头孔及工艺侧边为基准，用专用铣刀铣瓦槽	X5030 立铣
140	拆开	将组件拆开	
150	钻通小头衬套孔	用接杆钻头，沿杆身输油孔钻通小头衬套油孔	摇臂钻床
160	修毛刺	修油孔处毛刺	
170	退磁	退去残磁	退磁机
180	称重、分组	每组 12 件，质量差不大于 75g，并分组编号	电子秤
190	去重、修毛刺、复称	对不能配套成组的连杆于小头处去重，重新复称分组	X62 卧铣、电子秤
200	清洗	将连杆、螺栓、螺母、垫圈重新清洗待装	
210	合装	将连杆上、下瓦分别装入连杆，扭紧螺栓，扭紧力矩为 274N · m	274～754N · m 扭力扳手
220	打缸号标记	用钢字头于连杆外圆和连杆瓦侧面分别打印顺序号	
230	精镗大、小瓦孔	3　$\phi 70_{+0.07}^{+0.09}$　$\phi 130_{+0.11}^{+0.14}$　2　(94.45)　410±0.05	T740K 金刚镗

（续）

工序	工序名称	工序简图及加工说明	设备
240	测量瓦孔、填写记录卡	分别测量大、小瓦孔尺寸，并填写记录卡	
250	松开螺母	将连杆螺母松开，每个螺栓松1~2圈	274~754N·m扭力扳手
250J	工序检验	1. 外观检验：各加工表面不得有磕、拉、碰伤 2. 检验大孔：小孔尺寸，中心距尺寸（抽检） 3. 表面粗糙度检验：大、小瓦孔表面粗糙度 Ra 值为0.4μm 4. 几何公差检验：大、小瓦孔圆柱度0.008mm（抽检） 小孔对大孔轴线平行度 水平方向0.03/100（抽检） 垂直方向0.06/100（抽检）	综合量仪、内径百分表
	入半成品库	用专用工位器具，按台转入半成品库	

4.6.3　连杆加工主要工序分析

1. 大、小头端面的加工

连杆大、小头端面的加工通常是连杆加工过程的最初工序，因为这是整个加工过程中主要的工艺基准面，它的加工质量对整个连杆的加工精度都有影响。

无论是哪一道工序，不管采取什么样的加工方法和定位方案，加工时的压紧力都不能施加在大、小端之间的杆身上，否则会引起连杆变形，影响加工精度。大、小头端面的加工，在连杆体和连杆盖切开前一般采用铣削、拉削或磨削，在精加工前要进行精磨。一般情况下拉削或磨削用于大量生产的中小功率柴油机的生产场合。

Z12V190型柴油机连杆的两端面采取粗铣、精铣、精磨的加工方案。它们被分别安排在各表面的粗、半精和精加工工序之前进行。图4-87所示为用于连杆大、小端一端面的粗铣

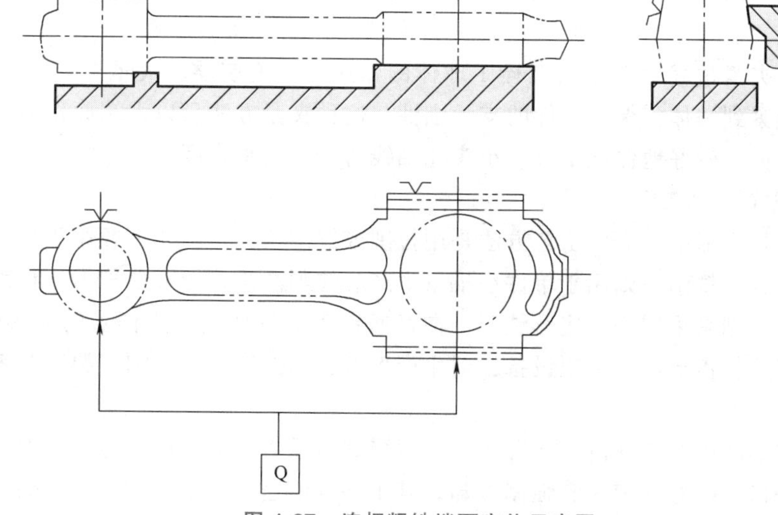

图4-87　连杆粗铣端面定位示意图

夹具，而另一端面的粗铣则采用强力电磁吸盘以第一端面为基准加工。精铣两端面仍采用强力电磁吸盘。由于连杆是在模锻后就进行了调质处理，因此硬度较高。在精铣工序要求连杆落差的公差较小，又要求较小的表面粗糙度值，因此采用陶瓷刀片加工。精磨两平面是在M7232平面磨床上进行的。

由于在粗铣第一端面之后就采用磁盘安装进行粗铣和精铣端面的加工，所以两端面的平行度得到了可靠的保证，为后续工序提供了良好的定位基准。

2. 大、小头孔的加工

大、小头孔的加工精度要求很高，一般要经过钻（小孔）、粗镗、半精镗、精镗、珩磨等工序，在大批量生产的中小功率柴油机连杆加工中多采用拉孔，然后再进入半精、精加工工序。由于拉孔的生产率很高，所以特别适合大批量生产。

Z12V190型柴油机连杆的大、小孔粗、精加工是在两台双轴两工位组合机床上进行的。由于连杆的毛坯是整体式模锻件，所以在粗镗大孔时必须留出铣开时的铣刀宽度和两结合面的精加工余量。因此，粗镗大孔两个工位的主轴轴线错开了8mm，这样造成了两个半圆孔的加工余量不均匀。实际上在连杆水平轴线上的左、右两端粗镗刀要一次去除粗镗的全部余量，由于两端的出模角造成了沿大孔轴线方向加工余量不均匀，所以粗镗刀负荷相当大，从而影响了刀具寿命，制约了生产率的提高。为此在粗镗大孔前设置了铣大孔工序，该工序是在一台仿形铣床上进行的。而小孔的粗镗由于要为后续工序提供定位基准，因此在第二工位要保证$\phi 77.5^{+0.045}_{0}$ mm的公差。

精镗大、小头孔的组合机床与粗镗床的结构基本一致，所不同的是精镗工序大孔的两个工位的轴线是重合的。第一工位背吃刀量约为0.45mm，第二工位背吃刀量约为0.05mm。由于连杆硬度较高，为了保持刀具的寿命，提高尺寸的稳定性和表面粗糙度质量，大孔的两个工位全部使用陶瓷刀具。实践证明，陶瓷刀具的寿命较硬质合金刀具的寿命提高5倍以上。

为了克服小端面台阶落差的加工误差对定位精度带来的影响，保证大、小孔对端面的垂直度，在大、小孔精镗工序中采用大端面、工艺侧边和小头孔（用假销）定位。此时小端面悬空，本工序采用了可与夹具体锁紧的浮动夹爪夹紧，如图4-88所示。装夹时先将大端面靠在支承块上，插入假销，夹紧液压缸夹紧大端面，然后扭紧螺母3，浮动夹爪2、4同时夹紧小端面，夹紧过程中在球头螺栓1球体的作用下，迫使浮动夹爪2的导向套后端胀开，与夹具体锁紧到一体，保证工件的支承刚性。这种夹紧方法只以大端面作为主基准，夹紧力作用在大端面，较好地保证了大、小头孔轴线对端面的垂直度。

3. 齿形结合面的加工

通常加工连杆齿形结合面的工艺方法是用拉削或铣削法，拉削法一般用于中小功率柴油机大批量生产场合，铣削法则用于单件小批量生产。拉削法是采用成形拉刀，将齿形一次拉削成形，而铣削法则是采用一组成形铣刀，在普通铣床上将杆体和连杆盖的齿形同时铣出。采用铣削法加工连杆齿形不需专用设备，但生产率低，刀具寿命短，加工精度及表面粗糙度质量较差。

Z12V190型柴油机的连杆齿形结合面是采用缓进给强力磨削法加工的。缓进给强力磨削的特点是进给缓慢，大背吃刀量和强制冷却。其工件进给速度一般为10~300mm/min，砂轮最大背吃刀量可达10mm以上，而冷却系统的压力和流量分别不低于300kPa和80L/min。

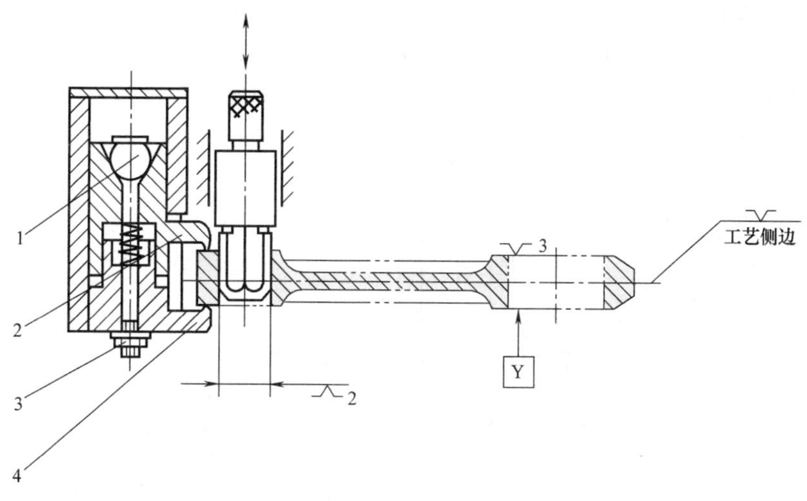

图 4-88　浮动夹爪示意图

1—球头螺栓　2、4—浮动夹爪　3—螺母

图 4-89 所示为采用 B4-002 缓进给强力磨床加工 Z12V190 型柴油机连杆的示意图。图中连杆体 1 与连杆盖 5 成对装夹在专用夹具上，采用顺磨方式，磨削前金刚石滚轮 2 在修整器电动机 3 的带动下，通过工作台的移动修整砂轮 4。第一次修整好的砂轮背吃刀量约为 1.4mm，然后进行第二次砂轮修整，此时进行齿形结合面的精磨，精磨的背吃刀量为 0.10mm，滑台移动速度为 120~150mm/min。

再次装夹工件时砂轮不再修整，直接进入粗磨，然后依次循环。

采用强力磨削加工的连杆齿形表面粗糙度质量好，齿形表面贴合度好，是大功率柴油机连杆齿形加工的一种理想手段。一般来说，实现缓进给强力磨削要具备以下基本条件：

1）要有砂轮成形修整装置。砂轮成形修整装置是置于机床滑台上的一个独立装置，它通过电动机带动修整器高速旋转实现对砂轮的修整。修整器一般有钢挤轮和金刚石滚轮两种形式。钢挤轮的特点是工艺简单，挤出的砂轮锋利，但精度丧失太快，一般只能用几次至十几次，通常只用于新产品试制或单件小批生产的场合。金刚石滚轮是采用人造聚晶金刚石通过电镀工艺涂镀在滚轮母体上，用于砂轮的成形修整。金刚石滚轮的特点是寿命长（修整次数可达 1 万次以上），精度保持性好，修整速度快，特别是对于形面复杂，生产批量大的场合尤为适宜。图 4-90 所示为金刚石滚轮修整器结构。

2）要求机床系统刚度好，磨头功率大，工件台进给平稳。由于缓进给强力磨削过程砂轮与工件大面积的接触，且砂轮背吃刀量大，因此切削抗力随着磨削面积的增大和背吃刀量的增加而随之升高。这对于高强度材料的加工尤为明显。一般来说，缓进给强力磨削产生的法向磨削力比普通平面磨削要高出 2~4 倍，所以提高机床的系统刚度是十分必要的。同时机床磨头要有足够的功率。通常情况下缓进给强力磨床的磨头功率要比普通平面磨床高出 3~5 倍乃至更高。另外，在大背吃刀量磨削条件下要求机床工作台的运动机构要运行平稳，变速范围大，以满足高精度形面的加工要求。

3）采用大气孔软质砂轮和良好的冷却冲洗系统。缓进给强力磨削时砂轮与工件的接触弧长要比普通磨削方式大几倍到几十倍，单位时间参加磨削的磨粒数量也随着背吃刀量的加

大而增加，磨削热也随之增大。此时对砂轮提出了要有足够的容屑空间的要求，这样可以减小磨削热量的增加，也使瞬间脱落的磨粒和磨屑容入气孔，以保持砂轮的自锐性。因此，应选用大气孔软质砂轮。另外为了迅速地将磨削热带走，冲掉磨屑和脱落的砂粒，机床应配有高压冲洗和强制冷却系统。

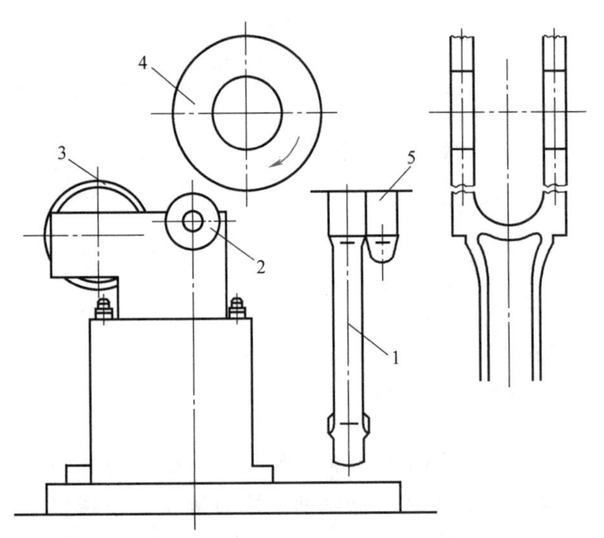

图 4-89　缓进给强力磨削连杆齿形示意图

1—连杆体　2—金刚石滚轮　3—电动机　4—砂轮　5—连杆盖

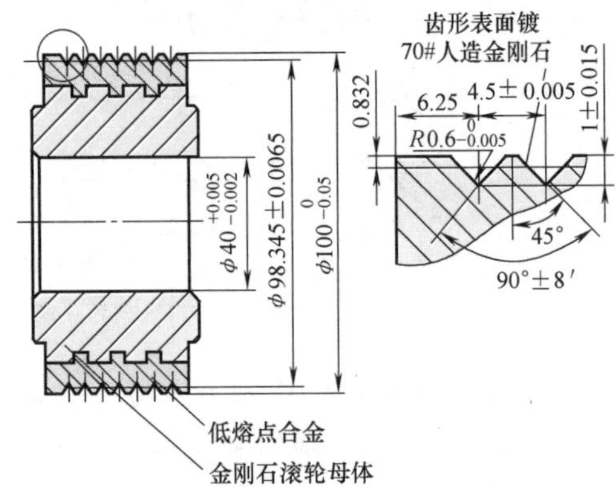

图 4-90　金刚石滚轮修整器结构示意图

4.6.4　连杆的检验

Z12V190 型柴油机连杆的检验工序分为工序检验和成品检验两个部分，在进入组合加工之前，齿形结合面、各螺栓孔、定位销孔等工序的加工已经结束，而这些加工部位在组合加工后的成品检验中不能拆开单独检验，因此这些部位的工序检验实际上是成品检验的一部分。现将工序检验和成品检验的主要内容综合叙述如下：

1）外观检验：主要是目测连杆的外部缺陷。

2）齿形表面、螺栓孔、定位销孔及螺栓结合面的检验。

3）大、小端孔尺寸精度，表面粗糙度，中心距尺寸以及平行度、垂直度等几何公差的检验。

4）精镗大、小端衬套孔尺寸的精度和位置精度的检验。

图 4-91 所示为用于大、小头孔中心距，水平和垂直方向平行度检验的一种常用检具。在大、小头孔中塞入心轴，大头的心轴放在等高垫铁上，使大头心轴与平板平行（用千分表在左右两端测量）。将连杆置于直立位置，如图 4-91a 所示，然后在小头心轴上距离为 100mm 处测量高度的读数差，这就是大、小头孔在连杆轴线方向的平行度误差。将工件置于水平位置，如图 4-91b 所示，在小头下用可调的小千斤顶托住，在小头心轴上距离为 100mm 处测量高度的读数差，这就是大、小头孔在垂直于连杆轴线方向的平行度误差。

Z12V190 型柴油机连杆是在一台综合检测仪上进行精度检验的。该仪器可在一次装夹下检测大、小头的尺寸精度、圆柱度、两孔中心距、两孔在两个互相垂直方向的平行度及大端面对大孔轴线的垂直度。该检测仪采用计算机控制，并设有自动打印装置。

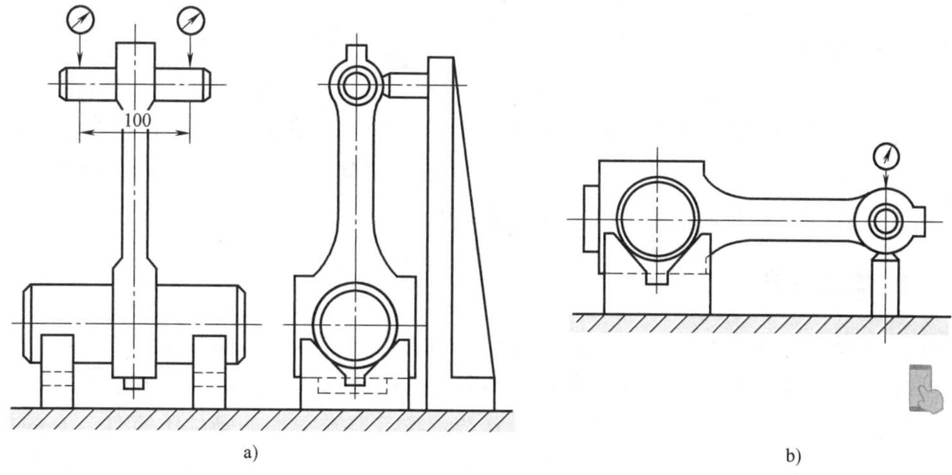

图 4-91 连杆大、小头孔在两个互相垂直方向的平行度检测方法

4.7 机体加工

4.7.1 机体的功用及结构特点

机体是柴油机的基础骨架零件，是柴油机多个零部件的装配基准件，用以支承运动部件和固定所有附件。通过它把柴油机的零、组、部件（如曲轴部件、缸盖组件、凸轮轴、气缸套及进排气部件和油底壳等）连接成一个整体。工作过程中保持其相对位置并承受运动部件的各种作用力。

如图 4-92 所示，Z12V190 型柴油机机体呈 V 形结构，左右两排气缸套孔 1 呈 V 形排列，

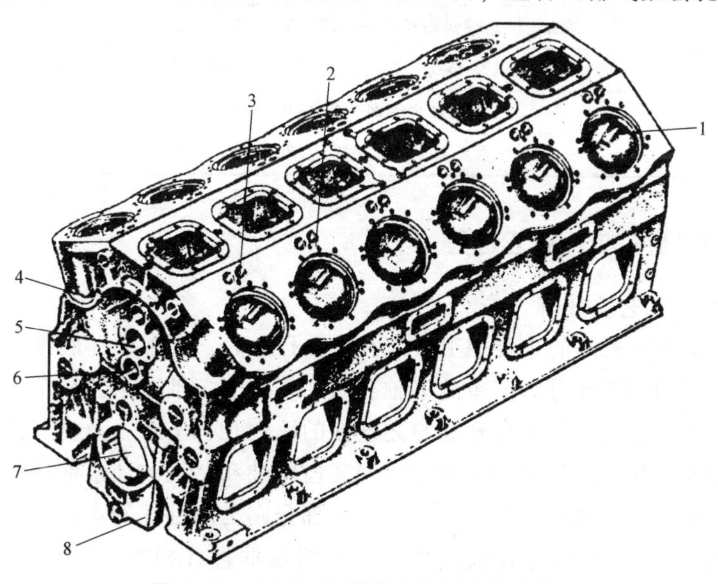

图 4-92 Z12V190 型柴油机机体外观图

1—气缸套孔 2—串水孔 3—串油孔 4—摇臂轴孔 5—凸轮轴孔 6—主油道 7—主轴孔 8—机体

夹角为 60°。自下而上布置有主轴承座孔（简称主轴孔，用于安装曲轴部件）7、主油道 6、凸轮轴孔 5 和摇臂轴孔 4。机体内部铸有冷却水腔和加工有串水孔 2 及串油孔 3（与装在气缸孔平面上的气缸盖组件相连），分别对机体和装在机体上的零件起冷却和润滑作用。

由于机体的受力情况较复杂，因此应具有良好的强度、刚度及抗振性等综合力学性能。Z12V190 型柴油机机体材料选用 HT250 灰铸铁，采用了树脂砂造型新工艺，机体铸件落砂后，机械加工前经过人工时效处理以消除机体铸件的内应力。

4.7.2 机体的主要技术要求

机体上有安装气缸盖组件、油底壳、气缸套和功率输出罩壳的结合平面，并有安装曲轴部件、凸轮轴和摇臂轴等重要零件的座孔以及固定这些零部件的螺孔和油孔、出砂孔及各种安装孔。由此看出，机体是一种结构、受力复杂，技术要求很高的箱体类零件，它的加工质量直接影响柴油机的装配质量和使用性能。因此对机体加工表面的尺寸精度、形状精度和位置精度都有严格的要求。

Z12V190 型柴油机机体主要技术要求见表 4-18。

表 4-18 Z12V190 型柴油机机体主要技术要求

名　称	尺寸精度	表面粗糙度 Ra/μm	同轴度/mm	圆柱度/mm
主轴孔	IT6	0.8	ϕ0.05	0.012
凸轮轴孔	IT7	1.6	ϕ0.1	0.012
摇臂轴孔	IT7	1.6	ϕ0.08	0.012
气缸套孔	IT7	1.6	ϕ0.03	0.012
各气缸套孔轴线相对主轴孔轴线垂直度:0.12mm				
凸轮轴孔轴线相对主轴孔轴线平行度:0.012mm				
缸套孔中心线和垂直中心线间角度公差:15′				
主要加工表面平面度:0.08mm				
主要加工表面粗糙度:Ra3.2μm				

4.7.3 机体的机械加工工艺过程

1. 机体的加工工艺性分析

Z12V190 型柴油机机体的主要加工表面有气缸孔端面、底平面、底侧面、齿形结合平面和两端平面。主要的加工孔分为简单的多轴孔系和复杂的多轴孔系。简单的多轴孔系有：气缸孔平面上的紧固气缸盖组的螺栓孔和与之连接的串油孔、串水孔及挺杆孔、底平面上连接油底壳和底盘的连接孔、两端平面上连接或安装齿轮轴和罩壳、油泵部件的孔等。复杂孔系的一部分是轴线相互平行的孔，如气缸孔。另一部分则是同轴孔的主轴孔、凸轮轴孔和摇臂轴孔（简称三轴孔）。这两部分孔轴线之间要求相互垂直且相交（主轴孔轴线和气缸孔轴线），互相平行（三轴孔轴线间平行度要求）。这类孔的尺寸精度、形状精度和位置精度要求很高，是机体加工过程中的工艺难点。因此在机体机械加工过程中必须重点考虑。

2. 基准的选择

（1）精基准的选择　从机体上各安装零部件的相对位置而言，垂直和横向精基准选择主轴孔和底面最佳，这样可使定位基准、测量基准和设计基准三者统一，易于保证精度。但对尺寸较大、结构复杂的机体而言，因机体整个加工过程中自始至终存在着应力释放变形——粗加工释放变形大，精加工则释放变形小；而主轴孔精度要求很高，因此不允许初加工过程中将其加工至设计尺寸，只能在机体所有尺寸加工完毕，应力变形最小时，才能以较小的加工余量加工至设计尺寸。此外若选主轴孔为精基准，则夹具结构复杂、装夹困难（故主轴孔不宜选为机体加工过程的精基准）。另外，由于 Z12V190 型柴油机机体规格尺寸较大（1810mm×1000mm×804mm，重约 1.8t），精基准也不宜选用“一面两孔”的传统定位方式，以避免装夹困难。为此在实际生产中选用底面、底侧面和端面三面组合定位方式。其缺点是基准不统一。

（2）粗基准的选择　选取粗基准应满足两个基本要求。一是使后序加工的各表面都能得到均匀的加工余量。二是保证装入的运动部件（如曲轴）与机体内不加工的内壁具有足够的间隙，同时要保证各加工表面与非加工表面的相互位置要求。从前面的工艺分析可以看到：机体的主加工表面是主轴孔、凸轮轴孔、摇臂轴孔和气缸孔。Z12V190 型柴油机机体属于体积较大，内部和外形复杂，质量大的箱体类零件，生产方式为成批生产。粗基准的选择采用划线找正的方法。由于铸造毛坯的尺寸及形状误差较大，因此粗基准选择恰当与否尤为重要。要在保证三轴孔及气缸孔和各主要加工表面的加工位置及加工余量的前提下，适当照顾一些次要表面和孔的加工位置。由于 Z12V190 型柴油机机体质量较大，为了在垂直和横向选择粗基准划线时便于吊装、调整，故在其主油道部位增加两个转轴支承，如图 4-93 所示。机体划线找正时用两个千斤顶式 V 形支承架通过转轴支承将机体支承起来。

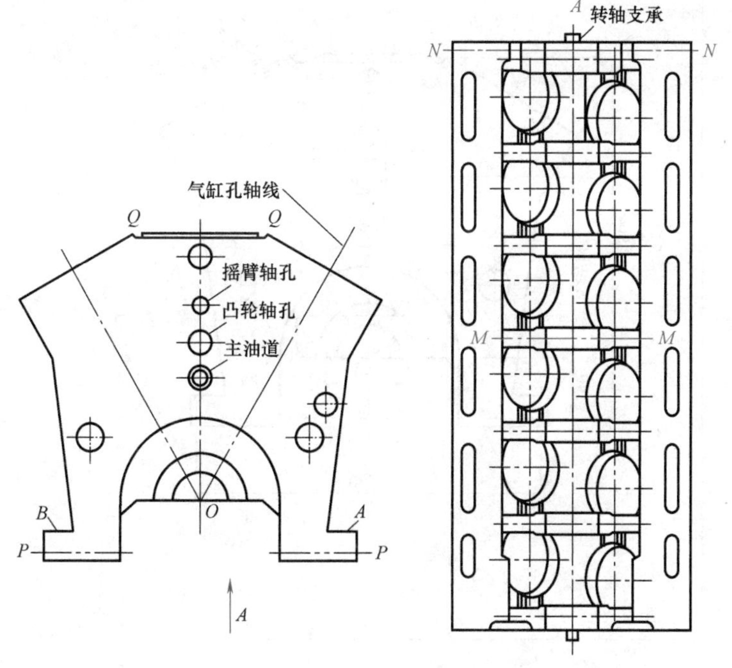

图 4-93　机体的粗基准及过渡基准

垂直和横向初始粗基准选择主轴孔和 *A*、*B* 面。

在校核了各主要孔、加工平面有足够余量之后，找出加工粗基准 *P—P* 面和过渡精基准 *Q—Q* 面及侧面加工位置。从图 4-93 可以看出，机体轴向上布置有 12 个气缸孔和 7 个主轴承座，这两者具有严格的相对位置关系。轴向粗基准若以下端选择，那么机体轴向毛坯误差自下向上的累积量逐渐增加，气缸孔和主轴承座两端余量差自下而上逐渐增加。上端的气缸座孔及主轴承座两端将会因毛坯误差累积严重而不能保证其加工表面有足够的加工余量的可能性增加。因而轴向基准选择时采用对中余量均匀分配法，即选中间主轴承座中心线 *MM* 为轴向粗基准并校核各主轴承座两端和气缸孔加工余量，使机体各主轴承座及气缸孔的毛坯余量由中间向两端均匀分布，从而找出机体两端面的位置，其中 *N—N* 面加工后就是轴向加工精基准。

3. Z12V190 型柴油机机体加工工艺过程

Z12V190 型柴油机机体加工生产线共 46 道工序，23 台设备，简要加工工艺过程见表 4-19。从表 4-19 可以看出，平面加工放在机体的最初的几道工序，尤其是基准平面的加工更是如此。主要孔的加工（如三轴孔、气缸孔）采用先粗后精，逐步提高精度的方法。其中，主轴孔分为与主轴承盖合装前的粗加工、半精加工和与主轴承盖合装后的粗加工、半精加工和精加工。而一些连接孔（如气缸孔 V 形平面，两端平面、顶面、底面，观察盖平面上的连接孔）的加工则穿插在主要的平面和孔加工工序之间进行。

表 4-19　机体机加工工艺过程

序号	工序内容	工序图或工序内容说明	设备
1	划线	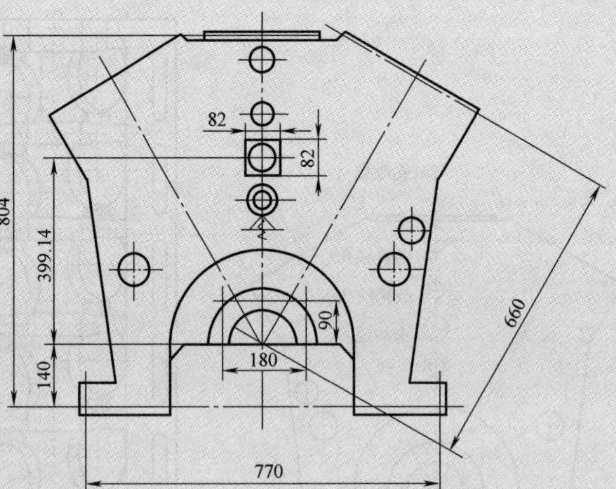 82 82 804 399.14 140 90 180 660 770	
2	粗、精铣顶面		龙门铣床

（续）

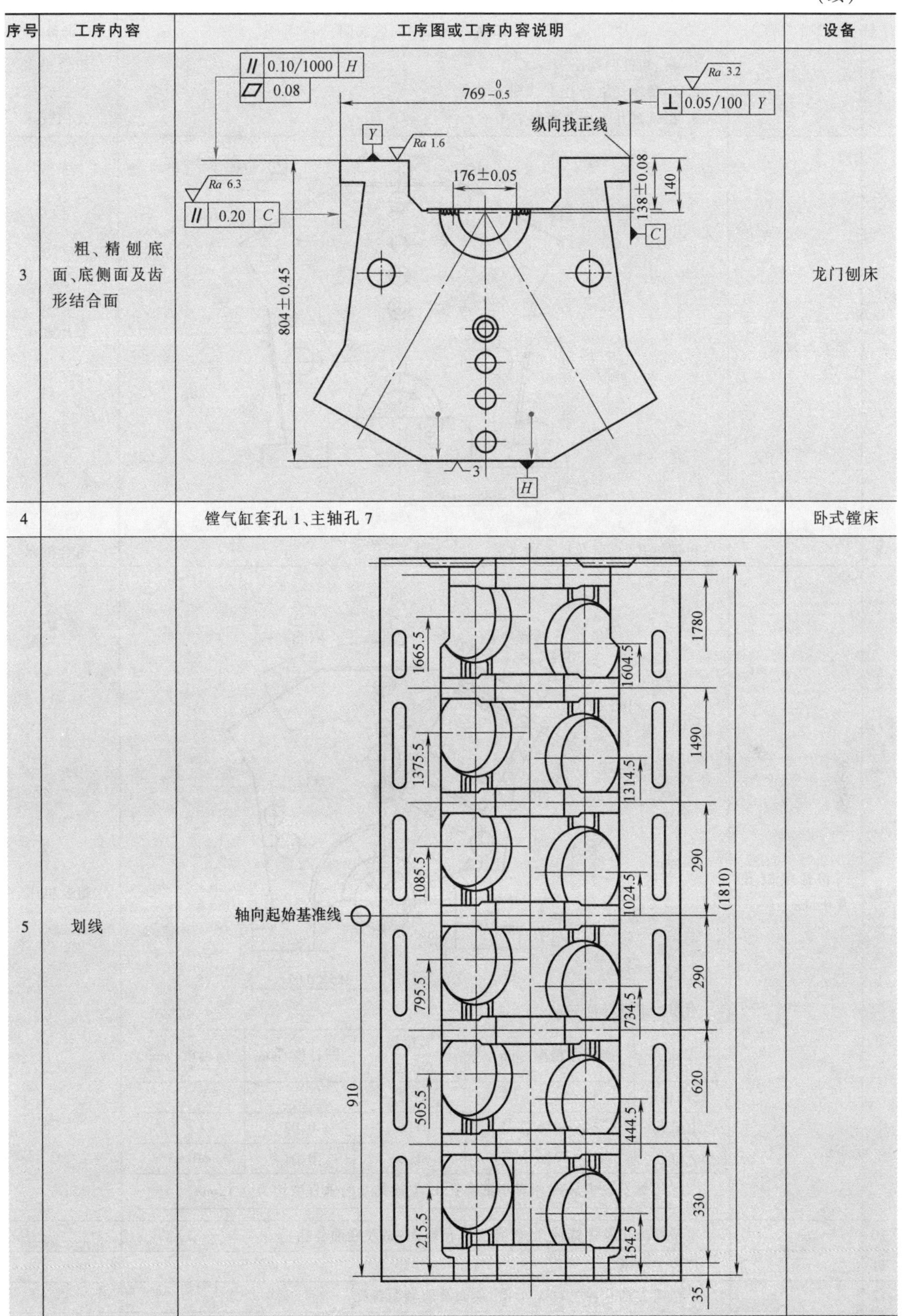

序号	工序内容	工序图或工序内容说明	设备
3	粗、精刨底面、底侧面及齿形结合面		龙门刨床
4		镗气缸套孔 1、主轴孔 7	卧式镗床
5	划线		

（续）

<table>
<tr><th>序号</th><th>工序内容</th><th>工序图或工序内容说明</th><th>设备</th></tr>
<tr><td>6</td><td></td><td>1. 粗、精铣两端面
2. 半精镗气缸套孔 1、主轴孔 7
3. 粗铣缸孔平面及观察盖平面</td><td>组合机床
卧式镗床
龙门铣床</td></tr>
<tr><td>7</td><td>精铣缸孔平面及两侧面</td><td>30°±15′　0.06　Ra 3.2　329.7　660±0.10　φ180±0.08　Ra 6.3　82°　140±0.05　385±0.05</td><td>龙门铣床</td></tr>
<tr><td>8</td><td></td><td>粗镗缸孔、止口及缸孔内水腔</td><td>组合机床</td></tr>
<tr><td>9</td><td>精镗气缸孔及止口</td><td>$12\times\phi232^{+0.185}_{0}$　$12\times\phi216^{+0.046}_{0}$　30°±15′　16±0.055　$12\times\phi214^{+0.046}_{0}$　140±0.05　φ170±0.08　385±0.05

主要技术指标见下表
<table>
<tr><th></th><th>尺寸精度/mm</th><th>表面粗糙度 Ra/μm</th><th>圆柱度/mm</th><th>同轴度/mm</th></tr>
<tr><td>缸口止口</td><td>$12\times\phi232^{+0.185}_{0}$</td><td>3.2</td><td></td><td></td></tr>
<tr><td>上缸孔</td><td>$12\times\phi216^{+0.046}_{0}$</td><td>1.6</td><td>0.02</td><td></td></tr>
<tr><td>下缸孔</td><td>$12\times\phi216^{+0.046}_{0}$</td><td>1.6</td><td>0.02</td><td>φ0.03</td></tr>
<tr><td colspan="5">上、下缸孔公共轴线相对于缸套孔 1、主轴孔 7 的垂直度均为 0.12mm</td></tr>
</table></td><td>组合机床</td></tr>
<tr><td>10</td><td></td><td>半精镗凸轮及摇臂轴孔；铣各主轴孔端面；钻攻底面各孔</td><td></td></tr>
<tr><td>11</td><td></td><td>合装主轴承盖</td><td></td></tr>
<tr><td>12</td><td></td><td>半精镗主轴孔；钻、攻 V 形面、顶面及两侧面各孔</td><td></td></tr>
</table>

（续）

<table>
<tr><th>序号</th><th>工序内容</th><th>工序图或工序内容说明</th><th>设备</th></tr>
<tr><td>13</td><td>精镗主轴孔、摇臂轴孔和凸轮轴孔</td><td>
90±0.05
399.14±0.05
140±0.05
385±0.05
主要技术指标见下表
<table>
<tr><th></th><th>尺寸精度/mm</th><th>表面粗糙度 Ra/μm</th><th>圆柱度/mm</th><th>同轴度/mm</th></tr>
<tr><td>主轴孔</td><td>$7\times\phi179.95^{+0.02}_{-0.03}$</td><td>1.6</td><td>0.012</td><td>ϕ0.05</td></tr>
<tr><td>凸轮轴孔</td><td>$7\times\phi8.95^{+0.02}_{-0.03}$</td><td>1.6</td><td>0.01</td><td>ϕ0.10</td></tr>
<tr><td>摇臂轴孔</td><td>$7\times\phi54.95^{+0.02}_{-0.03}$</td><td>1.6</td><td>0.01</td><td>ϕ0.03</td></tr>
<tr><td colspan="5">凸轮轴孔、摇臂轴孔相对于缸套孔1、主轴孔7的平行度均为0.12mm</td></tr>
</table>
$7\times\phi54.95^{+0.02}_{-0.03}$　$7\times\phi81.95^{+0.02}_{-0.03}$　$7\times\phi179.95^{+0.02}_{-0.03}$
</td><td>组合机床</td></tr>
<tr><td>14</td><td></td><td>钻两端面各孔；攻两端面各螺孔；钻、扩、铰各面深油孔；精铰三轴孔</td><td></td></tr>
<tr><td>15</td><td></td><td>精细清理，去锐边毛刺，清洗</td><td></td></tr>
<tr><td>16</td><td></td><td>成品检验并入库</td><td></td></tr>
</table>

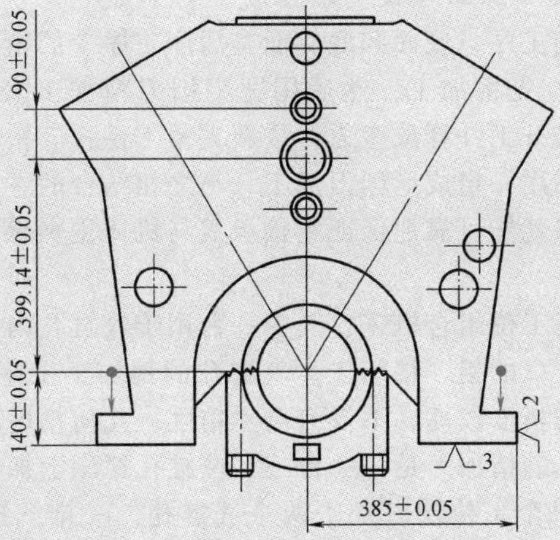

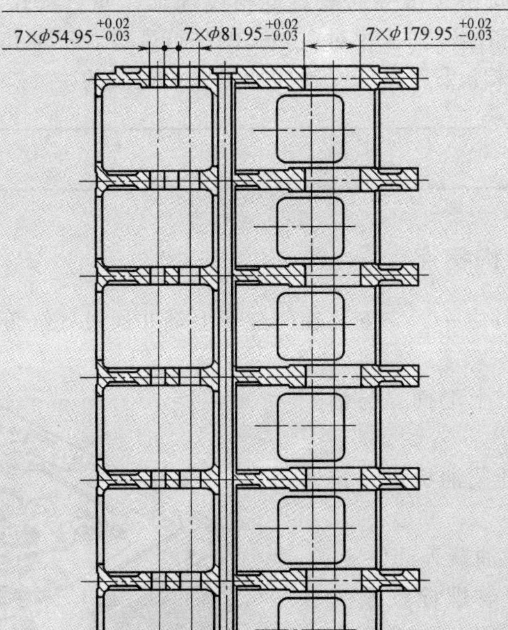

4.7.4　主要工序的加工

1. 底面、底侧面及齿形结合面加工（表4-19工序3工序图）

这道工序是一个非常重要的工序。底面和底侧面是后序工序中的精基准。在纵向方向用前面工序的划线进行找正定位。先粗加工，然后用宽刃刨刀精加工表面。主要工步如下：①按线找正粗、半精加工；②松开工件释放应力，重新夹紧工件；③精刨底面、底侧面及齿形结合面。其中两齿形结合面采用一组成形刨刀加工，与之相结合的主轴承盖也用同一组成形刨刀加工其齿形结合面，这样就能可靠地保证主轴承盖与机体主轴承座的结合精度。

2. 气缸孔的加工

气缸孔的加工采用了三台三工位组合机床，其中一台用于气缸孔内水腔的加工，另外两台则用于气缸孔上、下缸孔及止口的粗、精加工。气缸孔的精加工工序图见表4-19工序9。从工序图中可以看出：气缸孔的精度较高，不仅有尺寸精度、几何精度的要求，而且还有较高的空间位置精度要求。气缸孔的精加工是在一台三工位缸孔镗床上加工的，该机床具有两个刚性主轴，中心距580mm。每个工位同时加工两个气缸孔，一排气缸孔加工完后，机体调转180？再加工另一排气缸孔，基准定位面不变。气缸孔的尺寸精度和形状精度、空间几何精度均靠机床主轴保证。缸孔间的位置精度靠镗夹具保证。

3. 三轴孔精加工

机体三轴孔精加工工序图见表4-19工序13。机体三轴孔的精加工在一台专用镗床上加工完成。三轴孔能同时或单独加工。镗杆在镗模导向套内工作。加工过程中，镗杆有四个导向装置，三轴孔的加工精度主要由镗模导向装置的精度保证，如三轴孔轴线的相对距离精度、各孔的同轴度，凸轮轴孔和摇臂轴孔相对主轴孔的平行度等。三轴孔最终尺寸精度和表面粗糙度则是在三轴孔专用镗床上采用浮动镗削的加工方式完成的。

4.8　气缸盖加工

4.8.1　气缸盖的功用及结构特点

气缸盖是柴油机的主要零件之一，它安装在气缸套上端并通过气缸盖螺栓与机体固定在一起。气缸盖的主要功用是：

1）和气缸垫共同密封气缸上端面，与活塞顶部、气缸构成燃烧室空间。

2）布置进、排气道，保证柴油机进、排气过程顺利进行。

3）安置进、排气机构和喷油器等部件。

气缸盖结构复杂，它承受着螺栓预紧力和燃烧室内燃气压力的作用，因此要求气缸盖应具有足够的强度和刚度，保证结合面良好的密封。另外，气缸盖冷却必须可靠，保证高温区获得良好的冷却，使气缸盖温度分布尽可能均匀。

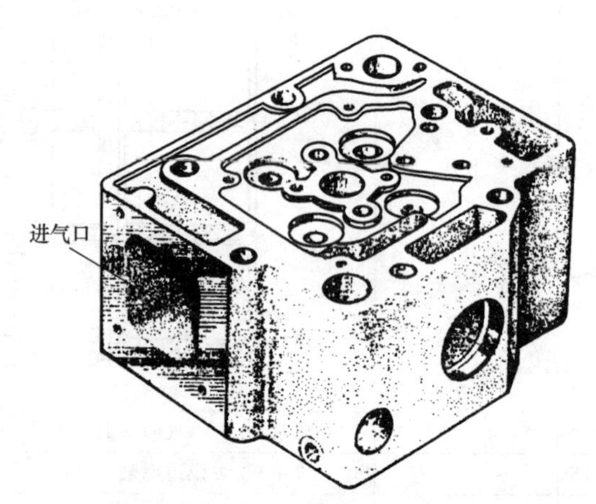

图4-94　Z12V190型柴油机气缸盖

如图4-94所示，Z12V190型柴油机气缸盖为四气门、单体式结构。其材料为耐热合金铸铁。底面布置有进气和排气阀孔各两个。内部布置进、排气道，采用串联式螺旋进气道，进气口与底面上两进气阀孔相通。该形式进气道可使进气气流产生旋流，以使燃烧室内的油气更均匀混合，保证燃烧过程更完善。

4.8.2 气缸盖的主要技术要求

气缸盖上安装有柴油机配气部件中的进、排气管部件和与机体气缸表面的结合平面，还有安装进、排气门组件和气门摇臂组件的座孔或导向孔，喷油器护套的座孔以及连接孔等，由此看出，气缸盖是一种结构、受力复杂且技术性要求很高的箱体零件，因此气缸盖的质量对柴油机的性能、寿命影响很大，必须对其精度有严格的要求。

Z12V190 型柴油机气缸盖主要技术要求，见表 4-20。

表 4-20 Z12V190 型柴油机气缸盖主要技术要求

名称	尺寸精度	表面粗糙度 *Ra*/μm	同轴度/mm	平面度/mm	圆柱度/mm
气阀导管底孔	IT7	1.6		ϕ0.02	
气阀导管孔	IT7	1.25			0.008/90
气阀座面		0.8		0.005	
止口及止口平面	IT8	2.5	0.04		
顶面、止口底面		2.5~5	0.05		
气阀座孔相对于导管底孔同轴度公差 ϕ0.015mm					
气阀座面相对于导管孔跳动公差 0.05mm					
气阀导管孔相对于止口底面垂直度公差 ϕ0.025mm					
密封性试验：气压 392kPa，水下目测 3min 不渗漏					

4.8.3 气缸盖的机械加工工艺过程

1. 定位基准的选择

从前面的分析可知，气缸盖结构复杂，受到多种外力的作用，技术要求较高。因此在粗、精基准选择时必须针对气缸盖的结构和使用特点选取，以保证气缸盖的密封质量及气道流速和流量稳定。

（1）精基准的选择　Z12V190 型柴油机气缸盖精基准采用“一面两孔”定位方式，即气缸盖的止口底平面及两个 $\phi14^{+0.06}_{+0.03}$mm 定位孔作为精基准，满足了基准重合和统一原则。顶面上两个 $\phi30^{+0.03}_{0}$mm 定位孔为止口底平面和两个 $\phi14^{+0.06}_{+0.03}$mm 定位孔的过渡精基准，采用这种定位方式可以很简便地保证气缸盖在夹具上相对机床主轴具有准确的位置。其定位稳定可靠，夹具结构简单、夹紧变形小，易于实现自动定位和自动夹紧。在自动线上加工较合适。

（2）粗基准的选择　Z12V190 型柴油机气缸盖粗基准选择时应尽量做到：①选择与加工表面的相对位置密切相关的非加工表面；②选择主要加工表面。

气缸盖的止口底面是气缸盖的安装基准，也是燃烧室的密封面，承受着燃烧室内压缩力和爆发力的作用，应保证该表面强度均匀。因此气缸盖平面的加工粗基准选择了止口底面。因为气缸盖在工作状态下，气阀座孔承担着进气和排气工作，所以孔系粗基准选择了两个气阀座孔（一个进气阀座孔和一个排气阀座孔）。柴油机在工作状态下必须尽可能地满足每个气缸盖内腔进、排气道的流畅，以使其工作性能稳定。因而要求加工后的气缸盖阀座孔相对不加工的气道内腔具有较为准确的位置精度。

2. 工序的安排

（1）加工顺序的安排及加工阶段的划分　根据气缸盖的结构特点和精度要求，机械加工

过程分为三个阶段，即①初加工阶段；②自动线加工阶段；③清洗、试压、装配加工阶段。初加工阶段就是加工出缸盖在自动线加工时的精基准以及止口和止口底平面。气缸盖绝大部分加工内容，如进、排气平面和顶面的精加工，各平面上的螺孔，出砂孔及气缸盖上的螺栓孔、注油器护套孔、气阀座孔及导管孔等均在 DX82 自动线上完成。最后对气缸盖进行内腔和表面清洗，装配护套和堵头、导管等附件，密封试验合格后，精加工气阀座面及导管孔。为了保证工序质量，在各加工阶段内或加工阶段之间均设有检验工序。对于气缸盖上的平面加工均采用先粗后精的工艺原则。而对于精度较高且有相对位置要求的孔则采用粗—半精—复合精加工的加工方式。例如，气阀座孔及导管底孔的加工，首先将气阀座孔加工至 ϕ56mm，导管底孔加工至 ϕ18mm，然后两孔分别扩至 ϕ57.7mm 和 ϕ19.7mm，最后精铰至设计尺寸：ϕ58mm 和 $\phi20^{+0.021}_{0}$mm。对于气缸盖上的螺栓孔等要求不高的孔均采用一次加工。

（2）DX82 气缸盖自动线加工的特点　气缸盖的绝大部分加工内容是在 DX82 气缸盖自动线上完成的。定位采用“一面两孔”定位方式。全线在输送方向每个工位的送料是同步进行的。气缸盖上孔的位置精度主要靠模板保证。但操作者应经常巡回检查，及时发现问题并随时排除（如及时更换已磨损的刀具）。

DX82 气缸盖自动线是刚性连接，能适应大批量生产的需求，生产率高。主要缺点是全线运行中若有一台机床出故障，则全线停机；该自动线刚性强，灵活性差，不能适应现代多品种生产的要求。

3. 气缸盖机械加工工艺过程

Z12V190 型柴油机气缸盖加工生产线共有 58 道工序，13 台设备（含 DX82 气缸盖自动线、YG800 浸渗成套设备），其主要加工工序或工艺过程见表 4-21。

4. 气阀座面及导管孔的加工

气阀座面及导管孔的加工工序简图见表 4-21 工序 7。可以看出气阀座面及导管孔无论尺寸精度、形状精度，还是两者之间的相对精度都是很高的。因此气阀座面及导管孔的加工是气缸盖加工中难度最大，加工精度要求最高的工序，必须采用同轴加工方式才能达到这样的精度要求。Z12V190 型柴油机气缸盖采用了镗锪阀座面，枪铰导管孔的加工工艺方法如图 4-95 所示。

表 4-21　气缸盖机械加工工艺过程

序号	工序内容	工序图及工序说明	设备
1	粗车顶面粗车底面	345 Ra 12.5 179 3 345 Ra 12.5 176.3 3	C5116A 立式车床

（续）

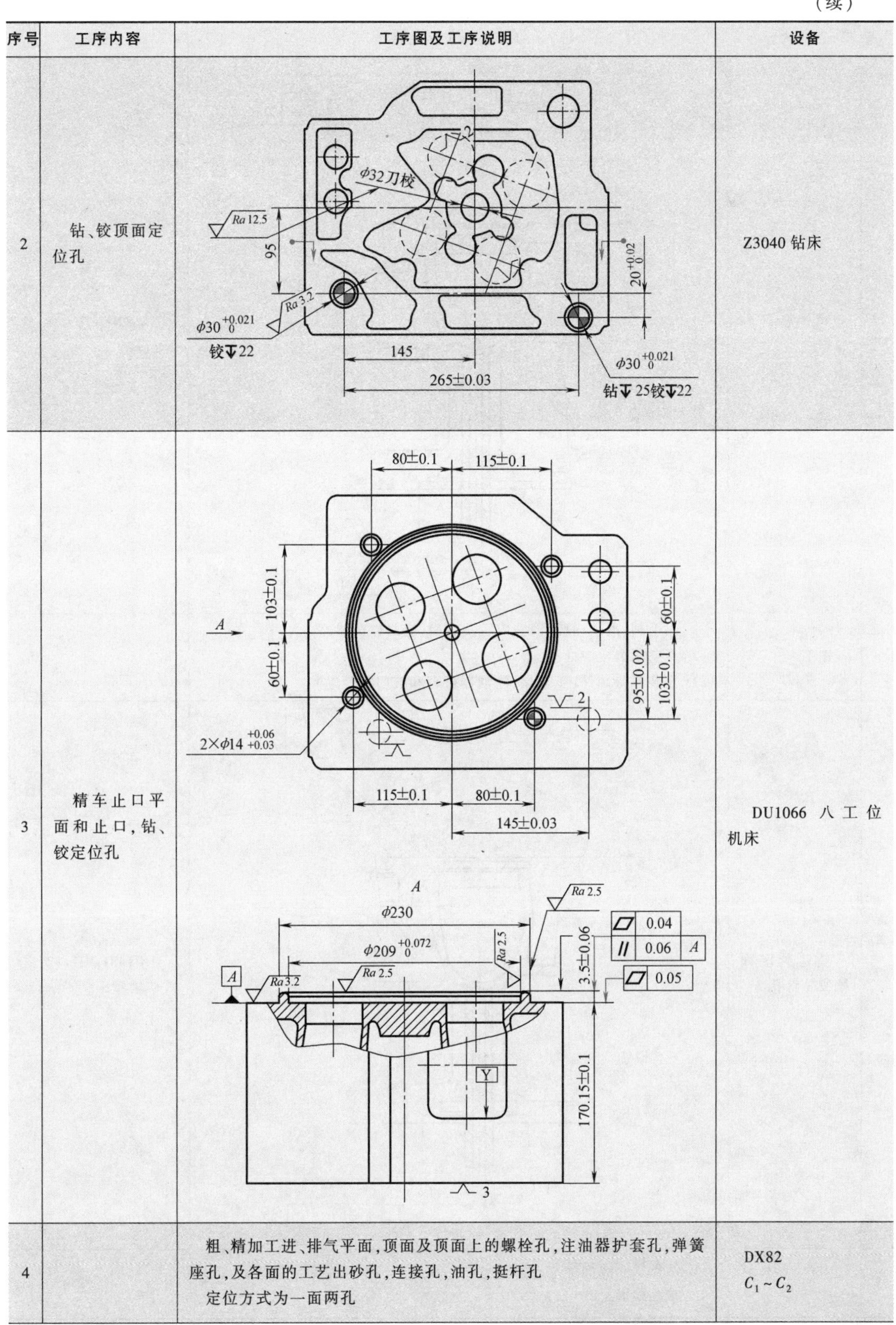

序号	工序内容	工序图及工序说明	设备
2	钻、铰顶面定位孔		Z3040 钻床
3	精车止口平面和止口，钻、铰定位孔		DU1066 八工位机床
4		粗、精加工进、排气平面，顶面及顶面上的螺栓孔，注油器护套孔，弹簧座孔，及各面的工艺出砂孔，连接孔，油孔，挺杆孔 定位方式为一面两孔	DX82 $C_1 \sim C_2$

（续）

序号	工序内容	工序图及工序说明	设备
5	精铰座孔和导管底孔	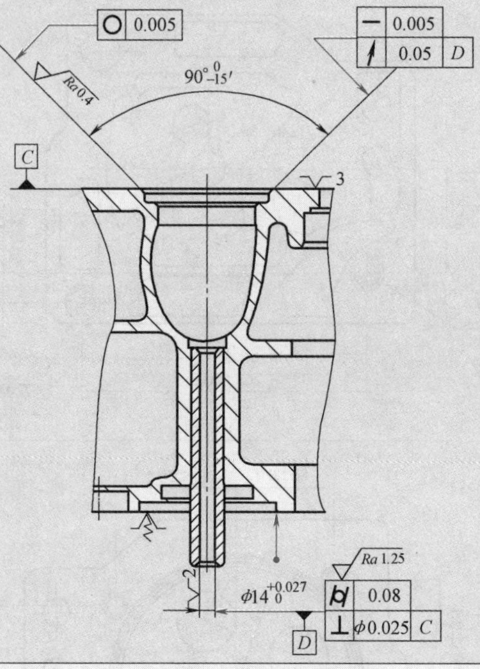 90°$^{0}_{-15'}$　○ 0.005　— 0.005　↗ 0.05 D　Ra0.4　C　3　Ra 1.25　φ14$^{+0.027}_{0}$　⌭ 0.08　⊥ φ0.025 C　D　2	DX82-C17，C18 铰孔机床
6	钳工	1. 去毛刺、清理内腔、清洗内腔及表面、密封性试验 2. 真空压力浸渗处理 3. 压装各待装件（工艺堵、注油器护套和气门导管等）	
7	镗锪阀座面枪铰导管孔	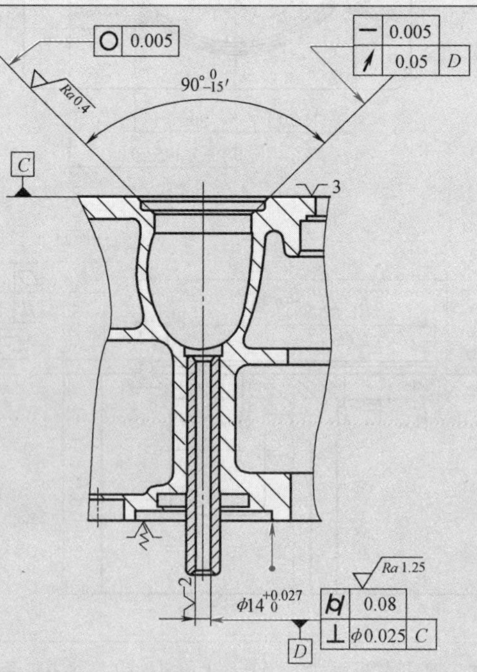 90°$^{0}_{-15'}$　○ 0.005　— 0.005　↗ 0.05 D　Ra0.4　C　3　Ra 1.25　φ14$^{+0.027}_{0}$　⌭ 0.08　⊥ φ0.025 C　D　2	DU1431DU1432 立式单轴镗床
8		1. 滚压气阀座面 2. 成品检验	

加工 Z12V190 型柴油机气缸盖气阀座面及导管孔的设备有两台，均为立式加工方式。其中一台加工进气阀座面及导管孔，另一台加工排气阀座面及导管孔。枪铰刀安装在与镗杆同心的内部，可上下移动。气阀座面镗刀安装在镗杆上。该设备加工气阀座面和导管孔是独立进行的。主要加工过程为：镗杆向下移动（此时枪铰刀缩在镗杆内）至距待加工阀座面 3~5mm 处时，枪铰刀从镗杆内部向下快速移动并旋转，移至距导管端面 3~4mm 时向下工进。切削用量为：背吃刀量 $a=0.175\text{mm}$，切削速度 $v=36\text{m/min}$，进给量 $f=0.2\text{mm/r}$，主轴转速 $n=823\text{r/min}$。导管孔加工完成后，枪铰刀退回镗杆内，主轴电动机变速，然后加工气阀座面，切削用量为：切削速度 $v=75\text{m/min}$，主轴转速 $n=400\text{r/min}$，进给量 $f=0.05\text{mm/r}$。最后镗杆退回起始位置，夹具转位、定位夹紧后加工另一气阀座面及导管孔。虽然导管孔同气阀座面各自独自进行加工，但依靠设备自身精度，可保证设计图样要求。

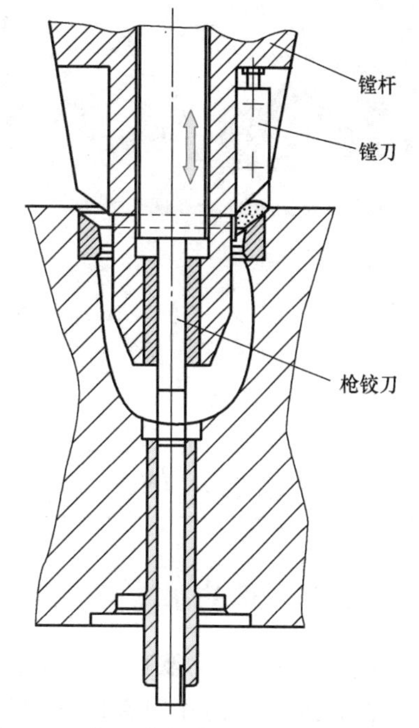

图 4-95　气缸盖阀座面与导管孔同轴加工

第5章 工艺管理概述

5.1 工艺管理的基本概念

5.1.1 工艺管理的基本概念与内容

1. 工艺管理的定义及其基本概念

“工艺管理”一词在国家标准《机械制造工艺基本术语》（GB/T 4863—2008）中，定义为“科学地计划、组织和控制各项工艺工作的全过程”。根据这个定义，工艺管理一方面是存在于将原材料、半成品转变为成品的全过程中，对制造技术工作所实施的科学的、系统的管理；另一方面，又有解决、处理生产过程中人与人之间的生产关系方面的社会科学的性质。它随着社会生产力的发展而发展，是有待深入研究、开拓的管理科学。

2. 工艺管理的主要内容

无论企业生产的产品类型、生产规模等有多么不同，工艺管理一般均应包括下列各项具体内容：

（1）基础性、方向性、共同性的工作　该项工作包括以下几个方面：

1）编制工艺发展规划。

2）编制技术改造规划。

3）制定与组织贯彻工艺标准和工艺管理规章制度，明确各类有关人员和有关部门的工艺责任和权限，参与工艺纪律的考核和督促检查。

4）开展新工艺试验研究。

5）组织开展工艺技术改进和合理化建议活动。

6）开展工艺情报信息的收集、整理、分析和研究，及时掌握国内外工艺技术和工艺管理的发展动态，并不断提出有利于企业工艺工作发展的新思想、新建议。

（2）产品生产的技术准备　产品生产的技术准备工作包括以下内容：

1）产品设计的工艺性审查。

2）工艺方案、工艺路线设计和编制工艺规程。

3）编制工艺定额。工艺定额包括产品原材料和工艺材料的技术定额，加工工时技术定额。

4）专用工艺装备的设计制造及生产验证，通用工艺装备标准的制定。

5）各种必要的技术验证和总结工作，确保产品投产后的制造过程正常进行，质量稳定。它包括工艺验证、工艺标准验证、工时定额的验证等。

（3）制造过程中的组织管理和控制工作　这一阶段的工艺管理工作是要保证产品质量的稳定和提高，最大限度地提高劳动生产率和减少物耗；实施文明生产和改善劳动条件等。它的工作内容一般为：

1）科学地分析产品零部件和工艺流程，合理地规定投产批次和批量。

2）监督和指导工艺文件的正确实施。

3）及时发现和纠正工艺设计上的差错；不断总结工艺实施过程中的各种先进经验，并加以实施和推广，以求工艺过程的最优化。

4）确定工序质量控制点，规定有关管理和控制的技术内容，进行工序质量重点控制。

5）配合生产部门搞好文明生产和定置管理；按工艺要求，保证毛坯、原材料、半成品、工位器具、工艺装备等准时供应。

5.1.2　工艺系统和工艺管理系统

1. 工艺系统

（1）工艺系统的定义　工艺系统就是若干硬件的统一集合体，包括劳动者、机床、夹具、量具、原材料、半成品件以及其他辅助装置等。其功能是将原材料或半成品转变为成品，其目的是生产出优质、低成本的产品。但是工艺系统的正常运行，还必须依靠软件（指生产信息，如工艺文件、标准等）的支持，这就是工艺系统的定义。

工艺系统既然具有一般系统的功能和特性，就必然有输入和输出过程，如图5-1所示。

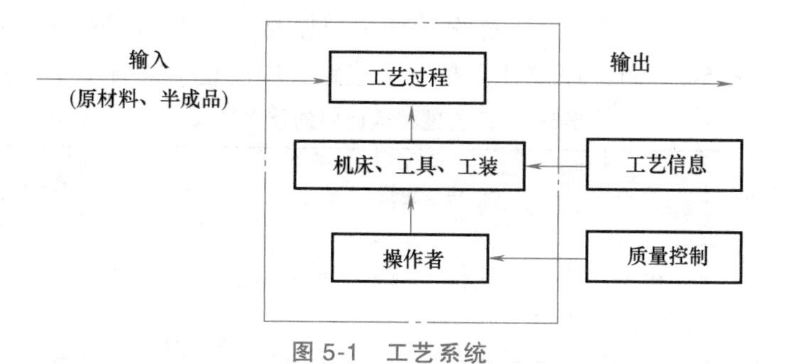

图5-1　工艺系统

日本学者人见胜人应用现代管理科学的若干原理对机械制造过程进行了分析，认为生产或制造的研究必须是对制造工艺和管理技术的综合研究，即把生产工艺与管理技术融为一体，称为“制造系统”。他把制造活动看作是物质流，是一个逻辑系统，包括材料供应系统、材料处理系统和物质分配系统。材料处理系统在工厂内进行工件的加工和传送，称为制造系统。如果仅研究工厂内的物质流，制造系统所进行的基本活动就是：转变、运输和储存（停滞），如图5-2所示。

“工艺系统”主要是进行“转变”活动，即进行工件的加工、零部件的装配，从而使原材料和半成品成为成品。因此，工艺系统是制造系统中最重要的组成部分（或称子系统）。

（2）工艺系统的基本功能　工艺系统的基本功能是“转变”，即通过工序的生产活动转变工件的形态、性质等。工序是在一个规定的、配备了适当的机床、工具、夹具和其他辅助

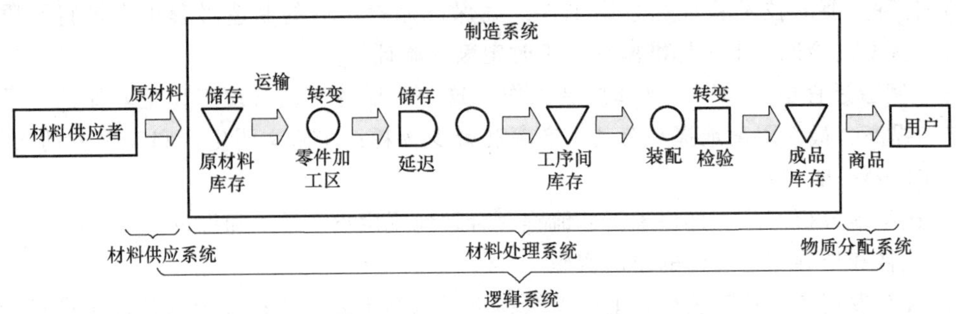

图 5-2　生产中物质流的总系统

装置的操作者的工作位置上进行的。而一个产品或零件的形成要经过由多道工序构成的工艺过程才能形成。

工艺过程所包括的典型形态转变的加工种类有：

1）变态、变性加工。通过改变原材料的性质来满足制造零部件和产品的需要，如热处理、电化学表面处理、表面保护与强化技术等。

2）变形加工。使原材料产生形态、形状或结构变化来生产零件或产品的工艺过程，如铸造、锻造、金属切削、切割等。

3）连接和组装加工。使工件与其他材料或工件与工件、部件与部件结合而形成部件或产品的工艺过程，如焊接、装配等。

以上的典型转变过程同时都必须辅以加工过程中的质量监测、检测、试验等环节，才能有效地完成全部转变过程。

（3）工艺过程的技术决策　工艺过程设计是把原材料转变为成品所需的整个工艺路线进行宏观决策，见表 5-1。而工序设计则是对工艺路线中所包括的各个工序进行微观决策。

表 5-1　工艺过程选择中的技术决策

工艺决策项目	决策问题	决策变量	决策依据
主要技术选择	转变的潜力，生产该产品的技术与经济可行性	产品的选择，原材料状况；企业的综合技术水平等	技术专家
次要技术选择	不同转变过程的选择	设备和技术方面的工艺状况；环境因素，如生态环境与法律的约束；主要的组织工作；财务与销售力量等	研制报告；技术专家；组织目标；长远的市场预测；模拟试验等
特种部分选择	专用设备的选择	现有设备；不同设备方案所需费用；预期的产量水平	工业报告；投资分析（包括自制或外购，损益分析等）；中期预测等
工艺流程的选择	生产路线的选择	目前生产布置状况；产品的统一性，设备的特点	产品规格；装配卡；路线卡；流程卡；设备手册等文件

1）工艺过程设计要决定的主要问题。

① 分析把原材料转变为成品的加工流程，进行流程路线分析。

② 选择加工流程中的每一个工序的工作位置。图 5-3 所示为机械制造业加工流程的基

本类型。

a. 顺序型（或串联型）工艺过程——从接到工件主要投入材料直到生产出成品的各工序为直线型排列，如零件的切削加工等。

b. 组合型（或综合型）工艺过程——把经若干个平行工序制造的若干零件和（或）部件组合起来，制成一件主要产品的流程，如汽车组装等。

2）工序设计关系到生产实施的详细微观决策。工序的设计要从机器因素和人的因素（人-机系统）的结合，从操作工人的技术熟练程度以及简化工作等方面来进行分析。例如，动作-时间研究分析就是进行工序设计的基本科学方法。

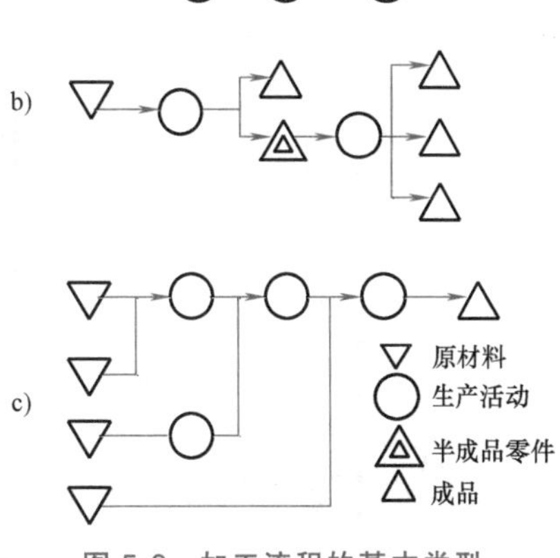

图 5-3　加工流程的基本类型

a)、b) 顺序型　c) 组合型

（4）工艺过程的优化和控制　对工艺系统来说，当输入品质参数为一定时，欲达到一定的输出品质参数的要求，往往可以用几种不同的工艺过程方案来实现。从这些方案中选取最好的工艺过程方案就称为最优工艺路线分析。最优工艺路线分析通常是以提高劳动生产率、降低生产成本、保证实现产品技术条件的要求为标准的。因此，一般对工艺系统有三点基本要求。

1）保证零件的质量（几何形状、几何精度、表面粗糙度等）符合图样要求，并且要在整个加工时间内，保持质量的稳定性。

2）选择最佳的加工条件，或经过调节后达到最佳的加工条件，以便充分发挥机床的效能，避免在不利的条件下加工，以免损坏机床、刀具或工件。

3）加工零件的成本应最低。

为了达到上述目的，除了上述正确制订工艺路线，选择工艺方法以及选用机器之外，还必须正确选定加工条件，如切削速度、进给速度等一系列加工参数。

2. 工艺管理系统

在现代化工业企业中，工艺管理系统作为一种信息流，它的功能是对工艺过程进行技术管理和控制，以保证工艺活动按照事先设计的路线、流程、规程等技术要求进行，达到最终生产出合格产品的目标。工艺系统必须在工艺管理系统的控制之下，才能有效地工作。工艺系统赖以运行的各种软件（技术指令等），是由工艺管理系统提供的。

（1）工艺管理系统与生产系统　必须用系统的观点和方法，从机械工业企业生产、经营的全过程考察，才能全面、合理地认识工艺管理系统在企业管理系统中的地位、作用，以及与其他各个子系统之间的相互关系。

机械工业企业作为相对独立的商品生产者和经营者，其全部活动就是进行商品（机械产品）的生产和经营。因此，企业的管理主要是生产的管理和经营的管理，从而形成了企业活动的两大系统——生产系统和经营系统。

企业经营系统涉及的主要是企业的外部活动和生产前的各项活动。它是生产活动的依据和前提，它的主要活动包括市场研究、经营决策、产品的研究和开发、销售服务以及外部信息跟踪等。而企业生产系统涉及的是企业的内部活动，主要是制造过程中的各项活动，包括

生产计划和作业计划管理、工艺管理、物资供应管理（包括材料、零配件、半成品、工具、刀具等）、设备、工艺装备管理、质量控制与管理、劳动管理、成本与财务管理等。

生产管理系统的内容和功能如图 5-4 所示。

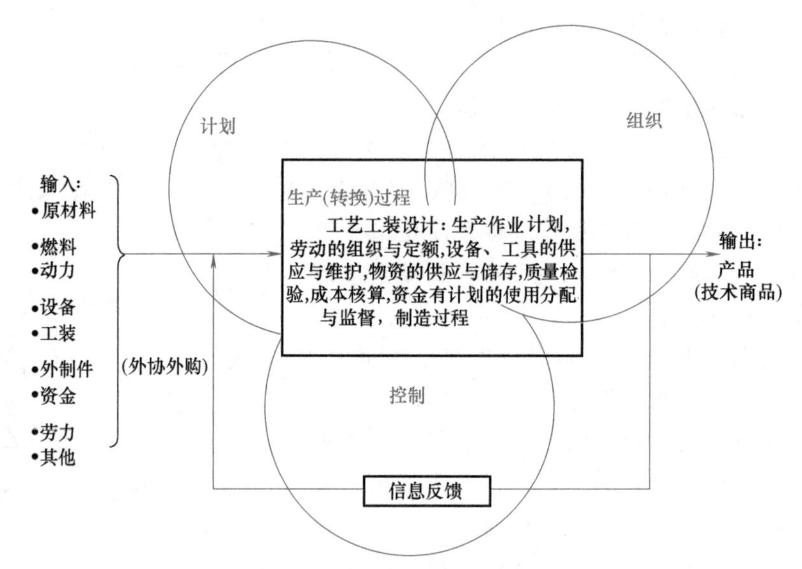

图 5-4　生产管理系统的内容和功能

美国专家 R. B. 却司、N. J. 阿葵拉罗运用“寿命周期法”分析了机械工业企业生产系统的各个职能部门（也就是子系统）的工作内容和功能。图 5-5 所示为生产系统中各子系统按寿命周期的排列以及所涉及的关键决策内容。

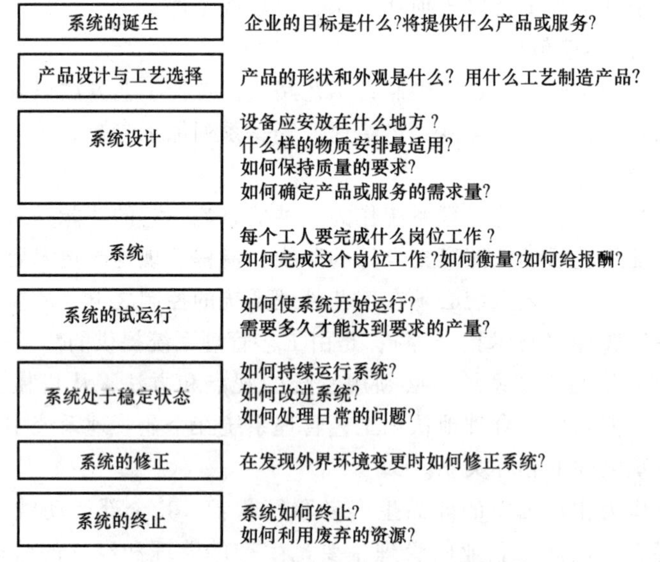

图 5-5　生产系统寿命周期中的关键决策

图 5-5 中的“工艺选择”的关键决策包括工艺过程的选择、工艺流程的选择、通用和专用设备的选择以及不同产量下的策略选择等。并以这些选择决策为依据，编制各种指导生产的工艺过程卡、工艺路线单、工艺装配图等工艺文件，这些决策是系统继续运行的主要

依据。

工艺管理系统是生产系统中最基本、最重要、涉及面最广的子系统，也是企业技术研究开发子系统与生产系统结合的桥梁，是技术信息指导生产、控制质量的具体体现。因此它是生产系统中实施行政技术管理的主要信息流。

在产品生产的全过程中，最基本、主要的内容就是产品及零部件的工艺（制造）过程。而直接指导、服务于制造过程的工艺管理像一条纽带或纵轴融会贯通于生产过程始终，将生产系统中的各项工作有机地联系在一起，形成纵向环节通畅、横向关系协调的完整的生产制造系统（图5-6）。因此，工艺管理系统在生产系统中起着维系全局的作用。

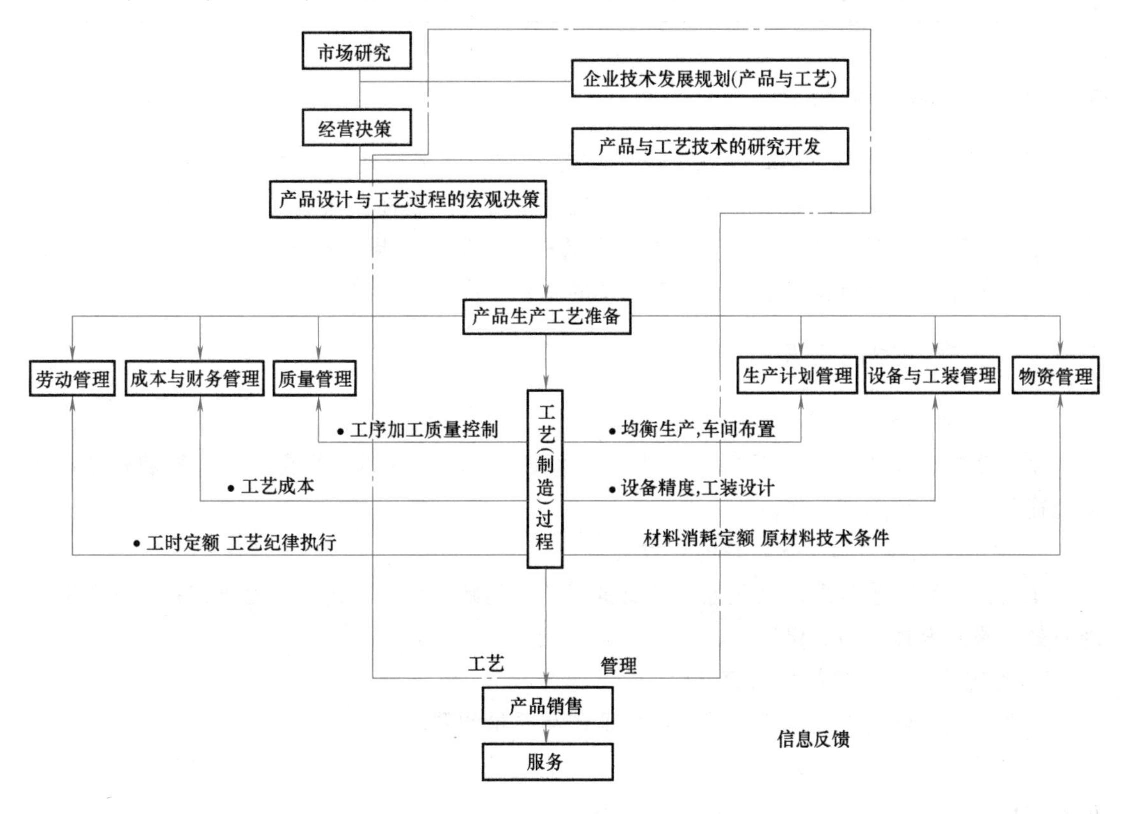

图5-6　企业生产活动中的工艺管理过程及其与其他工作的关系
（点画线内为工艺管理主要过程）

（2）建立健全、统一、有效的工艺管理体系　工艺管理的基本职能是在一定的生产条件下以“优质、高效、经济”为原则，对生产过程中各项工艺工作进行科学的计划、组织、控制，保证按照设计要求制造出合格的产品。工艺管理是保证工艺方法和工艺技术在生产过程中得以正确贯彻，并使工艺技术和方法在生产实践中不断提高和发展，以适应生产发展的一门管理科学。一个健全、统一、有效的工艺管理系统（或称工艺管理体系）是企业实现“优质、高效、经济”生产目标的基本保证。

如果一个企业的工艺管理体系是健全、统一、有效的，这个体系就应当具有如下的外部环境、条件和内部特点：

1）在企业生产系统中，与工艺管理体系有关的人员，首先是领导人员，应当具有正

确、全面的有关工艺工作的思想意识，这是建立行之有效的工艺管理体系的前提。

2）建立健全、统一、有效的工艺管理组织机构是工艺管理工作的目标得以实现的根本保证，是建立科学的工艺管理体系的基础。

3）具有完善的工艺管理标准和制度，使负有工艺责任的各个职能部门明确各自的工艺职责和权限，各尽其责；使工艺管理组织机构在其他有关组织机构的配合下，正常发挥其应有的作用。

5.2 工艺纪律

5.2.1 工艺纪律的含义

“纪律”一般是指人类在社会活动和生产活动中，制定的具有约束性的规定。

工艺纪律是企业在产品生产过程中，为维护工艺的严肃性，保证工艺贯彻执行，建立稳定的生产秩序，确保产品（零件）的加工质量和安全生产而制定的某些具有约束性的规定。工艺纪律是保证企业有秩序地进行生产活动的重要厂规、厂纪之一。

5.2.2 工艺纪律的重要意义

1. 促使企业严格管理

企业领导通过“严格”工艺纪律对守纪者奖，对违纪者罚，奖罚分明，带动企业的劳动纪律和其他各项管理工作。

2. 保证工艺技术与工艺管理的有效实施

工艺技术和工艺管理是企业生产高质量产品的基础，而工艺纪律又是工艺技术和工艺管理有效实施并发挥作用的保证。

3. 稳定生产优质产品的重要手段

企业建立严格的工艺纪律，就能使保证产品质量的要素，如操作者、设备、原材料、毛坯或半成品、图样和工艺文件以及文明生产、卫生环境等，都处于受控的合格状态，工序质量就能稳定。

4. 企业搞好文明生产的保证

文明生产要靠操作者、转序工、吊车工、清洁工、检验员以及生产现场的管理人员共同努力来实现。要实现文明生产，除要靠这些人员的高度自觉性外，还必须遵守工艺纪律。这样，在工艺纪律的引导和约束下，就可使毛坯和零件在加工、转序、码放、装卸、运输过程中，消除不文明的加工、装配和野蛮的装卸、转序，使生产井然有序，消灭零件磕碰、划伤、锈蚀和错装、漏装、丢失零件等现象，做到文明生产。

5. 保证特殊工序的质量

机械工业企业生产中经常遇到某些特殊工序（也称特种工艺），如高压容器焊接、无损检测、铸造、表面处理等都是专业性强、具有复杂技术且又难于通过直接检测来判定其制品质量的工序。对这些工序的质量，只有靠检测和控制工序要素来保证，而工艺纪律又是使工序要素受控的保证。

5.2.3　工艺纪律的主要内容

1. 技术文件的质量

(1) 技术文件的种类　技术文件的质量是工艺纪律检查和管理的一项重要内容。根据机械工业生产特点，与工艺纪律检查有关的技术文件种类包括：

1) 产品图样和技术标准。投产的产品图样和技术标准的质量是否符合要求，是稳定生产优质产品的第一关。为了使工艺纪律检查和管理的内容重点突出，设计部门应在单元件功能失效分析的基础上确定关键件和重要零件，编制关键件、重要零件明细表，并在产品图样上用规定的符号标出，作为工艺纪律检查和管理的重点。

2) 工艺文件。它一般包括产品设计工艺性分析资料、工艺方案、工艺路线卡（或分车间零件明细表）、工艺过程卡、关键件加工或成品装配工艺流程图、工序质量表、工序操作卡（或作业指导书）、典型零件工序操作卡、工艺守则、自检表、工艺装备明细表、材料和工时定额表等。这些文件有的供计划调度和管理工作用，有的供操作者操作和检验产品用。

(2) 对技术文件的要求　企业生产使用的技术文件（包括图样、技术标准和工艺文件）应达到“正确、完整、统一”的要求。

1) 正确。正确是指图样、技术标准和工艺文件应符合有关标准规定，图面、尺寸精度、尺寸链、几何公差及其标注方法等，应正确、清晰；工艺流程安排合理、切实可行，能指导生产和操作，保证产品加工质量稳定。

2) 完整。完整包括两个方面，一是技术文件的种类应齐全，企业生产类型不同，应具备的技术文件的种类也不相同。企业的技术文件的种类应符合企业相应的文件完整性标准的规定。二是文件的内容应完整。例如，一张产品图样或一张工艺卡片，图面内容完整，符合要求，编制、审核、批准签字手续齐全，应填写的栏目均已填齐。

3) 统一。对技术文件应按制度规定的审批程序办理修改手续，并及时修改，保证各种技术文件的蓝图与底图统一；各部门与车间的技术文件应统一；产品图样、技术标准与工艺文件相关的技术要求统一，工艺文件与工艺装备图应统一。

2. 设备和工艺装备的技术状况

设备和工艺装备是贯彻工艺和确保稳定生产优质产品的物质条件。它们的技术状况好坏，直接影响产品的质量。因而，它们也是严格贯彻工艺纪律的重要内容。检查工艺纪律对设备和工艺装备要求：除设备型号或工艺装备编号应符合工艺文件规定外，所有生产设备和工艺装备均应保持精度和良好的技术状态，以满足生产技术要求。量具、检具与仪表应坚持周期检定，保证量值统一，精度合格。不合格的工、夹、模、量、辅、检具等，不得在生产中流通、使用。调整好的、处于使用状态下的工、夹、模、量、辅、检具等，不得任意拆卸、移动。

3. 材料、在制品符合工艺要求

(1) 材质、规格符合工艺要求　在制品包括已投产的材料、毛坯、半成品和成品件。它们是贯彻工艺，形成产品过程中的加工对象。

(2) 防止装卸、搬运和转序中损坏在制品　对装卸、搬运和转序的要求包括以下几个方面：

1) 关键件、大型零件，应规定运送路线、搬运工具及装卸方法。

2）所有材料、毛坯、半成品等，应逐序制定在线储备定额，作为在制品限额，并规定存放区；特殊形状的零件，还应按文件规定码放方法存放。

当材料或在制品不合格时，如需代用或回用，必须按有关制度规定办理代用或回用手续。

4. 操作者

操作者处于贯彻工艺、遵守工艺纪律、保证稳定生产优质产品的支配地位（起支配作用的工艺因素）。操作者的工艺纪律是一项尤为重要的内容。工艺纪律对操作者有以下几个方面的要求：

1）技术等级应符合工艺文件的规定，实际技术水平与评定的技术等级相吻合，确已达到本工序对操作者的技术要求。

2）单件小批和成批轮番生产，关键和重要的工艺实行定人定机定工种；大批大量生产，全部工序实行定人定机定工种。精、大、稀设备的操作者，应经考试合格并获得设备操作证。

3）特殊工序的操作者，如锅炉、压力容器的焊工和无损检测人员等，应经过专门培训，并经考试合格，具备工艺操作证，在证书有效期内才可以从事证书规定的生产操作。

4）熟记工艺文件内容，掌握该工序所加工工件的工艺要求、装夹方法、加工工步、操作要点、切削参数、检测方法等，以及工序控制的有关要求，坚持按图样、技术标准和工艺文件操作。

5）生产前认真做好准备工作；生产中集中精力，不得擅离工作岗位，保持图样、工艺文件整洁；对加工零部件和量、检具应按定置区规定存放，防止磕碰、划伤与锈蚀；保持工作现场的整洁。

6）认真执行“三自一控”（自检、自分、自盖工号；控制自检准确率）或其他形式的自检活动，对技术文件中规定的有关时间、温度、压力、真空度、清洁度、电流、电压、材料配方等工艺参数，严格贯彻执行，并做好记录，实行质量跟踪。

5. 环境文明卫生

工艺纪律对环境文明卫生的要求主要有：

1）设备清洁，无油污、锈蚀；设备附件齐全，擦洗干净，并按定置区规定存放；设备无渗漏油或有防止渗漏油污染环境的措施。

2）工艺装备清洁，无切屑，无锈蚀，按定置区规定存放。

3）通道有标志并畅通；生产现场无油污、积水和工业垃圾等。

4）工位器具齐全适用，在制品不落地、不相撞。

5）生产现场在制品数量不超过限额，码放整齐，按定置区规定存放。

6）工具箱内外整洁。

6. 检验的正确性和及时性

工艺纪律对检验的要求：

（1）正确性　检验人员应努力做到不错检漏检，以减少不合格的在制品或成品件流入下一工序或装配。

（2）及时性　实行首检、巡检和完工检，及时发现生产中可能发生的违纪问题，保证工艺的贯彻。加工完成后的在制品，应及时检验、及时转序，避免在制品积压，影响定置管理。

(3) 不损坏在制品　防止在检验过程中损坏在制品（特别是工艺基准），以免造成废品或影响下道工序加工。

(4) 质量跟踪　要建立质量跟踪卡，做好记录；发现质量问题，能及时找到并剔除不合格品。

(5) 不合格品管理　对不合格品应及时打上标记并抽出，不准将不合格品混入合格品转序。

7. 均衡生产

不均衡生产是导致企业管理人员瞎指挥，以及工人生产用大背吃刀量，加快转数，装配粗制滥造等违纪作业的一项重要原因；同时也会造成环境卫生不合格。因而，均衡生产也是工艺纪律的一项重要内容。企业生产部门应按工艺流程，合理安排作业计划，加强生产准备和调度工作，实现均衡生产。

5.3　工艺标准化管理

5.3.1　工艺标准化的含义

工艺标准化的含义就是根据标准化的原理、规则和方法，对有关工艺方面的共同性问题进行优化、精简和统一。

工艺标准化是企业标准化的一项主要内容，是标准化原理在工艺工作中的全面应用。机械工业企业要以最短的生产周期生产出适合市场需要的高质量产品，就必须加强工艺标准化工作。

5.3.2　工艺标准化的作用

企业的工艺标准化工作实践表明，工艺标准化有利于提高企业工艺工作的科学化、规范化水平，有利于推广先进工艺技术和实现多品种生产的专业化、自动化，有利于缩短生产准备周期，提高企业的经济效益等。

5.3.3　工艺标准化的主要内容

工艺的范围广，灵活性强，各企业之间千差万别。为了更好地开展工艺标准化工作，从标准化角度出发，工艺标准化大致可分为以下几项主要内容：工艺分类和工艺术语标准；工艺符号或代号标准；工艺文件标准；工艺余量标准；工艺操作方法标准；工艺试验和检测标准；工艺材料标准；技术条件标准；工艺装备标准及工艺管理标准等。

1. 工艺分类和工艺术语标准

工艺分类和工艺术语标准是重要的工艺基础标准。工艺术语是工艺工作的语言。工艺分类标准的重要性随着成组技术的推广和计算机辅助制造（CAM）、计算机辅助工艺规程设计（CAPP）及自动化管理技术的广泛应用，也将越来越明显。

目前我国已颁布的工艺术语标准有《机械制造工艺基本术语》（GB/T 4863—2008），规定了机械制造工艺的一般术语、典型表面加工术语，冷作、钳工、装配术语及其定义；《产

品几何技术规范（GPS） 表面结构 轮廓法 术语、定义及表面结构参数》（GB/T 3505—2009），对粗糙度、波纹度和原始轮廓三种特性都给出了定义和评定参数。

2. 工艺符号或代号标准

工艺符号或代号是一种简明形象的工艺语言，在工艺文件中采用工艺符号或代号比用文字叙述更清楚、简便，尤其是在自动化管理中符号或代号就显得更为重要。工艺符号或代号的使用务必遵守有关标准的规定。

3. 工艺文件标准

工艺文件是企业用以指导生产操作，实行生产管理和经济核算等的重要依据。工艺文件标准化可以使企业的工艺文件基本做到完整、统一、先进、合理，这对加强企业的工艺管理、严肃工艺纪律、提高产品质量，都会起到重要的作用。我国在这方面做了大量的工作，已颁布了一系列相应标准。

4. 工艺余量标准

在编制工艺规程时，工艺余量大小是否合理将直接影响加工质量和成本。目前我国还没有加工工序间的加工余量标准。我国在铸、锻件加工余量方面已有一些部颁标准和专业标准。

5. 工艺操作方法标准

工艺操作方法标准就是通常所说的典型工艺和标准工艺有关标准，它是以一类或一组结构或工艺要素相似的产品或零（部）件作为对象，可以是整个工艺过程的标准化或典型化，也可以是一道或几道工序的标准化或典型化。

6. 工艺试验和检测标准

国际标准化组织（ISO）和各工业发达国家有不少工艺试验和检测标准。在原机械电子部第一批推荐采用的224项先进工艺标准中，属于工艺试验和检测方面的标准就有75项。

7. 工艺材料标准

8. 技术条件标准

工艺试验与检测、工艺材料和技术条件等方面的标准是相互关联的，有时是不可分割的。

9. 工艺装备标准

在工艺装备方面，国际标准和工业发达国家的标准都比较多。

我国在工艺装备方面已有463项国家标准，其中切削和磨削工具国家标准160项，机床夹具与辅具120项，测量工具15项、冲压模具及辅具140项，热加工工具及夹具28项；部颁标准有281项，其中切削和磨削工具56项，机床夹具与辅具130项，钳工工具37项，测量工具43项，热加工工具及夹具15项。

10. 工艺管理标准

工艺管理标准主要是指：工艺（生产技术）准备管理标准；生产工艺管理标准；工艺文件格式标准；工艺工作程序；工艺文件发放、传递、修改、保管标准以及各种工艺定额（工艺材料、辅助材料、工具消耗）等标准。近年来，随着企业各项现代化管理的进展，工艺管理的概念和方法都有较大的更新，如现场综合管理标准、定置管理等都应及时纳入工艺标准。

综上所述，企业的工艺标准化的专业内容很多，各企业应结合自身的具体情况，重点抓好以下几个方面的工艺标准：

1）工艺基础标准，如工艺术语标准，工艺符号和代号标准，工艺文件标准等。虽然有的已有国家标准（GB、GB/T）、机械行业标准（JB/T）或指导性技术文件，但各企业要根据行业和专业的特点，结合企业的实际情况将国家标准、行业标准转化为企业标准，以便进一步贯彻。

2）工艺装备标准。

3）工艺余量和有关工艺参数的企业标准。

4）各种典型工艺。由于各企业的工艺条件不同，应根据不同的条件制定本企业的典型工艺。

5）各种工艺管理标准。

5.3.4　工艺管理标准

1. 工艺管理标准的主要内容

工艺管理标准的主要内容包括：工艺管理总则；工艺管理原则和程序；生产工艺准备工作的组织和要求；工艺过程的管理；工序质量的控制与管理；工艺文件的管理；标准化资料的管理；工艺情报资料的管理；各种定额的管理；技术引进产品工艺的管理；工艺计算机应用的管理；工位器具设计与管理等。

2. 工艺管理标准的制定与管理

（1）制定工艺管理标准的基本原则　一般包括以下几个方面：

1）确定制定标准的目标（效益、速度、质量、秩序……），并要保证目标的有机统一，即确定标准化的效果。

2）有利于最大限度地调动各职能部门和人员的积极性。制定的工艺管理标准需保证有关部门都参与管理，并有合理的职责分工。

3）要明确规定达到目标任务的方法步骤。

4）要有先进性和动态要求，标准需要不断补充与修改，以保持其适应性和先进性。

5）要有严密的考核方法，标准要突出定量化、数字化。

6）要遵守编制标准的一般规定，如符合现行的方针、政策、法规、法令以及语言和格式等要求。

7）制定工艺管理标准要遵守企业标准体系的规定。

（2）工艺管理标准的构成　企业在制定管理标准时，应根据其内容，确定每个管理标准的构成，如图5-7所示。

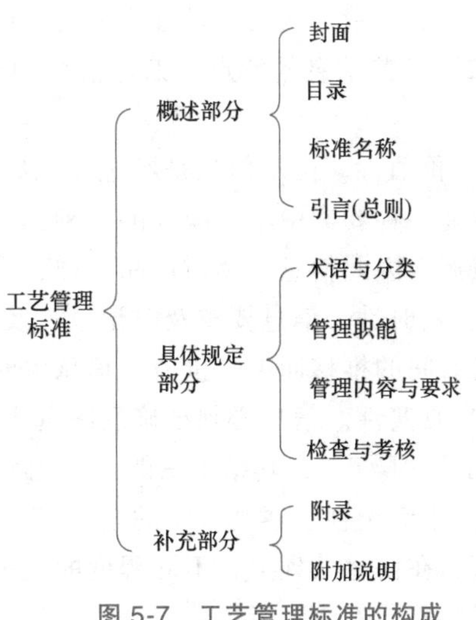

图5-7　工艺管理标准的构成

（3）制定工艺管理标准的程序　一般有以下几个阶段：

1）准备阶段。确定制定标准的负责人，编制工作计划并成立起草小组。

2）草案编写。在调查研究的基础上，编写标准草案，并同时编写标准编制说明书。

标准草案经起草单位领导或专家审查、讨论后，由各级有关人员签字。

3）征求意见。标准草案送到标准的执行部门、监督部门、有关业务部门及有关人员征求意见。

标准起草部门汇总各方面的意见，对标准草案和编制说明进行修改，完成送审稿，同时提出贯彻措施建议。至于是否召开会议来进行初步审定，可根据标准内容的繁简、重要程度来确定。

4）标准的审定与会签。一般性工艺管理标准可进行个别审定，送有关人员、部门会签；涉及面广的重大工艺管理标准应在较大范围内进行审定，形成会议纪要并由审定人员签字。

5）标准的审批。经审定通过的标准，由标准化部门进行规范化的审查，确认合格后，连同必要的附件上报审批。

一般性的工艺管理标准，由主管业务的副厂长总工程师（副总工程师）审批。涉及面广的重大工艺管理标准，由厂长审批。

6）标准的发布。标准经批准后，由标准化部门统一编号，发布实施。

（4）考核工艺管理标准　一般包括以下几个方面

1）考核标准的完整性、系统性。

2）单个标准的完善性、管理深度。

3）贯彻情况。

4）检查贯彻执行的效益、效果。

5.4　工艺信息

1. 工艺信息的定义、特点

（1）工艺信息的定义　对于一个企业来说，信息就是经过加工处理的数据、图样、指令、报表、规章制度、资料、文件等的总称。这些信息用于做出指导生产的经营管理决策的整个过程。企业生产经营管理活动中产生的信息中与工艺有关的部分称为工艺信息。工艺信息是在产品质量形成的全过程中所发生的，因而较其他信息显得更为重要。

（2）工艺信息的特点　工艺信息和当今信息时代的其他信息一样，有着共同的特点和用途。

1）价值性。由于信息是经过加工后能对整个生产和经营管理活动产生影响的数据，是整个企业各种要素中不可缺少的一种，它与企业中的人、财、物等一样是一种十分宝贵的财富和资源。因此信息和物质产品一样，具有和商品一样的价值。

2）及时性。信息要求及时记录、及时传递、及时处理、及时反馈，因为多数信息往往会随着时间的推移而失去价值，信息失时就会误事。

3）真实性。信息必须准确反映真实情况，不允许失真，因为失真的信息，将不是“信号”而是“噪声”，其结果只能是干扰系统的功能，所以说“假信息不如无信息”。

4）不完全性。客观事实的全部信息是不可能全部得到的。事实上，并非信息准备得越多越好，在信息处理上，不同程度的决策需要不同的信息，应根据主观能动作用把适当的信息提供给不同的决策者。

5）信息的可追踪性。因为对于每条信息本身的内容要相对完整，如对一个制造质量信息问题的收集，应对问题发生的时间、地点、内容、责任者、原因分析等做完整的记载，同时还要求比较完整地从生产的全过程中，去收集所需要的信息。

6）等级性。信息是分等级的，通常根据管理等级的不同而把信息分成不同的等级。

2. 工艺信息的意义和作用

对于任何一个企业来说，都离不开"三股流"，即人员流、物流、信息流。"人员流"就是人们在生产实践中有组织、有目的、有规则的整个活动过程；"物流"就是把原料变成产品的全过程；"信息流"就是对企业经营、生产活动的内容与问题或应用数据进行加工、转换、处理。三者缺一不可，其中任一流通过程发生堵塞、中断都将造成生产实践活动的破坏和停顿。信息在实践活动中起着重要作用，各种信息凭证记录着人员流、物流在经营生产活动过程的状况与结果，调节着人员流和物流的流向、速度、数量，保证目标正常实现，它充分反映出人和物有目的、有规则活动的有效性，管理体系运转职能的发挥和作用。

企业的管理活动实质上就是信息的流动。企业中人、财、物等资源都是通过信息流动来实现管理的，而管理活动的职能则是计划、组织和调节。所谓调节，其实就是信息的反馈与控制作用。总的来说，信息管理在企业的生产和经营活动中可以起到以下几个方面的作用：

（1）决策作用　在现代管理中，由于客观情况变化快，竞争激烈，如果企业管理人员不能根据不断出现的最新信息做出决策，制定相应的方针、目标和措施，必将使企业遭到损失。建立信息管理系统，进行系统管理，就可以为企业管理人员提供在数量、精度、时间上全面符合要求的信息，从而做出正确、适时的决策。因此决策依靠信息，准确的、完整的、及时的信息是正确决策的基础和保障。

（2）反馈控制作用　企业各部门在执行方针、计划的过程中，由于内外干扰因素的影响，总会出现偏差。因此，必须通过一定途径来收集反映各部门活动的信息，将这些信息加工转换后与目标计划等对比，并把有关偏差的信息反馈到决策层，进而形成相应的调节指令，这样才能控制各部门的工作按预计要求进行，达到调节控制的目的。

（3）存档备查作用　反映管理循环结果的信息或在较长时间内不变的固定信息，如工艺标准、质量检验等都是企业的宝贵财富，可以分类存档，供以后备查或工作参考。

3. 工艺信息的分类

工艺信息应当按照企业工艺工作内容及过程进行分类。机械工业企业的工艺工作过程是工艺人员以产品设计信息、有关标准和守则为依据，根据企业的现实条件和可能发展的条件，运用自己的专业知识进行产品制造过程的设计和选择，决定工艺方案、工艺路线、工艺规程等，保证将原材料加工制造成产品。根据这一过程对工艺信息的产生、发展和变化进行分析。工艺信息包括：产品设计信息，企业工程能力信息和工艺专业信息，产品工艺信息（如工艺方案、工艺路线、工艺规程等）。这些工艺信息控制产品的制造过程，而制造过程中的经验，又将反馈到工艺人员的专业知识和工艺文件中去，从而变更企业的现实条件，这样形成了一个信息发生、发展及变化的过程。

（1）产品设计信息　产品设计信息包括产品的功能、结构，以及产品零件的功能、几何形状、尺寸、精度、材料、热处理等，零件的信息结构如图 5-8 所示。

（2）企业工程能力和工艺专业信息　企业工程能力信息包括企业的生产组织、生产类型、总体布置、外协情况以及每个车间的平面布置、设备配置、每台设备的性能规格等；工

艺专业信息包括工艺情报，铸造、锻造、铆焊等毛坯制造规范，加工和装配的工艺规范，以及热处理规范和工艺试验，新工艺、新技术信息等。

（3）产品工艺信息　产品工艺信息包括：

1）工艺方案。产品制造工艺的总方案。

2）工艺路线。产品、零件从原材料到成品的制造流程。

3）工艺规程。产品、零件制造的技术规定，由加工工序、工步、工序顺序、设备、工艺装备以及工序间余量、切削用量、加工、装夹、测量、运输、存放中的工艺要求等组成。

4）工艺装备设计。它包括工艺装备设计要求，图样及技术资料。

5）材料定额。

6）工时定额。

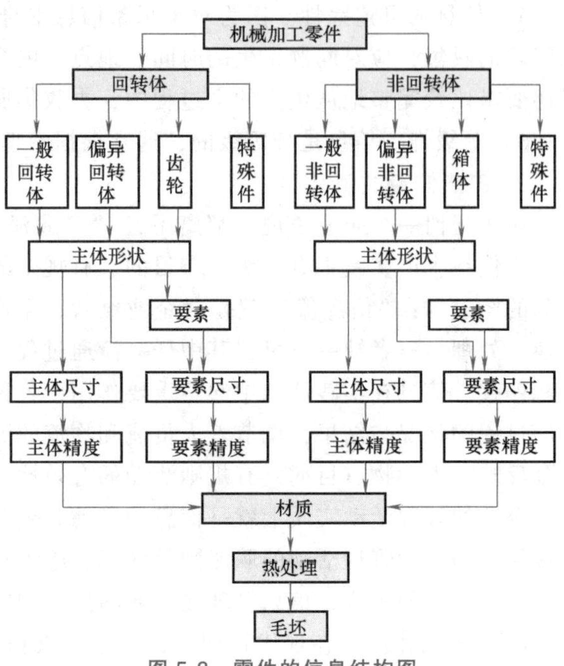

图 5-8　零件的信息结构图

工艺信息根据其作用不同，也可以分为原始信息、控制信息及目标信息；根据其性质又分为日常信息和突发信息，或分为指令信息和动态信息。

4. 工艺情报

工艺情报是工艺信息的重要组成部分。工艺情报大体包括下列内容：

（1）工艺水平情报　工艺水平情报包括工艺技术水平情报和工艺管理水平情报。工艺技术水平情报又包括工艺装备水平和工艺方法情报。“工艺装备”即设备、工夹模具、辅具、刃具、检测仪器、仪表；“方法”主要指工艺人员的素质，对新工艺、新材料的掌握应用情况，以及对最佳工艺参数的采用程度。工艺管理水平情报应包括工厂工艺流程合理的合理性，有健全统一和有效的工艺管理体系、制度和标准，贯彻执行企业工艺管理办法和严格工艺纪律的规定，达到“三性”（企业的技术文件要达到正确性、完整性、统一性）、“三按”（生产人员要坚持按技术标准、按设计图样、按工艺文件进行生产）和“三定”（生产工人实行定人、定机、定工种）的方法，工艺纪律状况，企业领导工艺质量意识，生产过程中质量控制，现场管理，文明生产，均衡生产，工艺人员的积极性发挥等。

（2）工艺技术开发情报　工艺技术开发情报也称为工艺经济情报，指本行业以外的情报以及经济领域（如销售、行情等）信息。在机械制造行业这个大体系中，铸造、锻造、机械加工、冲压、热处理、电镀等工艺技术，也有很多可以借鉴和应用的情报。当然，机床、油料、非金属等行业的发展和行情，更是应该掌握的。

上述内容的情报，多从下面几个方面得到：①国内外报纸、杂志和年鉴；②国内外产品样本、广告以及有关资料；③学术活动、新产品鉴定会、技术展览会和科技进步评奖活动等；④政府报告、行业文件、专利刊物；⑤国内外技术资料的交换；⑥国内外参观、考察获得的资料以及由出访人员写出有关总结报告。据不完全统计，每年世界公开发表的论文就有400万篇，重要期刊也有5万种，这些都是情报的重要来源。

工艺情报，有的是通过搜集、加工、储存、传递国内外已有的有关工艺方面的新技术和管理方法；有的是针对一个课题或工艺人员遇到的难题，收集有关资料；有的是情报工作者通过掌握的情报，建议开展并参与有关科研工作中形成的科研情报。

5.5　工艺发展规划

工艺发展规划是企业技术发展规划的重要组成部分。它是企业工艺部门以工艺开发和加速工艺技术发展为前提，以贯彻工艺标准、提高产品质量、发展产品品种、增加产品产量、提高劳动生产率、节约能源、降低消耗、改善劳动条件为目标，对解决生产技术关键、调整工艺路线和更新改造工艺装备所采取的工艺技术措施和工艺组织措施，以及研究、开发、引进、采用和推广新工艺、新材料、新装备、新技术有关工艺等活动做出的全面的、长期的行动目标和计划。

工艺发展规划应保证在坚持科学技术进步的前提下，把科学技术成果应用于工艺工作的各个环节，用先进技术代替落后的技术，用先进的工艺和装备代替落后的工艺和装备，走以内涵为主的发展道路，达到工艺上水平的目的。

企业工艺发展规划的作用就是从工艺工作的角度出发，有计划、有步骤地通过提高企业的工艺素质来增强企业的技术素质，达到提高企业素质的目的。为了达到这一目的，就要围绕企业上品种、上质量、上水平、上成套，提高经济效益、提高服务质量等方面的目标，针对企业发展生产的客观条件以及企业的人员素质水平、技术素质水平和管理素质水平的不断变化，并考虑到企业在不同时期、不同阶段的要求，提出每一个时期或每一个阶段的工艺技术主攻方向，提出规划性发展决策，使企业得到不断的进步和发展。因此，工艺发展规划同企业的发展是息息相关的。

工艺发展规划的主要功能包括：

1）能够统筹安排企业的工艺技术开发活动，保证企业工艺技术的进步，进而保证企业总体科技发展规划的全面实现。

2）使企业内部各个生产环节的工艺活动（包括机器设备、工艺装备等硬技术素质和生产、加工新产品的工作质量、能力等软技术素质）和各项工艺管理顺利进行，保证企业工艺活动处于最佳受控状态。

3）保证充分挖掘及合理利用企业的人力、物力和财力，使企业的生产达到低成本、低消耗，进而取得生产的高质量、高效益，以保证企业的生产取得好的经济效益。

1. 工艺发展规划的类型

按规划期限的长短，工艺发展规划可以分为：长远规划（长期规划）、中期规划和近期规划（短期规划）三种。

长远规划是在较长时期内对发展工艺工作的一种远景设想，是工艺工作发展的综合纲要。工艺发展的长远规划一般包括行业基础技术、机械工业工艺上水平的目标（为使产品达到某种水平），工艺技术必须相应提高的目标以及提高机械工业自身装备水平的目标等。

中期规划是根据长远规划来确定的，是在一定时期内发展工艺技术的基本方向。中期规

划的期限一般为3~5年，但仍然是一种粗线条的计划。

近期规划是根据中期规划和近期工艺发展的具体要求制订的，它是中期规划的进一步具体化，可以说是一种比较具体的工艺工作计划。近期规划的期限一般为1~3年。近期规划还要通过年度计划把各项具体任务落实到相应的年度。

按时间划分来编制工艺发展规划，其特点是具有连续性和继承性，可以由粗而细，由预测性的思想、想法、打算到实施性的战略、目标、政策，再到指标性的具体项目，乃至逐项的实施计划。在长远规划、中期规划、近期规划和年度计划之间各有重点，又互相衔接，形成了一个完整的体系。

企业规划要根据行业规划和地区规划的目标和要求，结合本企业的发展方向和特点，为提高本企业的工艺水平而制订。企业规划除考虑企业的技术发展方向外，还要考虑一定时期内要达到的发展目标、具体的项目、投资额、技术力量、经济效果及具体负责单位和人员等。

企业规划一般包括以下几方面：

1）产品发展及产品生产能力对工艺工作的要求。

2）本企业的工艺薄弱环节分析。

3）确定工艺发展项目及项目完成后与国内外主要技术经济指标的差距分析。

4）节能、减少环境污染、降低消耗及改善劳动条件的措施。

5）专业化协作的安排落实。

6）项目资金的估计与来源。

7）初步的技术经济分析。

企业是产品的直接生产者，为了提高自身的产品竞争能力，就要针对生产的实际情况，分批分期地按实际能力制订一些按所解决问题细分的工艺规划。常见的有以下几种：

1）为解决由于生产过程中工艺流程的更改和改进，使工艺流程更加科学合理而制定的工艺路线调整规划。

2）为提高产品质量而制定的产品质量升级规划。

3）为解决产品关键零件加工和为重点的产品关键零件技术攻关而制定的规划。

4）为提高劳动生产率和经济效益而不断采用新技术、新工艺、新材料和新设备的“四新”发展规划。

5）为配合企业采用国际标准而拟定采取的测试、试验和工艺等措施的工艺规划。

6）为解决近期企业在生产中所暴露的薄弱环节，如生产能力、关键零件质量、专业缺口等所制定的技术规划。

7）为提高企业工艺素质，加速工艺技术发展，全面提高企业工艺水平而制定的工艺技术发展规划。

2. 工艺发展规划的主要内容

不同的工艺发展规划，由于它们的目标和所解决的问题不同，规划的内容各有差异。制定工艺发展规划作为一项完整的技术工作，涉及的面较广，还有一定的审批程序，为了有利于工艺发展规划纳入总体科技发展规划或技术改造规划，以及有利于汇总和上报的统一，在编制工艺发展规划时，应该包括以下一些有关的内容。

（1）规划的必要性说明　首先要说明当前的现状及存在的问题对当前机械制造工艺技

术水平的影响程度。要就总体水平、单项水平进行全面、科学的评价，准确找出最薄弱环节。要注意综合考虑多方面的因素，如工艺方法、工艺装备、工艺材料、自动化控制技术、检测技术等，要考虑技术的成套性，要强调解决生产实际问题的观点。对提出的问题要找出国内外对比的差距。所写的说明要使人一看就能了解症结的所在，程度的大小。

（2）规划的目标　工艺发展规划要强调整个机械电子工业的战略目标，包括行业发展的战略目标、地区发展的战略目标以及企业发展的战略目标；特别要注意企业在本行业内能左右形势，举足轻重，在国际上有竞争能力的战略目标。在工艺技术的发展目标上，要强调“打基础、上水平、重应用”的观点；要强调工艺方法、工艺装备、工艺材料三者的成套协调发展；要改造量大面广的常规工艺，使常规工艺基本实现现代化、机械化、自动化；要建立完善的工艺管理和工艺技术标准体系，全面提高整个行业的技术、经济效益水平；要提高毛坯和零件的精化、强化程度，降低材耗、能耗指标；要注意提高劳动生产率和工艺专业化程度；要结合国外工艺技术发展趋势，安排一定力量，使一些最新技术及时起步，使某些新技术能够与工业发达的国家同步发展，同步用于生产。

（3）技术依据　技术依据包括新手段的来源、特点。要分析企业现有技术水平对新手段的适应性和可行性，还应说明这些手段是否会给某些生产和辅助部门带来不利的影响，如果有影响又应采取什么措施加以消除。

（4）具体的规划内容　即为提高产品质量、产量，发展新产品的工艺措施方案。

（5）资金的来源情况　资金的来源情况包括拨款数、贷款数及自筹款数和还款的具体安排。

（6）实施的主要措施和进度　这是规划的核心部分，包括采取的生产组织方式、施工方法和新技术等。

（7）经济效益分析　经济效益分析包括工艺发展规划实现后产生的技术效果和经济效果以及给企业带来的影响。

（8）明确项目负责人　要明确项目的总负责人、分项工程负责人或技术负责人以及财务负责人。

（9）其他有关的内容　其他有关的内容包括减少污染、环境保护、能力核算、设备及人员配备、土建的申请和批准、工艺平面布置等有关说明。

第6章

数控加工与智能制造技术

6.1 数控加工概述

6.1.1 数控加工的基本概念及加工原理

数控是用数字化信号对机床的运动及其加工过程进行控制的一种方法。数控加工是根据零件图样及工艺要求等设计资料，结合数字控制的特点，编制零件数控加工程序，再将编制好的程序输入到数控系统，从而控制数控机床中刀具和工件的相对运动，实现对零件的自动加工。

数控机床是利用数控技术，按照事先编制好的程序实现动作的机床。在数控机床上，传统加工过程中的人工控制的加工步骤被程序指令的自动加工过程所代替。数控加工过程可分为以下几个步骤：

1）用数字化方法将被加工零件的几何信息（加工图样或设计图样）和工艺信息（包括所用刀具及换刀动作、刀具与工件之间的相对运动轨迹、主轴转速、背吃刀量、切削液的开关等）来描述。

2）按规定的格式和代码（不同的数控系统可能不同，需参照编程手册）编制数控程序，并将编制好的程序利用输入装置（如键盘、U盘等）输入到数控系统。

3）数控系统对加工程序进行一系列的处理后发出指令驱动机床运动，实现零件的自动加工。

6.1.2 数控加工的系统组成

如图6-1所示，数控机床由以下几个部分组成。

1. 输入装置

数控程序是数控机床自动加工零件的工作指令。在对加工零件进行工艺分析的基础上确定零件坐标系在机床坐标系上的相对位置，即零件在机床上的安装位置；刀具与零件相对运动的尺寸参数；零件加工的工艺路线或加工顺序；主运动的启、停、换向、变速；进给运动的速度、位移大小等工艺参数，以及辅助装置的动作。这样得到零件的所有运动、尺寸、工艺参数等加工信息，然后用标准的由文字、数字和符号组成的数控代码，按规定的方法和格式，编制零件加工的数控程序。编好的数控程序通过输入装置传送并存入数控装置内。简单

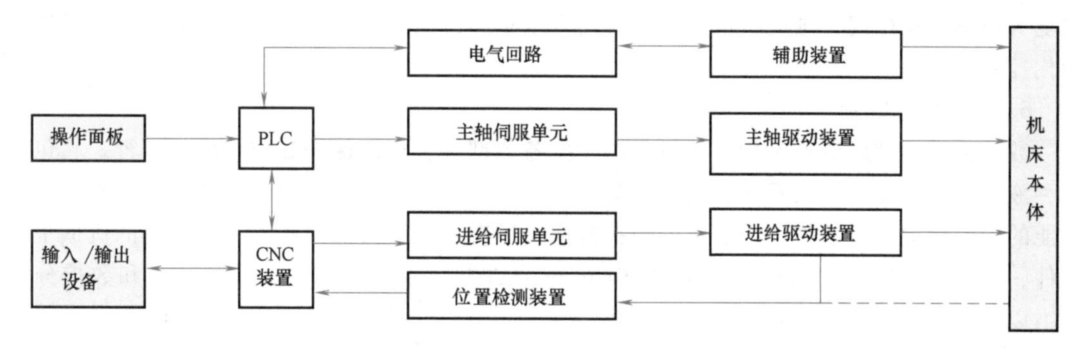

图 6-1 数控机床的基本组成

PLC—可编程逻辑控制器 CNC—计算机数控

零件的程序编制工作通常由人工进行，将数控程序单的内容通过数控装置上的键盘，用手工方式（MDI 方式）输入；复杂零件的程序编制由 CAM 软件完成，并将程序代码通过通信接口传输到数控装置。

2. 计算机数控装置

计算机数控（Computerized Numerical Control，CNC）装置是数控机床的核心。它接受输入装置送来的加工程序，经过系统软件或逻辑电路进行编译、运算和逻辑处理后，输出各种信号和指令控制机床的各个部分，进行规定的、有序的动作。这些控制信号中最基本的信号是经插补运算决定的各坐标轴（即做进给运动的各执行部件）的进给速度、进给方向和位移量指令，送给伺服驱动系统驱动执行部件做进给运动的指令。

现代 CNC 装置还带有内置型可编程机床控制器（Programmable Machine Controller，PMC）。其主要作用是接收数控装置输出的主运动部件的变速、换向和启停信号；选择要交换刀具的刀具指令信号；控制冷却、润滑的启停。工件和机床部件松开、夹紧，分度工作台转位等辅助指令信号等，经必要的编译、逻辑判断、功率放大后直接驱动相应的电器、液压、气动和机械部件，以完成指令所规定的动作。此外还有开关信号经它送数控装置进行处理。概括地说，CNC 的主要功能是轨迹控制，而 PMC 的主要功能是动作顺序控制。

3. 伺服驱动系统及位置检测装置

伺服驱动系统由伺服驱动电路和伺服驱动装置组成，并与机床上的执行部件和机械传动部件组成数控机床的进给系统。它根据数控装置发来的速度和位移指令控制执行部件的进给速度、方向和位移。每个做进给运动的执行部件，都配有一套伺服驱动系统。伺服驱动系统有开环、半闭环和闭环之分。开环控制系统不需要位置检测和反馈，常用的执行部件有步进电动机、电液脉冲电动机和电气直线脉冲电动机等。在半闭环和闭环伺服驱动系统中，还得使用位置检测装置，间接或直接测量执行部件的实际进给位移，与指令位移进行比较，按闭环原理将其误差转换放大后控制执行部件的进给运动。常用的执行部件有直流伺服电动机、交流伺服电动机、电液脉冲电动机和直线伺服电动机等。常用的位置检测元件有旋转变压器、脉冲编码器、感应同步器、光栅和磁尺等。

4. 数控机床的机械部件

数控机床的机械部件包括：主运动部件，进给运动执行部件（工作台、溜板箱）及其传动部件和床身立柱等支承部件，数控机床机械部件的组成与普通机床相似，但传动结构要求更为简单，在精度、刚度、抗振性等方面要求更高，而且其传动和变速系统要便于实现自动化控制。

5. 数控机床的辅助装置

数控机床的辅助装置是指数控机床必须配备的部件，用以保证数控机床的运行。它包括各种液压和气动元件及其系统，具有冷却、排屑、防护、润滑、转位、夹紧、照明和储运等功能的辅助装置。对于加工中心类的数控机床，还有存放刀具的刀库，交换刀具的机械手等部件，自动换刀装置（Automatic Tools Changer，ATC)，交换工作台，数控转台和数控分度头，以及刀具及监控检测装置等。

6.1.3 数控机床的分类

数控机床的种类很多，分类方法不一，按所用进给伺服系统的不同可分为以下三类。

1. 开环数控机床

开环数控机床采用开环进给伺服系统，如图 6-2 所示。数控装置根据所要求的进给速度和进给位移，输出一定频率和数量的进给指令脉冲，经驱动电路放大后，每一个进给脉冲驱动功率步进电动机旋转一个步距角，再经减速齿轮、丝杠螺母副，转换成工作台的一个当量直线位移。对于圆周进给，一般都是通过减速齿轮、蜗杆副带动转台进给一个当量角位移。开环数控机床不需要位置检测元件，结构简单、成本低，多用于经济型数控机床及普通机床的数控改造。

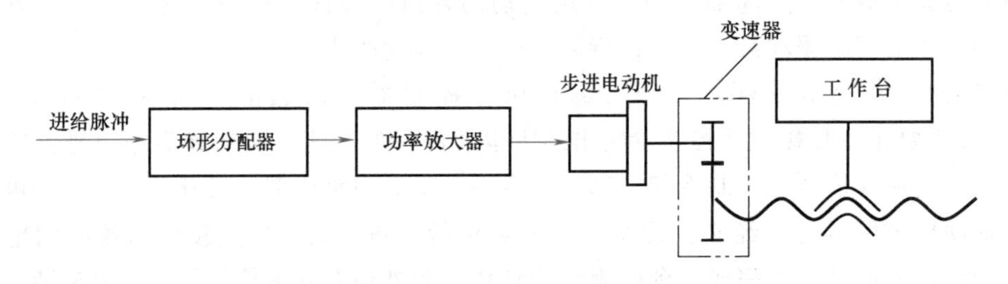

图 6-2　开环进给伺服系统

2. 半闭环数控机床

如果将位置检测装置安装在驱动电动机的端部，或安装在传动丝杠端部，间接测量执行部件的实际位置或位移，由于工作台没有完全包括在控制回路内，带动工作台移动的滚珠丝杠误差不能补偿，因而称这种系统为半闭环进给系统，如图 6-3 所示。半闭环伺服系统的精度取决于测量元件和机床传动链两者的精度，它的位移精度比闭环系统的低，比开环系统的高，但调试却比闭环容易，成本也比闭环低，所以现在大多数数控机床都广泛采用这种半闭环进给伺服系统。

3. 闭环数控机床

闭环数控机床的进给伺服系统是按闭环原理工作的。图 6-4 所示为典型的闭环进给系统。数控装置将位移指令与位置检测装置测得的实际位置反馈信号，随时进行比较，根据其差值与指令进给速度的要求，按一定的规律进行转换后，得到进给伺服系统的速度指令。另一方面还利用和伺服驱动电动机同轴刚性连接的测速元器件，随时实测驱动电动机的转速，得到速度反馈信号，将它与速度指令信号相比较，以其比较的结果即速度误差信号，对驱动

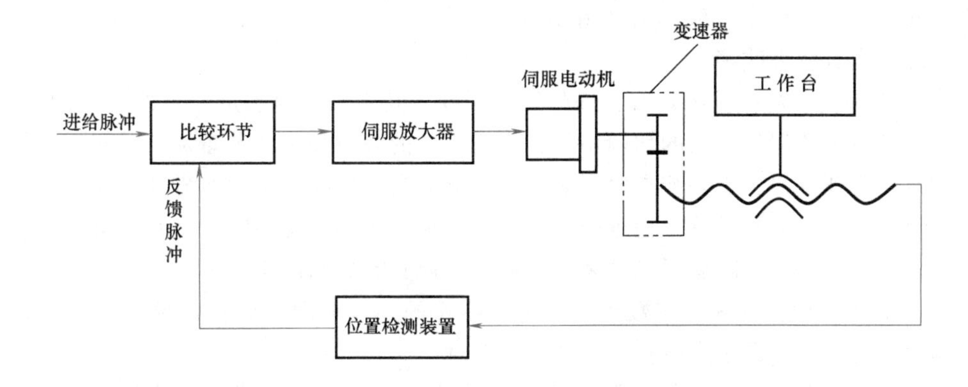

图 6-3　半闭环进给伺服系统

电动机的转速随时进行校正。利用上述的位置控制和速度控制的两个回路，可以获得比开环进给系统精度更高、速度更快、驱动功率更大的特性指标。如图 6-4 所示，闭环进给系统的位置检测装置安装在进给系统末端的执行部件上，实测它的位置或位移量。例如，MAHO800 系列数控镗铣床为采用闭环数控机床。

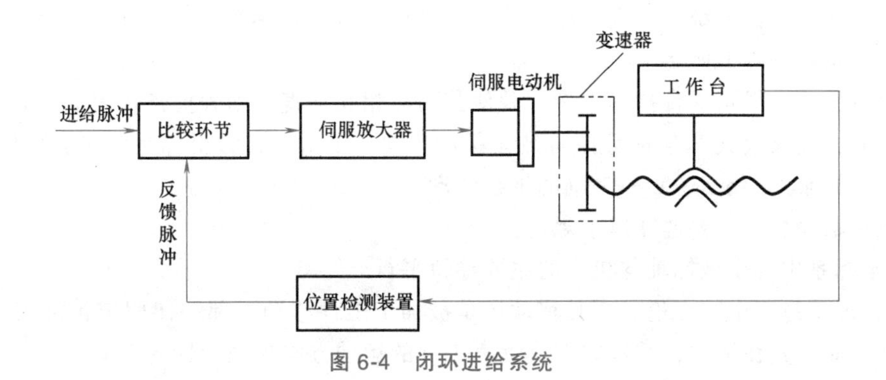

图 6-4　闭环进给系统

6.1.4　数控加工的特点

数控加工有如下特点：

（1）加工精度高，加工重复性好　目前，数控机床的脉冲当量达到 0.001mm，且进给传动的反向间隙及丝杠螺距制造误差等可由数控系统进行补偿，按数字化指令进行加工的数控机床的加工精度由过去的±0.01mm 提高到±0.001mm。此外，数控机床的传动系统和机床结构都具有较高的刚性和热稳定性，同时数控机床的加工方式又避免了人为主观干扰因素，同一批零件具有良好的尺寸一致性。

（2）具有较高的加工柔性　在数控机床上更换加工零件时，只需要重新编写、更换或修改现有程序就能实现对新零件的加工，为结构复杂的单件加工、小批量生产和新产品试制提高了方便。

（3）自动化程度高，劳动强度低　数控机床是按预先编好的程序自动对零件进行加工，操作者除了操作键盘、装卸工件、检测关键工序外，不需要进行其他手工劳动，劳动强度大

大减轻。同时，数控机床一般具有较好的安全保护、自动排屑、自动冷却和自动润滑等装置，工作环境也有较大改善。

（4）生产率高　数控机床具有良好的结构刚性，其主轴转速和进给量的变化范围也大，在不同的工序可以选用最有利的切削用量，实现工件的高效加工，节省加工时间。此外，数控机床的空行程速度快，工件装夹时间短，刀具能够自动更换，从而节省辅助时间；数控机床加工质量稳定，一般只做首件检查或中间抽检，缩短了停车检验时间；数控机床还可实现一次装夹多道工序加工，减少了工件装夹次数，因此具有较高的生产率。

（5）有利于现代化管理　在数控机床上，零件的加工时间可较精确地估算，这有助于精确编制生产进度表，便于进行现代化的生产管理。

（6）可进一步发展成更高级的制造系统　数控机床是实现计算机辅助制造系统、柔性制造系统、柔性制造单元和计算机集成制造系统的基础和重要的组成部分。

6.1.5　数控机床的坐标系

数控机床的动作是由数控装置来控制的，为了确定机床上的成形运动和辅助运动而建立的坐标系称为数控机床的坐标系。

1. 坐标轴的命名

数控机床的坐标系统一规定采用右手直角坐标系进行坐标轴命名。坐标系中 X、Y 和 Z 轴的相互关系如图 6-5 所示。

伸出右手的大拇指、食指和中指，并使其两两相互垂直，则大拇指代表 X 坐标且指向 X 坐标的正向，食指代表 Y 坐标且指向 Y 坐标的正向，中指代表 Z 坐标且指向 Z 坐标的正向。A、B 和 C 分别表示绕 X、Y 和 Z 轴的轴线转动。

在坐标轴命名时，要遵守以下规定：

1）坐标系中各个坐标轴与机床的主要导轨平行。

2）在加工过程中，无论是刀具移动还是被加工工件移动，都一律假定被加工工件相对静止不动，而刀具在运动，并规定刀具远离工件的运动方向为坐标轴的正向。

3）机床主轴旋转运动的正方向用右手螺旋定则确定。

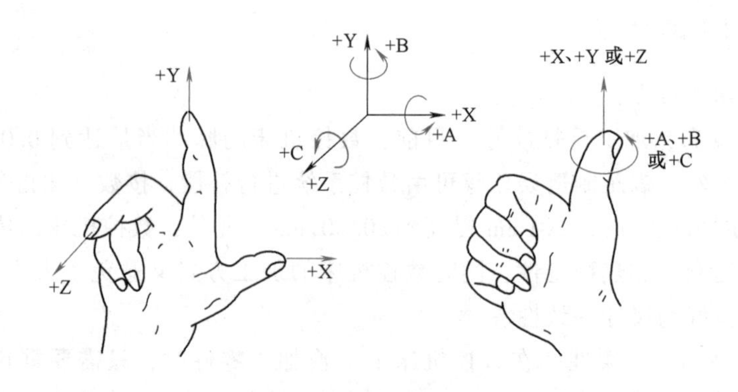

图 6-5　右手直角坐标系

2. 机床坐标系的确定

确定机床坐标系时，一般先确定 Z 轴，再确定 X 轴和 Y 轴。

（1）确定Z轴　一般选取产生切削力的轴线作为Z轴。对于有主轴的机床，都以机床主轴轴线作为Z轴；对于没有主轴的机床，都以垂直于装夹面的轴线作为Z轴；且规定刀具远离工件的方向为Z轴的正方向。

（2）确定X轴　X轴位于与工件装夹面相平行的水平面内。确定X轴的方向时，考虑两种情况：第一种情况是工件旋转类机床（如车床），X轴为径向，与横导轨平行，刀具远离工件的方向为正向；第二种情况是刀具旋转类机床（如铣床、钻床），如果Z轴是水平的，则从刀具（主轴）向工件看，X轴的正向指向右边，如果Z轴是垂直的，则从刀具（主轴）向立柱看，X轴的正向指向右边。

（3）确定Y轴　在确定X和Z坐标轴方向后，用右手直角坐标系来确定Y坐标的方向。

3. 机床坐标系的类型

数控机床的坐标系分为机床坐标系和工件坐标系。

（1）机床坐标系　以机床原点为坐标原点建立起来的坐标系称为机床坐标系，机床坐标系是机床固有的坐标系，是在机床出厂前已经调整好的，不允许用户随意变动。机床原点是机床上的一个固定点，也称为机床零点，在机床装配、调试时就已经确定下来，是数控机床进行加工运动的基准参考点。

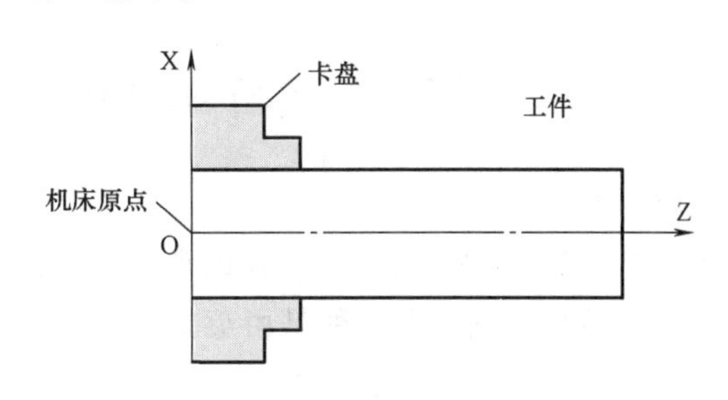

图6-6　数控车床的机床坐标系

不同时期或不同厂家生产的数控机床的机床原点也不完全相同。如图6-6所示，在数控车床上，机床原点一般取在卡盘后端面与主轴轴线的交点处。如图6-7所示，在数控铣床上，主要有两种不同的机床原点形式，多数情况下机床原点取在X、Y、Z坐标的正向的极限位置上。

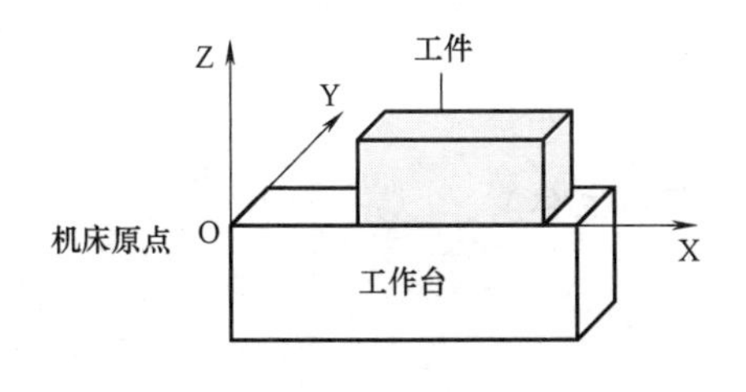

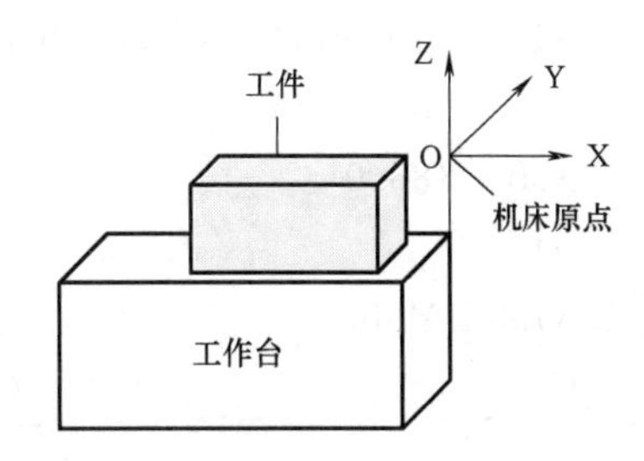

图6-7　数控铣床的两种机床坐标系

（2）工件坐标系　编程时，为了编程方便，需要在零件图样上选定一个适当的基准点，并以这个基准点作为坐标系的原点，建立一个新的坐标系，这个新建立的坐标系称为工件坐标系，如图6-8所示。工件坐标系的原点，称为工件原点，工件原点是人为设定的，不同的工件可以选择不同的工件原点，设定的依据是既要符合图样尺寸的标注习惯，又要便于加工编程。

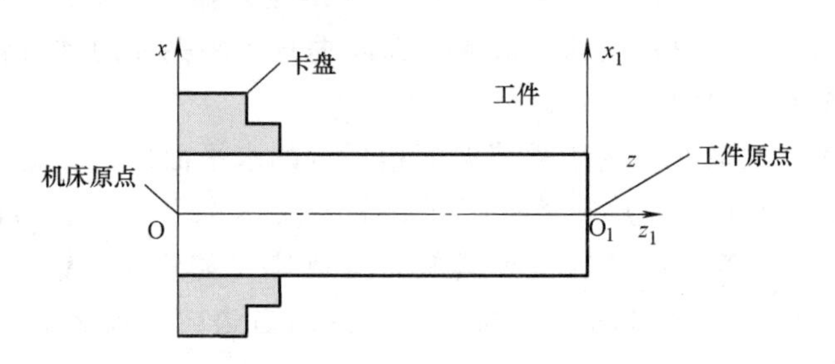

图 6-8　数控车床的工件原点和工件坐标系

6.1.6　程序结构

1. 程序开始符、结束符

程序开始符、结束符是同一个字符，ISO 代码中是%，EIA 代码中是 EP，书写时要单列一段。

2. 程序名

程序名也称程序号，FANUC 数控车床系统的程序名有两种形式：一种是由英文字母 O 和 1~4 位正整数组成；另一种是由英文字母开始，字母和数字混合组成的。程序名要求单列一段。

3. 程序主体

程序主体是由若干个程序段组成的，每个程序段一般占一行。

4. 程序结束指令

程序结束指令可以用 M02 或 M30 表示，一般要求单列一段。

加工程序的一般格式如下：

```
    %                                     (程序开始符)
    O110                                  (程序名)
N10  G00  G54  X55.0  Y35.0  M03  S3000 ┐
N20  G01  X75.0  Y30.0  F500  T03  M08  │
N30  X80.0                              │
⋮                                       ├ (程序主体)
N150  M30                               │
%                        (程序结束符)   ┘
```

6.2　数控机床的机械结构

由于数控机床采用伺服电动机、步进电动机或变频器，应用数字技术实现对机床执行部件动作顺序和运动位移的控制，其机械结构也大为简化。数控机床的加工精度要求高，要求机械系统必须有高的传动刚度和尽可能小的传动间隙。为了提高生产率，满足高速重载工况时的加工要求，要求数控机床的驱动功率更大，机械结构动、静、热态刚度更好，工作更可靠，实现长时间连续运行和尽可能少的停机时间。数控机床的机械结构的特点有：精度高、动静态刚度好、热稳定性好、自动化程度高、操作方便、工作可靠。

6.2.1 数控机床的机械结构构成

典型数控机床的机械结构主要由支承件、主传动系统、进给传动系统、回转工作台、自动换刀装置及其他机械功能部件等组成。

1. 支承件

支承件通常是指床身、立柱、横梁、工作台、底座等结构件，由于这些件尺寸较大，俗称大件，构成了机床的基本框架。其他部件附着在支承件上，有的部件还需沿着支承件运动。由于支承件起着支承和导向的作用，因而支承件应当刚度好、抗振性高。

2. 主传动系统

主传动系统将动力传递给主轴，保证系统具有切削所需要的转矩和转速。数控机床的主传动系统通常采用大功率的变速电动机，因而主传动链较传统的机床短，不需要复杂的变速机构。由于自动换刀的需要，具有自动换刀功能的数控机床主轴在内孔中需有刀具自动松开和夹紧装置。

3. 进给传动系统

进给驱动机械结构直接接收计算机发出的控制指令，实现直线或旋转运动的进给和定位，对机床的加工精度影响最明显。因此，进给传动系统应能根据控制指令要求，稳定地达到需要的加工速度和位置精度，并尽可能小地出现振荡和超调现象。

4. 回转工作台

回转工作台分为两种类型，即数控转台和分度转台。数控转台在加工过程中参与切削，相当于进给运动的坐标轴，因而对它的要求和进给传动系统的要求是一样的。分度转台只完成分度运动，主要要求是分度精度指标和在切削力作用下保持位置不变的能力。例如，转塔刀架，在原理和结构上和分度转台类似。

5. 自动换刀装置

自动换刀装置可以在一次装夹后，尽可能多地完成同一工件不同部位的加工要求。对自动换刀装置的基本要求是结构简单，工作可靠。

6. 其他机械功能部件

其他机械功能部件主要指润滑、冷却、排屑和监控机构。由于数控机床是生产率极高并可以长时间实现自动化加工的机床，因而润滑、冷却、排屑问题比传统机床更为突出。

6.2.2 数控机床的支承件

1. 支承件的结构

支承件结构设计的关键是提高结构刚度和结构阻尼。图 6-9 所示为立式镗铣加工中心的机床主体结构。底座和立柱为闭式箱体结构，滑动导轨与基体做成一体，两者对改善结构刚度都有益。图 6-10 所示为 XK-716 型立式铣削加工中心（图 6-10a）和 STAMAMCI18

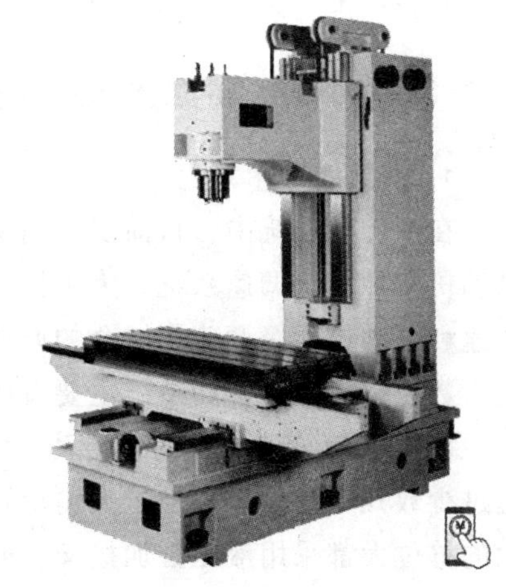

图 6-9 立式镗铣加工中心的机床主体结构

型立式镗铣加工中心（图 6-10b）所采用的闭式箱体截面结构，由于在封闭的箱体内又采用了交叉筋板，从而使结构的静态刚度有进一步的提高。图 6-11 所示为日本森精机 SL 系列数控车床床身采用的闭式箱体截面的实例。济南第一机床厂 MS520、MS630 数控车床的床身结构与之类似。另外，在有些数控车床的床身结构中，由于保留了床身铸件内的泥芯和采用整体混凝土基座，增加了结构阻尼，系统的抗振能力得到提高。

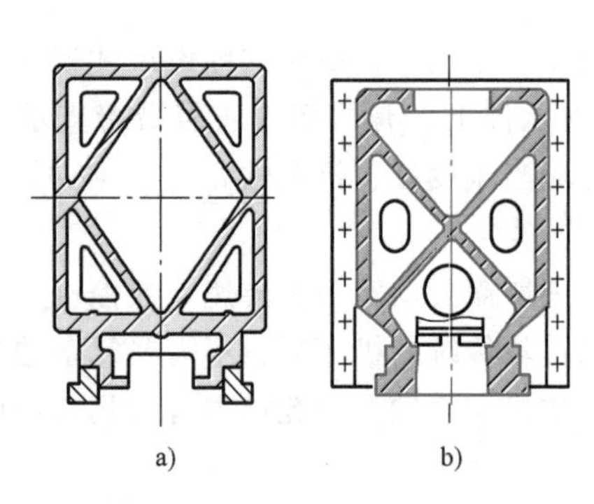

图 6-10　闭式箱体截面的实例

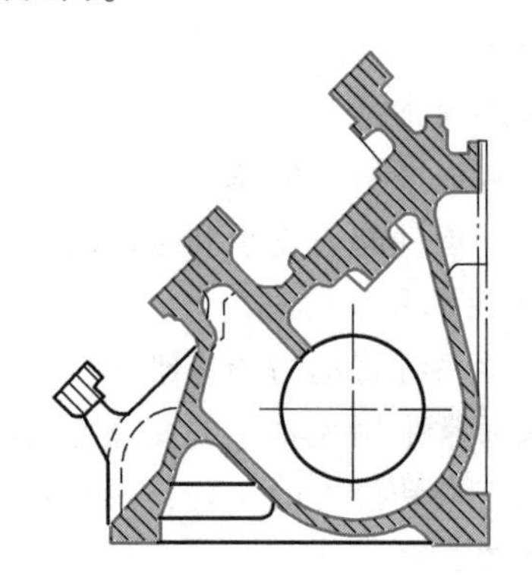

图 6-11　日本森精机 SL 系列数控车床床身

2. 支承件的材料及时效处理

支承件的材料主要为铸铁和钢，若导轨与支承件做成一体时，材料主要根据导轨要求确定。当导轨需要淬硬时，铸铁一般选 HT200、HT300；钢可选 ZG310-570。如果导轨是镶上去的，则一般可选 HT150。当采用滑动导轨时，对支承件的材料的要求较高；当采用静压导轨时，对支承件的材料要求稍低。

钢材的强度比铸铁高，弹性模量约为铸铁的 1.5~2 倍。用钢材焊接成的支承件，质量可减小 20%~50%，焊接件不需要制造木模和浇注，生产周期短且不易出废品。

支承件在铸造及焊接后因冷却收缩而产生内应力，且很不均匀。机床制造成后由于内应力的重新分布和逐渐消失，使支承件产生变形，降低机床的精度。因此，必须进行时效处理，时效处理方法有三种，即自然时效、人工时效和振动时效。

6.2.3　数控机床的主传动系统

1. 主轴的调速方式

在主传动系统中，目前多采用交流伺服电动机、直流伺服电动机和变频调速的主轴专用电动机三种无级调速系统。为了扩大调速范围，适用低速大转矩的要求，也经常用齿轮有级调速和电动机无级调速相结合的调速方式。

数控机床的主传动系统主要有四种配置方式，如图 6-12 所示。

（1）带有变速齿轮的主传动　大、中型数控机床采用这种变速方式。如图 6-12a 所示，通过少数几对齿轮降速，扩大输出转矩，以满足主轴低速时对输出转矩特性的要求。滑移齿轮的移位大都采用液压缸加拨叉，或者直接由液压缸带动齿轮来实现。

（2）带传动的主传动　如图 6-12b 所示，这种传动主要应用在转速较高、变速范围不大的机床。电动机本身的调速就能够满足要求，不用齿轮变速，可以避免齿轮传动引起的振动

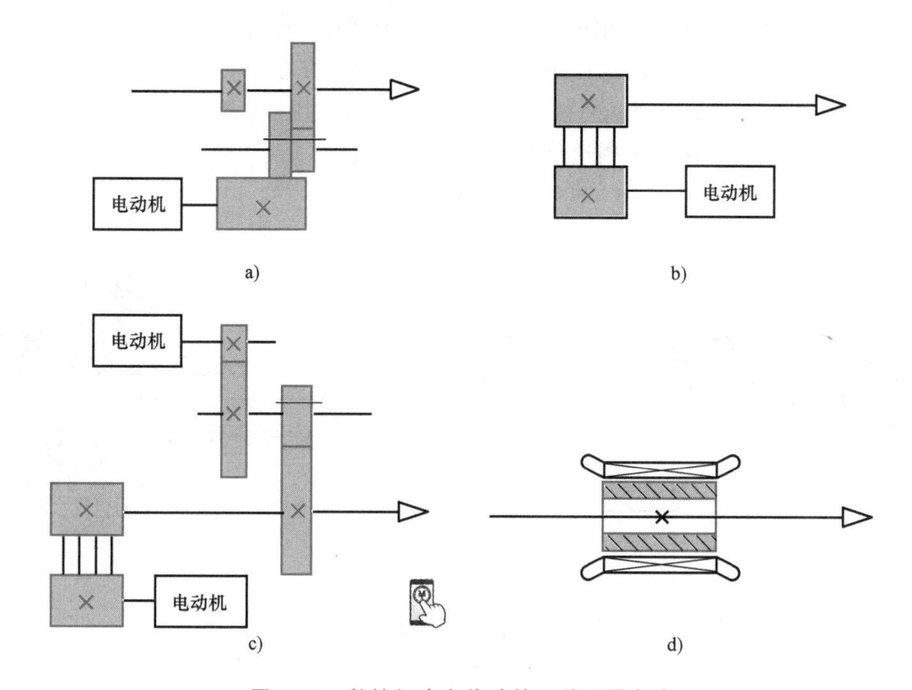

图 6-12　数控机床主传动的四种配置方式

a）带有变速齿轮的主传动　b）带传动的主传动　c）两个电动机分别驱动主轴　d）内装电动机主轴传动结构

与噪声。它适用于高转速、低转矩特性要求的主轴。常用的带有 V 带和同步带。

（3）两个电动机分别驱动主轴　如图 6-12c 所示，高速时其中一台电动机通过带轮直接驱动主轴；低速时，用另一台电动机通过两级齿轮传动驱动主轴旋转，齿轮起到降速和扩大变速范围的作用，这样就使恒功率区增大，扩大了变速范围，克服了低速时转矩不够而高速时电动机功率不能充分利用的缺陷。

（4）内装电动机主轴传动结构　如图 6-12d 所示，此种电动机的转子和主轴合为一体，传动路线的长度缩短为零，主轴部件成为主传动系统机械结构的主要组成部分，有效地提高了主轴部件的刚度，但主轴输出转矩小，电动机发热对主轴影响较大。

2. 主轴部件

一般数控机床的主轴部件与其他高效、精密自动化机床没有多大区别。但对于具有自动换刀功能的数控机床，其主轴部件除主轴、轴承和传动件等一般组成部分外，还有刀具自动装卸及吹屑装置、主轴准停装置等。

（1）主轴的支承与润滑　数控机床主轴的支承可以有多种配置形式，由于主轴在切削时承受的切削力较大，所以轴径设计的比较大，一般为空心主轴，通过棒料的直径可达 60mm。

数控机床主轴轴承有的采用油脂润滑，迷宫式密封；有的采用集中强制润滑。为了保证润滑的可靠性，常以压力继电器作为失压报警装置。

（2）卡盘　为了缩短辅助时间和减轻工人劳动强度，并适应自动化和半自动化加工的需要，数控车床多采用动力卡盘装夹工件。目前使用较多的是自动定心液压动力卡盘，该卡盘主要由引导油套、液压缸和卡盘三部分组成。

图 6-13 所示为数控车床上采用的一种液压驱动自动定心卡盘，卡盘 3 用螺钉固定在主轴（短锥定位）上，液压缸 5 固定在主轴后端。改变液压缸左、右腔的通油状态，活塞杆 4 带动卡盘内的驱动爪 1 和卡爪 2，夹紧或放松工件，并通过行程开关 6 和 7 发出相应信号。MJ-520、MJ-630 型数控车床就采用这种结构的液压卡盘。

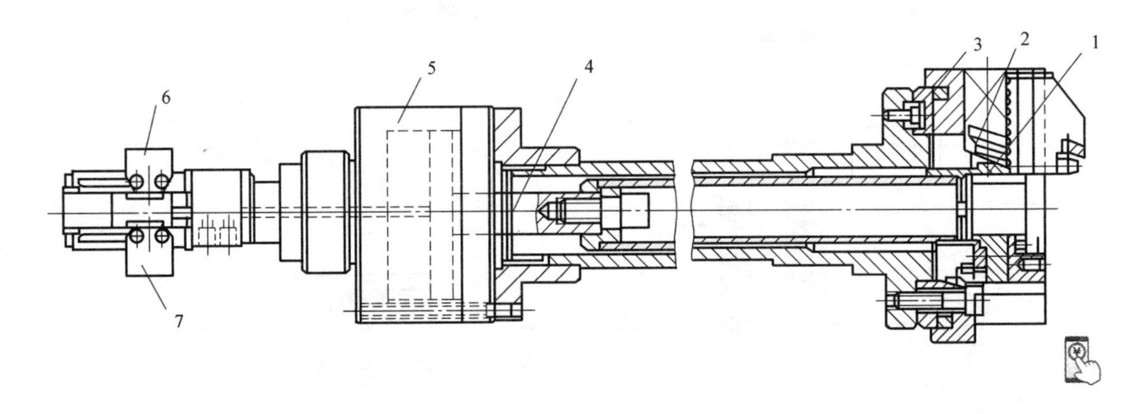

图 6-13　液压驱动自动定心卡盘

1—驱动爪　2—卡爪　3—卡盘　4—活塞杆　5—液压缸　6、7—行程开关

6.2.4　数控机床的进给传动系统

数控机床进给传动系统的机械传动结构包括导轨、丝杠螺母副、齿轮齿条副、蜗杆副、齿轮或链轮副等。

在数控机床进给系统中，为了减小摩擦阻力，普遍采用滚珠丝杠螺母副、滚动导轨、塑料导轨、静压导轨。

在进给系统的传动链中设置减速齿轮，可以减小脉冲当量以提高传动精度。加大丝杠直径，以及对丝杠螺母副、支承部件、丝杠本身施加预紧力，是提高传动刚度的有效途径。刚度不足会导致工作台产生爬行和振动。

传动链中的传动间隙主要来自传动齿轮副、蜗杆副、丝杠螺母副、联轴器及其支承部件之间，应施加预紧力或采取消除间隙的结构措施。

传动元件的惯量对伺服机构的起动和制动特性都有影响，尤其是处于高速运转的零件，其惯性的影响更大。因此，在满足部件强度和刚度的前提下，应尽可能减小执行部件的重量。

图 6-14 所示为立式加工中心 X 和 Y 两个进给系统的机械结构图。伺服电动机 1 与滚珠丝杠 3 通过联轴器 2 直联直接驱动工作台 5。直线运动采用滚动导轨，保证运动的精度和灵敏度。图 6-15 所示为数控车床进给系统的机械结构。伺服电动机 5 通过同步带 3 和滚珠丝杠 4 相连。光电编码器 1 固定在滚珠丝杠的右端，将工作台的实际位移信号反馈给控制系统。

1. 滚珠丝杠螺母副

数控机床为了提高进给系统的灵敏度、定位精度和防止爬行，对行程不太长的直线运动机构常用滚珠丝杠副，滚珠丝杠副的传动效率高达 90%～95%，是普通滑动丝杠副的 2～4

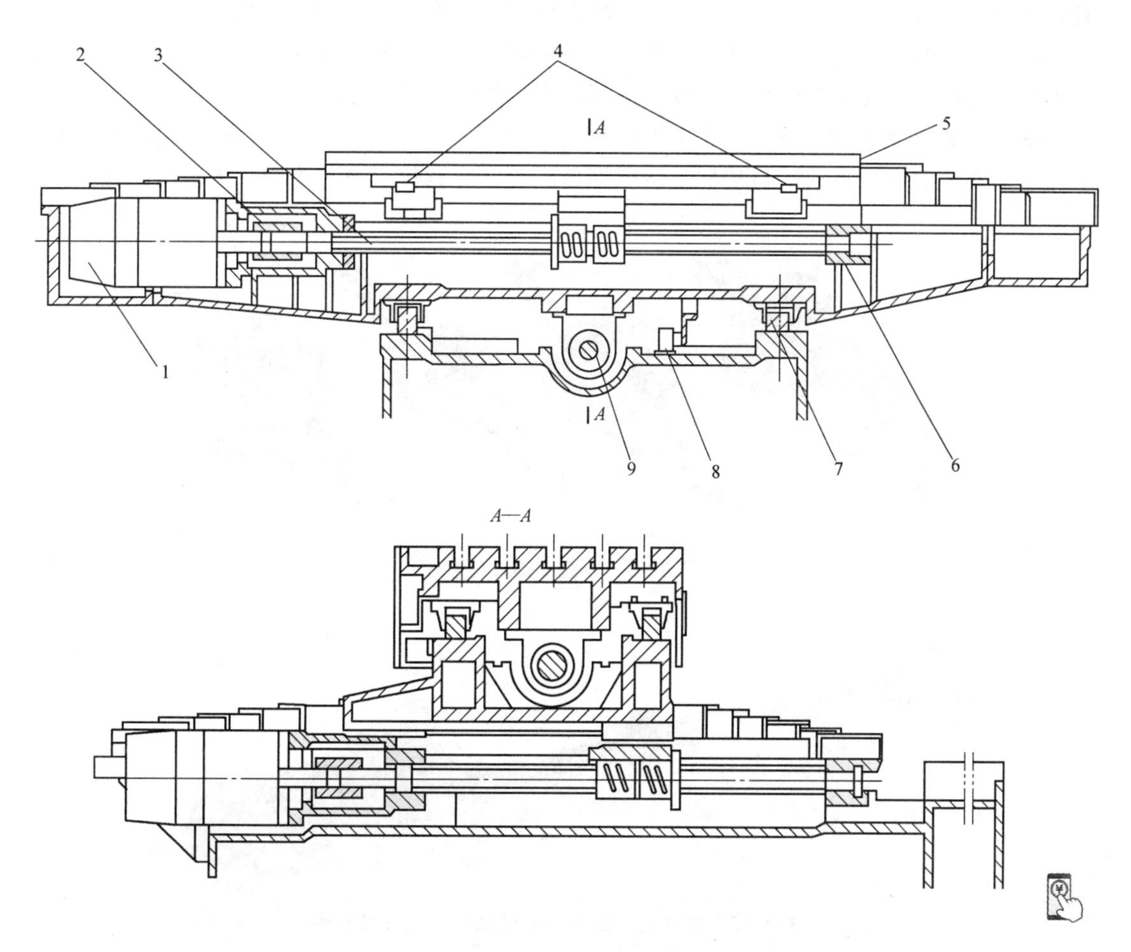

图 6-14　立式加工中心 X-Y 进给系统的机械结构

1—伺服电动机　2—联轴器　3—滚珠丝杠　4—限位开关　5—工作台　6—轴承　7—导轨　8—光栅尺　9—螺母

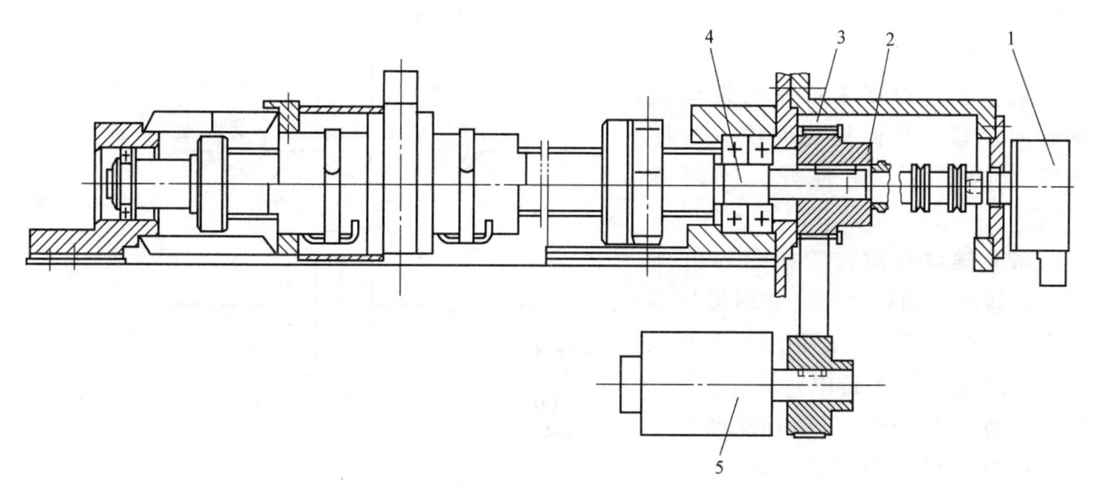

图 6-15　数控车床进给系统的机械结构

1—光电编码器　2—同步带轮　3—同步带　4—滚珠丝杠　5—伺服电动机

倍。且动、静摩擦因数相差很小，是目前数控机床进给系统最常用的机械结构之一。

按照滚珠的循环方式，滚珠丝杠副分为内循环方式和外循环方式两种。滚珠在返回过程中与丝杠脱离接触的为外循环，滚珠在循环过程中始终与丝杠接触的为内循环。

图 6-16 所示为外循环滚珠丝杠副的几种结构形式，图 6-17 所示为滚珠丝杠副与伺服电动机连接安装实例，电动机与丝杠直联以提高刚性，双螺母可通过配垫片来消除间隙。

图 6-16 外循环滚珠丝杠副

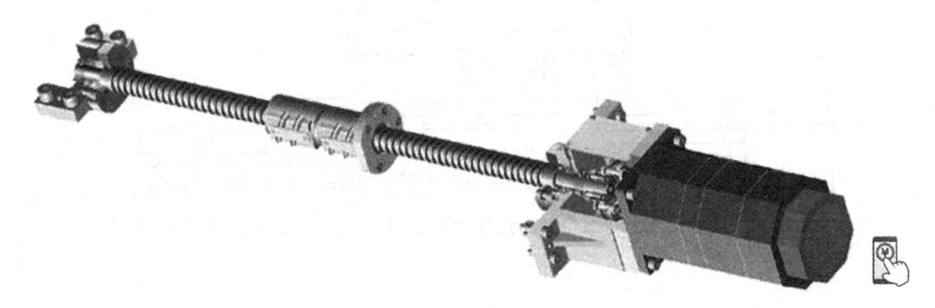

图 6-17 滚珠丝杠副与伺服电动机连接安装实例

通常滚珠丝杠副消除间隙的方法是采用双螺母结构。双螺母消除间隙的结构主要有三种形式。

(1) 垫片调隙式 如图 6-18 所示，调整垫片厚度来控制两螺母间的轴向位移，从而消除间隙。这种方法结构简单，刚性好，但调整不便。

(2) 螺纹调隙式 如图 6-19 所示，左螺母外端有凸缘，右螺母外端没有凸缘而制成螺纹，并用两个圆螺母 1、2 固定，用平键限制螺母在螺母座内转动。调整时，只要拧动圆螺母 1 即可消除间隙。这种方法调整方便，在出现磨损后还可随时进行补充调整，缺点是预紧量不够准确。

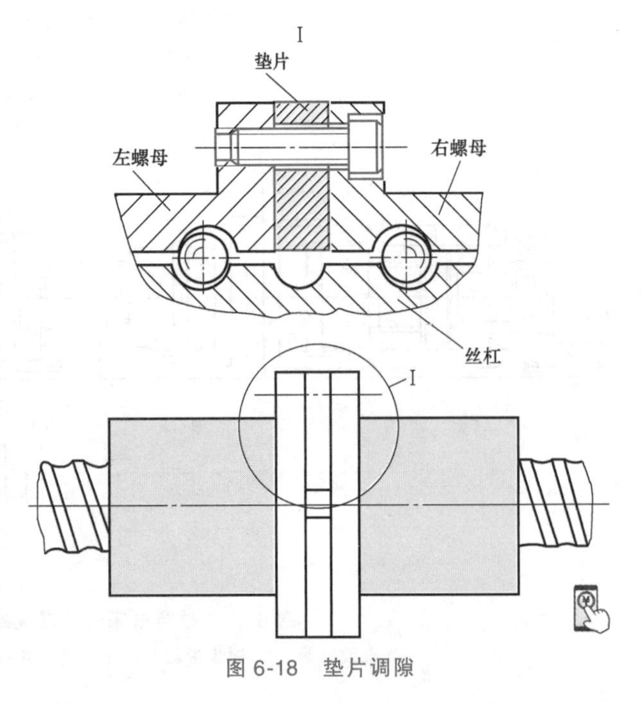

图 6-18 垫片调隙

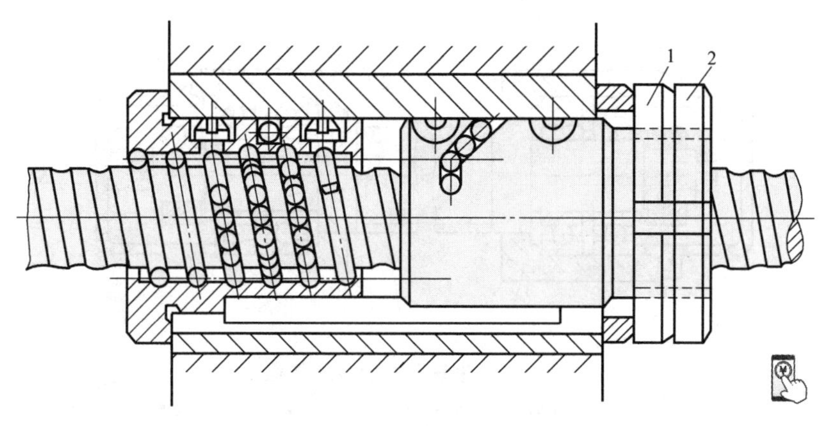

图 6-19　螺纹调隙

1、2—圆螺母

（3）齿差调隙式　如图 6-20 所示，在两个螺母的凸缘上各制有圆柱外齿轮，分别与紧固在套筒两端的内齿圈相啮合，其齿数分别为 z_1 和 z_2，并相差一个齿。调整时，先取下内齿圈，让两个螺母相对于套筒同方向都转动一个齿，然后再插入内齿圈，则两个螺母便产生相对角位移，其轴向位移量 $S=(1/z_1-1/z_2)t$ 。例如，$z_1=80$，$z_2=81$，滚珠丝杠的导程为 t，当 $t=6\text{mm}$ 时，则 $S=0.001\text{mm}$ 。这种方法可实现精密微调，预紧可靠，不会发生松动。虽然结构复杂，但仍然得到广泛应用。

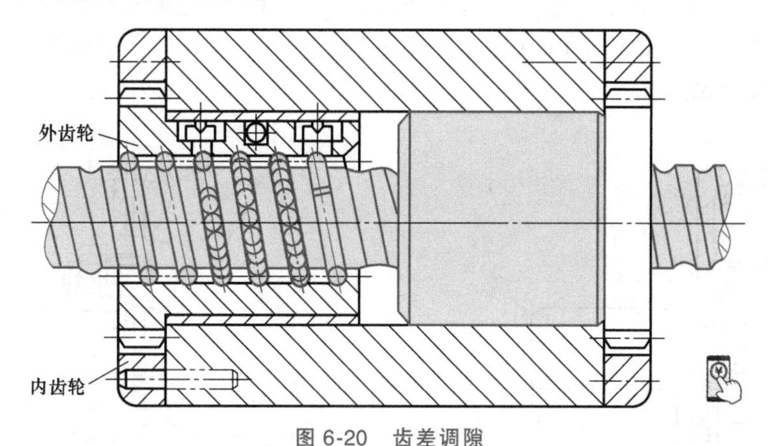

图 6-20　齿差调隙

滚珠丝杠工作时要发热，其温度高于床身。为了补偿丝杠热膨胀而引起的定位精度误差，可采用丝杠预拉伸结构，使预拉伸量略大于热膨胀量。发热后，热膨胀量将抵消部分预拉伸量，使丝杠内的拉应力下降，但长度却没有变化。预拉伸结构如图 6-21 所示，拧紧调整螺母 7 后，丝杠 5 将被拉伸，并可从丝杠端部用千分表测量出拉伸量。例如，MS520 数控车床就采用了丝杠预拉伸结构。

2. 传动齿轮副

进给系统采用齿轮传动装置，一是为了使丝杠、工作台的惯量在系统中占有较小的比重；二是可使高转速低转矩的伺服驱动装置的输出变为低转速大转矩；三是在开环系统中可归算所需的脉冲当量。

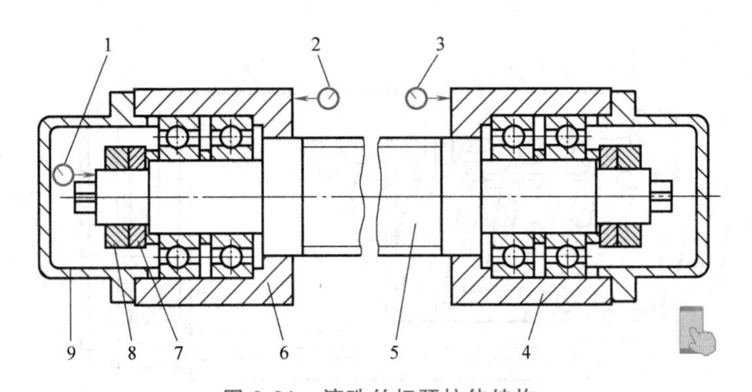

图 6-21　滚珠丝杠预拉伸结构

1、2、3—百分表　4、6—轴承支座　5—丝杠　7—调整螺母　8—锁紧螺母　9—端盖

如果进给系统的传动齿轮副存在间隙，反向运动时将出现死区，影响加工精度。在闭环系统中将产生振荡而不稳定。消除间隙的方法有两种：刚性调整法和弹性补偿法。

（1）刚性调整法　刚性调整法是齿侧间隙不能自动补偿的调整法。这种调整方法结构比较简单，且有较好的传动刚性。

图 6-22 所示为偏心套调整法，齿轮 1 装在调整套 2 上，调整套 2 可以改变齿轮 1 和齿轮 3 之间的中心距，从而消除了齿侧间隙。例如，基于 C616 的数控车床 X 向进给就采用了这种结构。

图 6-23 所示为轴向垫片调整法，在两个薄片斜齿轮 3 和 4 之间加一垫片 2，将垫片厚度增大或减小，薄片斜齿轮 3 和 4 的螺旋线就会错位，分别与宽齿轮 1 的齿槽左、右侧面都可紧贴，从而消除间隙。

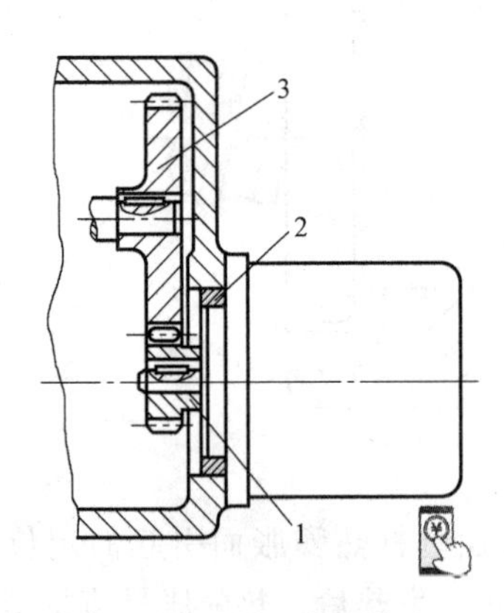

图 6-22　偏心套调整法

1、3—齿轮　2—调整套

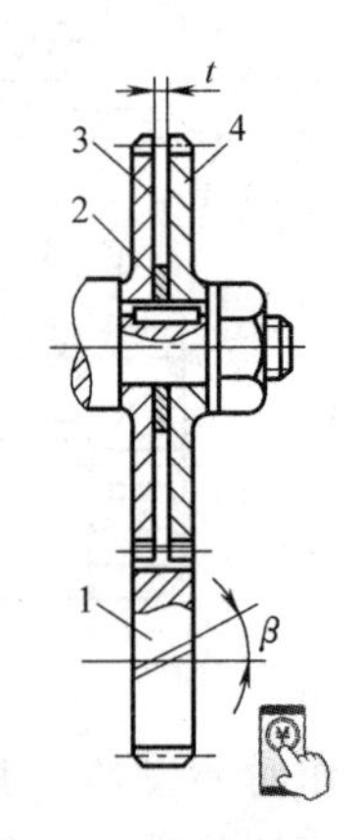

图 6-23　轴向垫片调整法

1—宽齿轮　2—垫片　3、4—薄片斜齿轮

（2）弹性补偿法　弹性补偿法是调整之后齿侧间隙仍可自动补偿的调整法。这种方法一般都采用调整压力弹簧的压力来消除齿侧间隙，结构上比较复杂，传动平稳性较差，刚度也比较低。

图 6-24 所示齿数相同的薄片齿轮 3 和 4 与另外一个宽齿轮相啮合，齿轮 3 空套在齿轮 4 上，可以相对回转。每个齿轮端面分别均匀装有四个螺纹凸耳 1 和 2，齿轮 3 的端面有四个通孔，螺纹凸耳 1 可以从中穿过，弹簧 8 分别钩在调节螺钉 5 和螺纹凸耳 2 上。旋转螺母 6

和7可以调整弹簧8的拉力，弹簧的拉力可以使薄片齿轮错位，即两片薄齿轮的左、右齿面分别与宽齿轮轮齿齿槽的左、右贴紧，从而消除齿侧间隙。此方法可实现直齿齿轮磨损后的间隙自动补偿。例如，基于C616的数控车床Z向进给传动就采用了这种结构。

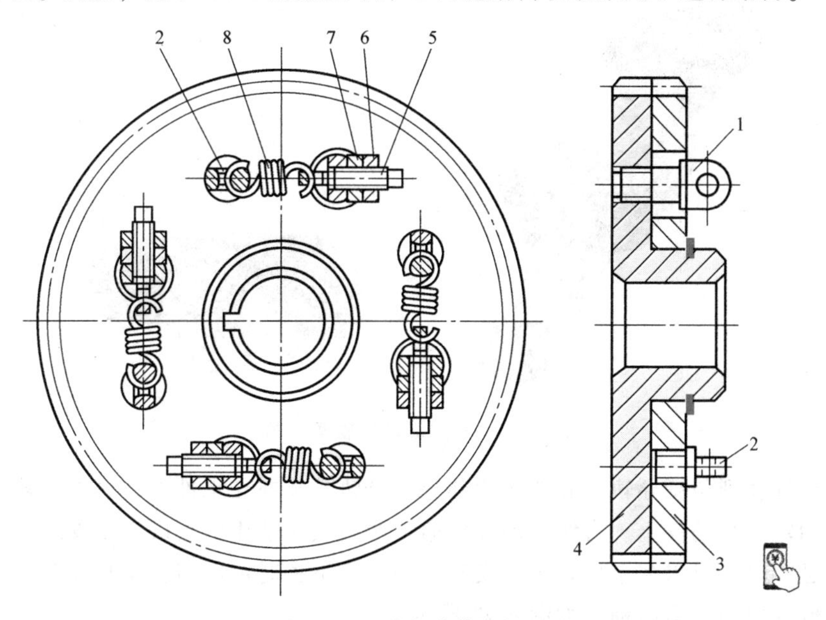

图6-24　周向弹簧调整法

1、2—螺纹凸耳　3、4—齿轮　5—调节螺钉　6、7—旋转螺母　8—弹簧

3. 导轨副

数控机床上的运动部件都是沿着它的床身、立柱、横梁等零件上的导轨运动的，导轨的功用为导向和支承作用。在导轨副中，运动的一方称为动导轨，不动的一方称为支承导轨。按摩擦性质可分为滑动导轨和滚动导轨。按受力状态可分为开式导轨和闭式导轨，闭式导轨能承受较大的倾覆力矩，而开式导轨在自重和外载作用下，保持导轨副接触面间的贴合。图6-25所示为开式导轨和闭式导轨实例。

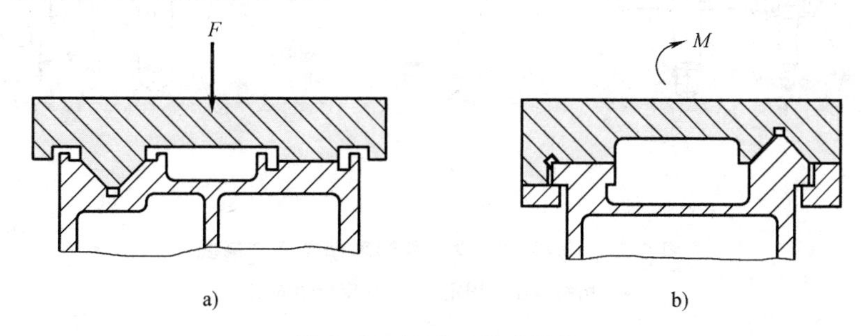

图6-25　开式、闭式导轨

a）开式导轨　b）闭式导轨

（1）直线滚动导轨　滚动导轨是在导轨面之间放置滚动件，使导轨面之间为滚动摩擦而不是滑动摩擦。因此，摩擦因数小（0.0025~0.005），动、静摩擦力相差甚微；运动轻便灵活，所需功率小，磨损小，精度保持性好，低速运动平稳，移动精度和定位精度都较高。但是，滚动导轨的抗振性较差，对脏物比较敏感。直线滚动导轨种类较多，都已形成系列，

由专业厂家生产。图 6-26 所示为直线滚动导轨实物图。

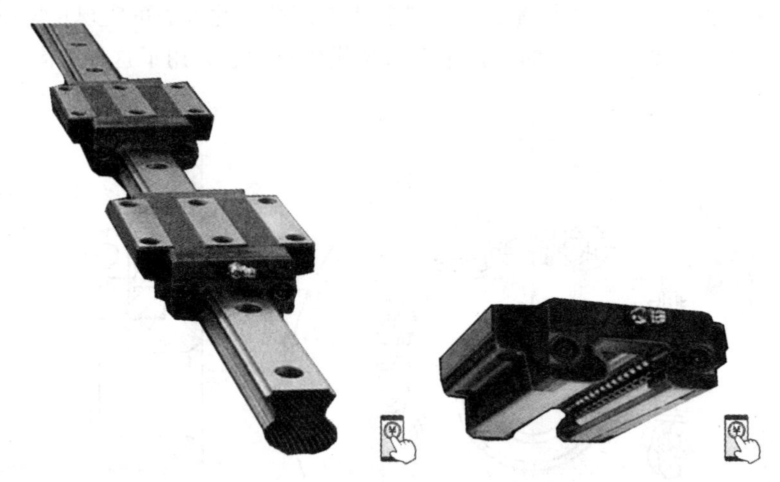

图 6-26　直线滚动导轨实物图

直线滚动导轨副包括导轨条和滑块两部分，导轨条装在支承件上，每根导轨条上一般有两个滑块，固定在移动件上。直线滚动导轨通常两条成对使用，可以水平安装，也可竖直或倾斜安装。必要时也可以多个导轨平行安装，当长度不够时可以多根接长安装。导轨副与支承件和移动件固定形式有两种，如图 6-27 所示。

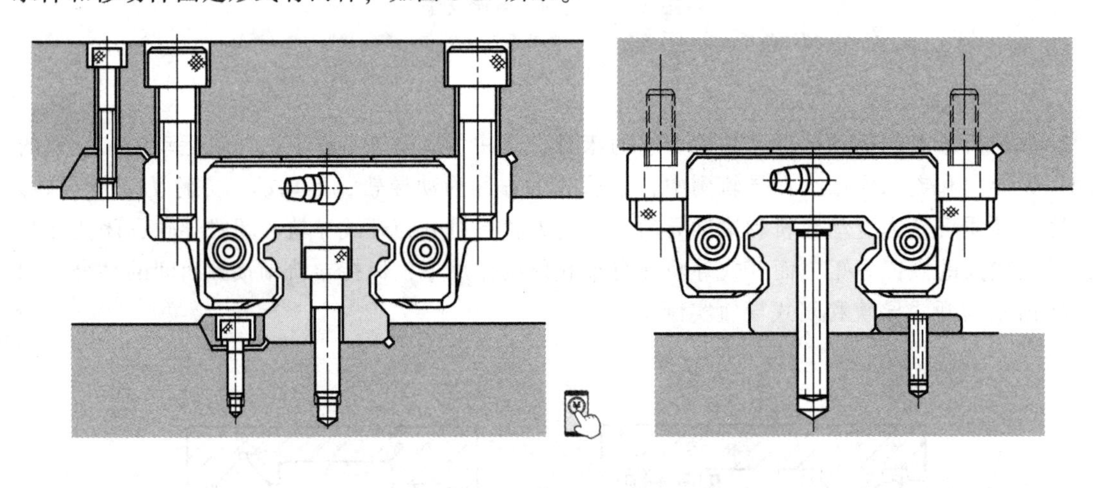

图 6-27　导轨副与支承件和移动件固定形式

a）用斜楔压块固定　b）用定位销固定

导轨副的定位方式有两种，即单导轨定位方式和双导轨定位方式。所谓单导轨定位方式是指把一条导轨作为基准导轨，安装在支承件的基准面上，底面和侧面都有定位面。另一条导轨为非基准导轨，支承件上没有侧向定位面，固定时以基准导轨为定位面固定，其安装形式如图 6-28 所示。

当振动和冲击较大，精度要求较高时，两条导轨的侧面都要定位，这种定位方式称为双导轨定位，如图 6-29 所示。

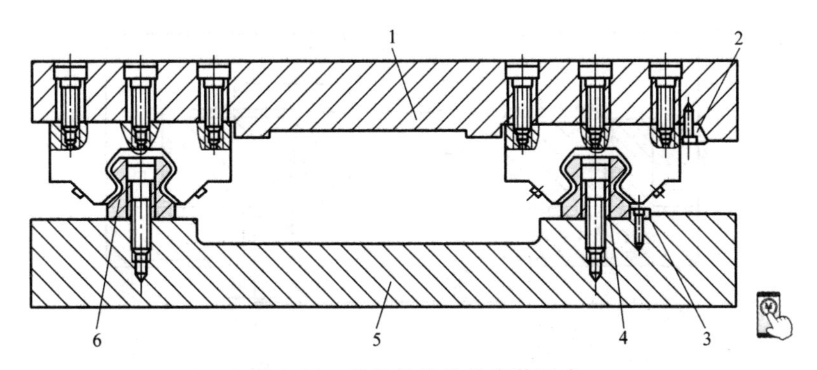

图 6-28　单导轨定位的安装形式

1—工作台　2、3—楔块　4—基准侧的导轨条　5—床身　6—非定位导轨

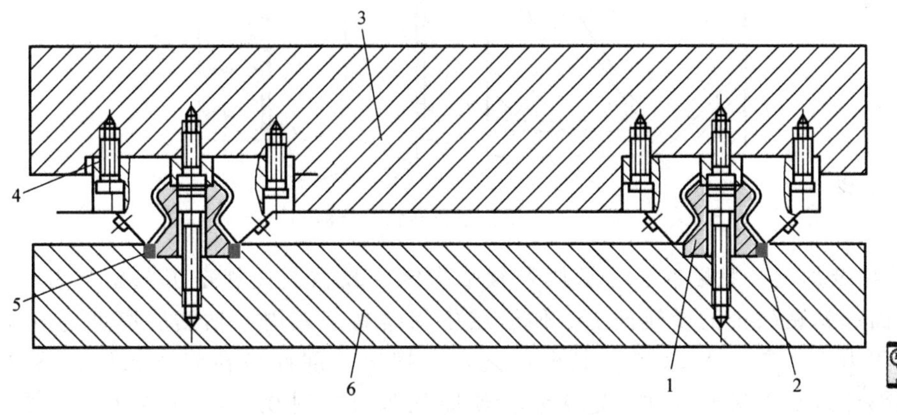

图 6-29　双导轨定位的安装形式

1—基准侧的导轨条　2、4、5—调整垫　3—工作台　6—床身

（2）直线滑动导轨　数控机床直线滑动导轨结构与普通机床相同，导轨副截面形状主要有三角形、矩形、燕尾形和圆形，互相组合。

目前塑料导轨已广泛用于数控机床上。以填充 PTEE（聚四氟乙烯）软带用途最广。由于这种材料是在聚四氟乙烯中填充有 50%的青铜粉、二硫化钼、玻璃纤维和氧化物等，因此具有优异的减摩、抗咬伤性能。不会损坏配合面，吸振性能好，低速无爬行，并可在干摩擦下工作。图 6-30 所示为几种镶粘塑料导轨的结构。

塑料导轨的粘贴工艺如下：

1）金属导轨面加工。粘贴软带的导轨面可刨或铣加工成两边带支边的表面粗糙度 Ra 值为 25~12.5μm 的凹槽或平面，槽边各留 3~10mm 宽的挡边。槽深一般可选软带厚度的 1/3~1/2。例如，加工成平面，要在两边临时粘贴几个等高垫块，防止粘贴软带加压时移位，胶层固化后再去掉垫块。配对金属导轨面的表面粗糙度 Ra 值要求为 0.8~0.4μm，太大会使软带产生划痕，太小则不能形成聚四氟乙烯转移膜，会使软带加快磨损。对磨导轨面硬度要求在 25HRC 以上。

2）软带切割成形及清洗。粘贴前按导轨面的几何尺寸将软带切割成形，适当考虑工艺余量。软带表面需经过处理，先用各种清洗剂包括丙酮将软带洗净，在该牌号软带指定的去除不可粘性的溶液中按时浸透，再用丙酮和水等清洗后干燥备用。

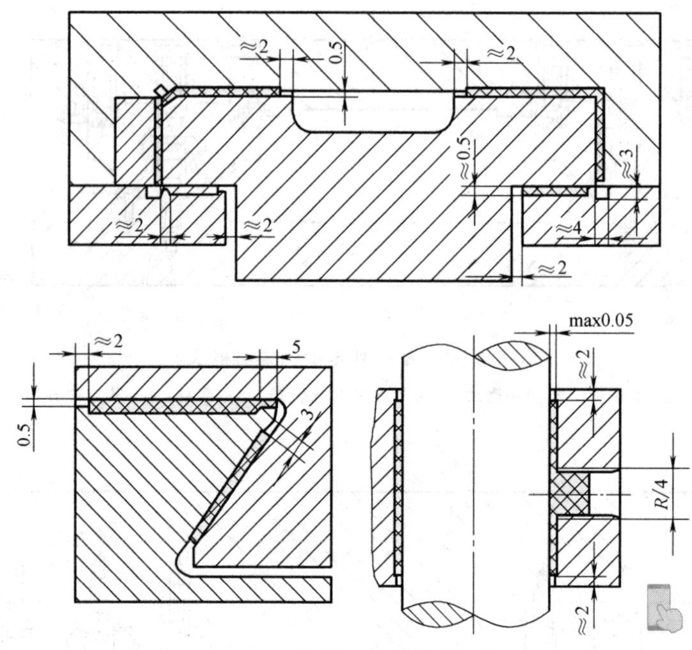

图 6-30 镶粘塑料导轨的结构

3）粘贴及加工。粘贴时，将该牌号软带指定的胶粘剂按规定工艺用刮刀分别涂布于软带表面和粘贴软带的导轨面上，使胶层中间略高于四周。粘贴层厚度为 0.1mm 左右，接触压力为 0.05～0.1MPa。粘贴好之后，把运动部件翻转就位扣压在静导轨上，利用运动部件自身重量或外加一定重量，使固化压力达到 0.1～0.15MPa。经 24h 室温固化，将运动部件吊起翻转，用小木槌轻敲整条软带。若敲打时各处声响音调一致，说明粘贴质量好。然后检查动静导轨的接触精度，让导轨副对研或机械加工，并刮削到接触面的斑点符合要求（着色点面积达 50%以上）为止。根据设计要求，可在软带上开出油槽，油槽一般不开穿软带，宽度为 5mm 左右。并可用仪器测出软带导轨的实际摩擦因数。

贴塑导轨有逐渐取代滚动导轨的趋势，不仅适用于数控机床，而且还适用于其他各种类型的机床导轨，它在旧机床修理和数控化改造中可以减少对机床结构的修改，因而更加扩大了塑料导轨的应用领域。

4. 同步带

数控机床进给系统最常用的同步带结构如图 6-31 所示。其工作面有梯形齿和圆弧齿两种，其中梯形齿同步带最为常用。

同步带传动综合了带传动和链传动的优点，运动平稳，吸振好，噪声小。缺点是对中心距要求高，带和带轮制造工艺复杂，安装要求高。由于同步带可保证准确的传动比，在数控机床上常用来连接丝杠与伺服电动机、主轴与编码器。

6.2.5 数控机床的辅助装置

数控机床的辅助装置包括回转工作台，自动换刀装置，润滑、冷却、排屑装置等。数控机床为了能在工件一次装夹中完成多个工步，以减少辅助时间和减少多次安装工件所引起的

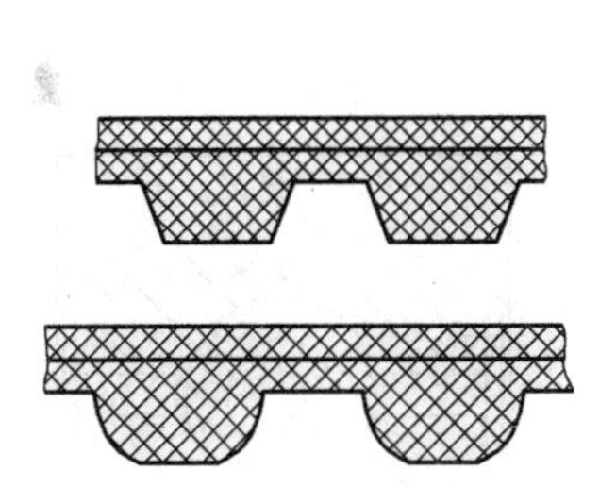

图 6-31　同步带结构

误差，通常带有自动换刀装置。数控车床上的回转刀架就是一种最简单的自动换刀装置。刀架是数控车床的重要功能部件，其结构形式很多，主要取决于机床的形式、工艺范围以及刀具的种类和数量等。最常用的有四方刀架、转塔刀架和直排刀架。

图 6-32 所示为数控车床四方电动刀架结构，该刀架可以安装四把不同的刀具，转位信号由加工程序指定。其工作过程如下：

（1）刀架抬起　当数控装置发出换刀指令后，电动机 1 起动正转，通过平键套筒联轴器 2 使蜗杆轴 3 转动，从而带动蜗轮丝杠 4 转动。刀架体 7 的内孔加工有螺纹，与丝杠连接，蜗轮与丝杠为整体结构。当蜗轮开始转动时，由于刀架底座 5 和刀架体 7 上的端面齿处在啮合状态，且蜗轮丝杠轴向固定，因此这时刀架体 7 抬起。

（2）刀架转位　当刀架体 7 抬至一定高度后，端面齿脱开，转位套 9 用销钉与蜗轮丝杠 4 连接，随蜗轮丝杠一同转动，当端面齿完全脱开时，转位套正好转过 160°，如图中 *A—A* 剖示所示，球头销 8 在弹簧力的作用下进入转位套 9 的槽中，带动刀架体转位。

（3）刀架定位　刀架体 7 转动时带着电刷座 10 转动，当转到程序指定的刀号时，粗定位销 15 在弹簧的作用下进入粗定位盘 6 的槽中进行粗定位，同时电刷 13 接触导体使电动机 1 反转。由于粗定位槽的限制，刀架体 7 不能转动，使其在该位置垂直落下，刀架体 7 和刀架底座 5 上的端面齿啮合实现精确定位。

（4）夹紧刀架　电动机继续反转，此时蜗轮停止转动，蜗杆轴 3 自身转动，当两端面齿增加到一定夹紧力时，电动机 1 停止转动。

译码装置由发信体 11、电刷 13、14 组成，电刷 13 负责发信，电刷 14 负责位置判断。当刀架定位出现过位或不到位时，可松开螺母 12，调好发信体 11 与电刷 14 的相对位置。这种刀架在经济型数控车床及普通车床的数控化改造中得到广泛的应用。

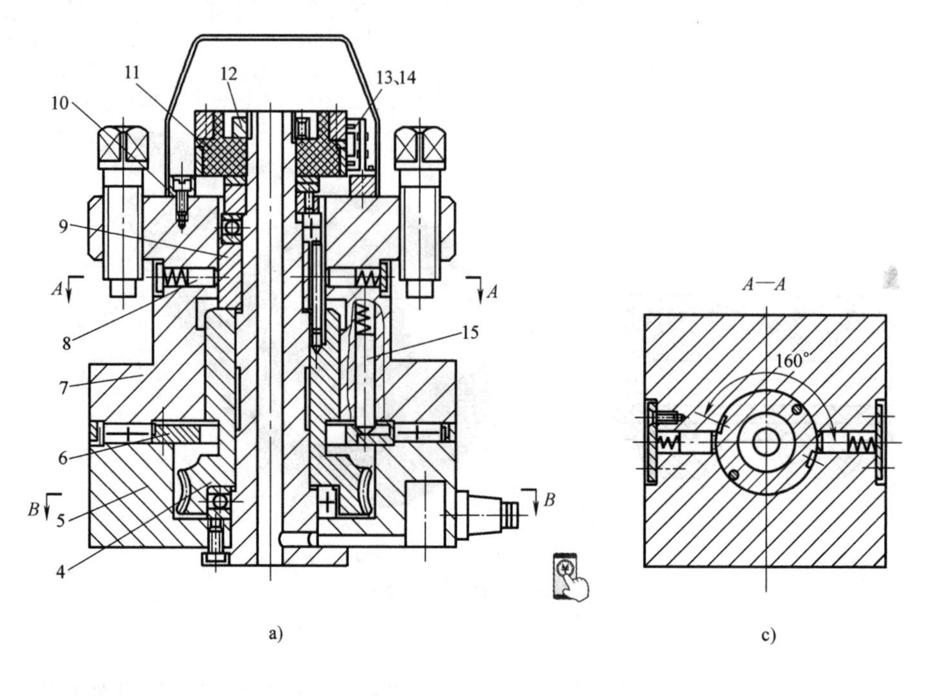

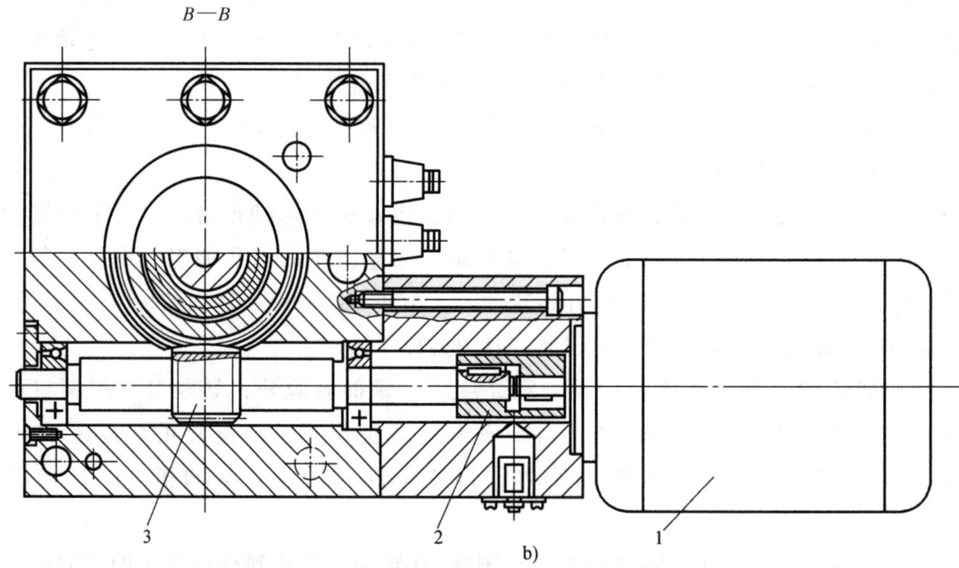

图 6-32 数控车床四方电动刀架结构

1—电动机 2—联轴器 3—蜗杆轴 4—蜗轮丝杠 5—刀架底座 6—粗定位盘 7—刀架体 8—球头销 9—转位套 10—电刷座 11—发信体 12—螺母 13、14—电刷 15—粗定位销

6.3 数控车削加工

数控车床加工通用性好，加工精度和加工效率高，加工质量稳定。数控车床主要用于对回转体零件的加工，能对轴类和盘类零件自动完成内外圆柱面、圆锥面、球面、圆柱螺纹、圆锥螺纹等工序的切削加工，并能进行切槽和钻、扩、铰孔等工序加工。

6.3.1　数控车床与编程

1. 数控车床编程特点

1）根据要加工零件的图样标注尺寸，从方便于编程考虑，可采用绝对尺寸编程、增量尺寸编程或两者混合编程。但是，对于开环控制系统的数控车床，如果加工尺寸精度要求较高的零件，为避免增量尺寸可能造成的累积误差，最好采用绝对尺寸编程。

2）当加工余量较大时，需要一层层切削，如果每层加工都编写程序，会大大增加编程工作量。为了减少编程工作量，可采用数控系统的循环功能。

3）数控车床的数控系统具有刀具补偿功能，编程时可将有关参数输入到相应的存储器中，数控系统能自动进行刀具补偿。因此，对于刀具位置的变化、刀具几何形状的变化以及刀尖圆弧半径的变化，都无须更改加工程序，编程人员可以按照工件的实际轮廓尺寸进行编程。

4）数控车床加工的零件通常是横截面为圆形的轴类零件，加工零件的图样尺寸及测量尺寸都是直径值，所以通常采用直径编程。在用直径尺寸编程时，如采用绝对尺寸编程，X表示直径值；如采用增量尺寸编程，X表示径向位移量的两倍。在采用半径尺寸编程时，如采用绝对尺寸编程，X表示半径值；如采用增量尺寸编程，X表示径向位移量。

2. 数控车床编程基础

（1）绝对值编程和相对值编程　指令刀具运动的编程方法有绝对指令和相对指令两种。绝对值编程是用刀具移动的终点位置坐标值来编程的方法；相对值编程是直接用刀具移动量来编程的方法。在编程时，一般用X、Z地址表示绝对值，用U、W地址表示相对值，U、W的正负由行程方向确定，行程方向与编程坐标轴方向相同时为正，反之取负。例如，N10　G00　X44.0　Z2.0是绝对值编程，N10　G00　U-44.0　W-2.0是相对值编程。在编程时，一般采用绝对值编程。

（2）小数点输入　大部分机床默认采用脉冲当量为尺寸单位，加上小数点后尺寸值的单位是mm。因此程序中的尺寸数值有小数点与无小数点的意义是完全不同的。

需要用小数点输入的尺寸字包括：X、Y、Z、U、V、W、P、Q、R、A、B、C、D、E、I、J和K。

（3）模态与非模态　编程中的指令分为模态与非模态。模态指令又称为续效指令，在程序段中一经指定便一直有效，与上段相同的模态指令可省略不写，直到以后程序中重新指定同组指令时才失效。非模态指令的功能仅在本程序段中有效，与上段相同的非模态指令不能省略。

3. 常用数控车床编程指令

（1）快速点定位指令（G00）　该功能是实现刀具以机床规定的快速进给速度移动到指定点，称为快速点定位，模态指令。执行该指令时，机床以系统给定的最大进给量移向指定位置。该指令只是快速定位，而无轨迹要求，也不进行工件的加工。该指令执行时，刀具运动轨迹并不确定，因此要注意刀具和工件及夹具之间是否发生干涉。

指令格式：

G00　X(U)　Z(W)

X、Z是绝对值编程时刀具移动的终点坐标值；U、W是相对值编程时刀具移动的终点相对于起点的位移量。

（2）直线插补指令（G01） 该指令用于直线或斜线切削进给运动，模态指令。执行该指令时，刀具按照 F 指令的进给速度沿直线运动到指定的位置。

指令格式：

G01 X(U)__ Z(W)__ F__

X、Z 是绝对值编程时刀具移动的终点坐标值；U、W 是相对值编程时刀具移动的终点相对于起点的位移量；F 为刀具的进给量，单位为 mm/r。

（3）圆弧插补指令（G02/G03） 该指令用于使刀具以圆弧轨迹从起始点移动到终点，模态指令。其中，G02 表示沿顺时针方向圆弧插补，G03 表示沿逆时针方向圆弧插补。

指令格式：

G02/G03 X(U)__ Z(W)__ R__ (I__ K__) F__

X、Z 是圆弧终点在工件坐标系中的绝对坐标值；U、W 是圆弧终点相对于圆弧起点在工件坐标系中的相对坐标值；R 为圆弧半径，当圆心角 $\alpha \leqslant 180°$时，R 取正值；当圆心角 $180°<\alpha<360°$时，R 取负值。I、K 为圆心相对于圆弧起点的相对坐标。当 R 和 I、K 同时出现时，仅 R 有效。F 为刀具的进给量，单位为 mm/r。

（4）螺纹切削指令（G32） 该指令用于螺纹加工。

指令格式：

G32 X(U)__ Z(W)__ F__

X、Z 是圆柱面切削终点在工件坐标系中的绝对坐标值；U、W 是圆柱面切削终点相对于循环起点的增量值；F 为螺纹导程。

（5）外圆柱面循环切削指令（G90） 固定循环是为简化编程将多个程序段的指令按约定的执行次序综合为一个程序段来表示的。例如，在数控车床上进行外圆面加工时，经常需要重复执行一系列的加工动作，且动作循环已经典型化。这些典型的动作可以预先编好程序并存储在内存中，需要时可用固定循环 G 指令调用，从而简化编程工作。

指令格式：

G90 X(U)__ Z(W)__ F__

X、Z 是圆柱面切削终点在工件坐标系中的绝对坐标值；U、W 是圆柱面切削终点相对于循环起点的增量值；F 为刀具的进给量，单位为 mm/r。

（6）外圆锥面循环切削指令（G90）

指令格式：

G90 X(U)__ Z(W)__ I__ F__

X、Z 是圆锥面切削终点在工件坐标系中的绝对坐标值；U、W 是圆锥面切削终点相对于循环起点的增量值；I 为锥体大、小端的半径差，当锥面起点坐标大于终点坐标时取正值，当锥面起点坐标小于终点坐标时取负值；F 为刀具的进给量，单位为 mm/r。

（7）外圆柱（锥）面循环切削指令（G92）

指令格式：

G92 X(U)__ Z(W)__ I__ F__

X、Z 是螺纹切削终点在工件坐标系中的绝对坐标值；U、W 是螺纹切削终点相对于循环起点的增量值；I 为锥体大、小端的半径差，当锥面起点坐标大于终点坐标时取正值，当锥面起点坐标小于终点坐标时取负值；F 为螺纹导程；I 为螺纹起点和螺纹终点的半径差，当加工圆柱螺纹时为零，当螺纹起点坐标大于终点坐标时取正值，当螺纹起点坐标小于终点坐标时取负值。

（8）粗车复合形状固定循环指令（G71） 粗车复合形状固定循环指令用于外圆面毛坯料粗车外径和圆筒毛坯料粗镗内孔。该指令首先以背吃刀量对与 Z 轴平行的部分进行直线加工，然后再执行外轮廓加工指令完成外轮廓粗加工指令。

指令格式：

G00 X__ Z__

G71 U__ R__

G71 P__ Q__ U__ W__ F__

X、Z 是粗车循环起点位置坐标（X 坐标位置离毛坯外圆面退刀距离为 5mm，Z 坐标位置离毛坯外圆面退刀距离为 2mm）。

U 为循环切削中径向背吃刀量，半径值，单位为 mm；R 为循环切削中径向退刀量，半径值，单位为 mm。

P 为轮廓循环开始程序段段号；Q 为结束程序段段号；U 为 X 方向精加工余量，直径值，单位为 mm；W 为 Z 方向精加工余量，直径值，单位为 mm；F 为切削进给量，单位为 mm/r。

（9）精车复合形状固定循环指令（G70） 用 G71 粗加工后，用 G70 指定精车循环切除粗加工中留下的余量。

指令格式：

G00 X__ Z__

G70 P__ Q__

X、Z 是粗车循环起点位置坐标（X 坐标位置离毛坯外圆面退刀距离为 5mm，Z 坐标位置离毛坯外圆面退刀距离为 2mm）。

P 为轮廓循环开始程序段段号；Q 为结束程序段段号。

（10）端面切削固定循环指令（G94） 该指令以背吃刀量对与 X 轴平行的部分进行直线加工，完成零件端面的加工。

指令格式：

G94 X__ Z__ F__

G70 P__ Q__

X、Z 是端面循环终点位置坐标，F 为刀具的进给量，单位为 mm/r。

（11）换刀指令（T） 数控车削加工编程时，T 指令就是刀具换刀与补偿指令。该指令由地址符 T 和后续的四位数字来表示，其中前两位数字为刀具，后两位数字是刀具补偿号，其格式为：

如果调用 2 号刀具，并进行刀具补偿时可以用指令：T0203。若要取消刀具补偿可将后两位数字变为 00，即 T0300。

调用刀具必须在取消刀具补偿状态下进行。在一个程序段中只能指定一个 T 指令。若同一程序段中，还有移动指令（G00、G01 等指令）时，移动指令和 T 指令可以同时开始执行；也可以在移动指令执行完成时再执行 T 指令。

6.3.2 数控车削程序结构

一个完整的、可直接用于数控车床加工的数控程序应注意以下几个方面。

1. 数控程序结构

%	（程序起始符）
O××××	（程序名）
【N10 ……	
N20 ……	
……	
N300 ……】	（由若干个程序段组成的程序主体）
%	（程序结束符）

2. 数控程序主体内容

数控程序主体内容可分为程序头、加工过程部分和程序尾三个部分。

(1) 程序头　程序头即加工前准备部分，包括以下内容：

1）设定工件坐标系（G50、G54~G59）。

2）设定主轴正转/反转（M03/M04）、转速（S）。

3）调用刀具刀补（T）。

4）打开切削液（M08）。

(2) 加工过程部分　数控加工过程部分以“进刀、切削、退刀和返回”四步循环程序内容为主。

(3) 程序尾　程序尾即程序结束部分，包括以下内容：

1）取消刀具刀补（T）。

2）关闭切削液（M09）。

3）停止主轴（M05）。

4）程序结束（M02/M30），M02/M30均表示程序结束，M30指令表示程序结束后返回程序开头。

3. 工件坐标系设定

工件坐标系的设定有如下两种基本方法：

(1) 设置刀具起点法（G50）

指令格式：

G50　X__　Z__

X、Z是刀具起点在工件坐标系中的坐标尺寸。

(2) 工件原点偏置法（G54~G59）　在机床MDI方式下，设定G54~G59各工件坐标系的坐标原点在机床坐标系中对应的Z偏移值，然后在程序中分别利用G54~G59指令选择对应工件坐标系。

一般单件加工时采用G50建立工件坐标系，批量生产时采用G54~G59建立工件坐标系。

6.3.3　数控车床的操作训练

1. 数控车床的操作

数控车床的操作按操作性质分为以下几种方式：① 手动方式；② 回参考点方式；③ MDI（或MDA）手动数据输入方式；④ 编辑方式；⑤ 手摇方式；⑥ 磁带方式；⑦ 自动方式。

(1) 手动方式　该方式下可以通过各轴方向按钮实现前后左右的手动移动，可以分别向 X 正方向、X 负方向、Z 正方向、Z 负方向等几个方向运动，按任一方向按钮，并同时按住中间的按钮，可以实现手动快速运动。

（2）回参考点方式　回参考点的目的是通过回参考点运动和回到参考点后屏幕显示坐标数值重置来建立机床坐标系。机床每次上电都必须回一次参考点，操作方法是操作面板的扳钮扳到 REF 位置，再按住 X+或 Z+按钮，直到快速运动开始减速为止，松开按钮即可，这样就实现了回参考点。每次回参考点刀架都回到机床固定位置，并且显示固定的坐标值，从而得到相对固定的坐标系。

（3）MDI（或 MDA）手动数据输入方式　MDI（或 MDA）手动数据输入方式的操作方法是操作面板的扳钮扳到 MDI 位置，即进入了 MDI 方式，在该方式下可以进行机床参数、刀具偏置、零点偏置、宏程序变量、PMC 梯形图的输入、输出和修改。再按一下系统键盘上的键，还可以进行程序编写，并在这种方式下执行。常用的比如对刀试切前要起动主轴或写两句运动试切指令等。

（4）编辑方式　编辑方式的操作方法是操作面板的扳钮扳到位置，并按一下键盘上的显示方式按键 PROG 显示出程序画面，就可以对各条程序进行编辑、修改和删除。

（5）手摇方式　手摇方式的操作方法是将操作面板的扳钮扳到位置，再通过扳钮或类似功能的扳钮来选择需要通过手摇移动的轴（X 轴或 Z 轴），然后选择手摇轮每摇动一格刻度，刀架沿 X 或 Y 方向所移动的距离（即选择手摇运动速度）。

（6）磁带方式　磁带方式的操作方法是操作面板的方式开关扳到 TAPE 位置，可以进行磁带机、个人计算机（PC）、DNC、PC 卡等与数控系统之间的程序传输、宏变量传输、系统参数传输、梯形图传输等。

（7）自动方式　自动方式的操作方法是操作面板的方式开关扳到 MEMORY 位置，按显示方式键 PROG 或 POS，显示程序或坐标，在此方式下输入程序号后按光标向下键（即调出了所要运行的程序），在确认一切准备工作都已完成并无误的情况下再操作面板的 CYCLE START 按钮，所选程序即开始自动运行。这样可使数控机床执行程序，实现自动加工的方式。

2. 机床的急停

机床在手动或自动状态下，如果遇到紧急情况，需要数控车床立即停止时，可通过以下几种操作实现。

（1）按下急停按钮　按下急停按钮后，除润滑油泵外，数控车床的所有动作及各种功能立即停止。紧急情况排除后，沿按钮上标出的箭头方向旋出按钮，则紧急停止状态解除。此时，如果要恢复车床的正常工作，则进行返回机床参考点的操作。

（2）按下复位按钮　数控车床在 AUTO 方式下执行程序时，按下复位按钮，数控车床的全部操作都停止。

（3）按 CNC 电源开关　按 CNC 电源开关，数控车床停止工作。

3. 数控车削安全操作规程

1）数控车床的开机、关机顺序，要按照说明书的规定操作。

2）主轴起动开始切削之前一定要关好防护罩，程序正常运行中严禁揭开防护罩。

3）数控车床在正常运行时不许打开电气柜门，禁止按急停、复位按钮。

4）数控车床发生故障时，要注意保留现场，以利于分析问题和查找故障。

5）不能随意修改生产厂家设定的参数。

4. 零件加工训练

（1）训练目的

1）掌握开、关机步骤及坐标轴回参考点的操作方法。

2）掌握数控机床刀具的装卸步骤及要求。

3）熟练掌握手动运行的各种方法及运行状态的数据设定方法。

4）熟练掌握 MDA 运行方式。

5）掌握辅助指令、主轴指令及常用 G 代码准备功能指令的使用。

6）掌握轮廓加工的工艺分析和加工方法。

7）掌握编程零点的选择原则。

8）能根据零件编制加工程序。

（2）训练设备　要求数控系统为 FANUC 0i，工件毛坯为 45 钢，尺寸为 ϕ60mm×110mm。刀具和夹具：端面车刀、外圆车刀、外三角螺纹车刀、沟槽车刀、中心孔车刀、麻花钻、自定心卡盘。量具：游标卡尺、外径千分尺、内径指示表、螺纹环规、半径样板。加工零件如图 6-33 所示，零件左右两端直径变化较大，外轮廓有圆弧，需要加工螺纹。

加工工艺流程：

下料→车端面、钻中心孔→粗车右端外轮廓→掉头加工总长→粗、精车左端→车堵头→一夹一顶装夹，精车右端外形和螺纹→检查工件，其各工艺流程的加工程序为：

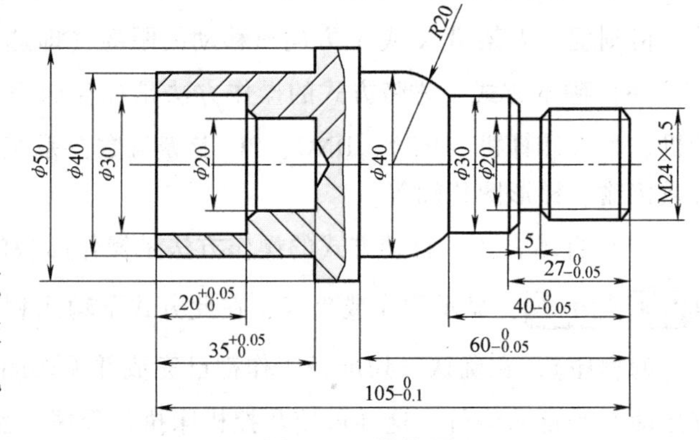

图 6-33　零件图

第 1 步，建立工件坐标系。工件原点建立在工件右端面与轴线的交点上，依据数控车床坐标系及运动方向的相关规定，可知 X 轴垂直向上，Z 轴水平向右。

第 2 步，确定走刀轨迹。

第 3 步，计算各刀位点的坐标值。

第 4 步，编制加工程序。编制的加工程序见表 6-1。

表 6-1　工艺程序

数控车床程序卡	编程原点	工件右端面与轴线交点				
	零件名称	轴	零件图号		材料	45 钢
	机床型号	CKA6136i	夹具名称	自定心卡盘	实训车间	数控中心
工序一：用自定心卡盘夹持毛坯外圆，车端面，钻中心孔，粗车右端外轮廓						
序号	程序			简单说明		
	%			程序起始符		
	O0001			程序名		
N10	G50　X100.0　Z120.0			建立工件坐标系		
N20	T0101　M03　S800			调用刀具，主轴正转，转速 800r/min		

（续）

工序一：用自定心卡盘夹持毛坯外圆，车端面，钻中心孔，粗车右端外轮廓		
序号	程序	简单说明
N30	G00 G99 X65.0 Z2.0 M08	快速定位于 ϕ65mm 直径，距端面正向 2mm，切削液开
N40	G01 X65.0 Z0.0	车右端面
N50	G01 X0.0 Z0.0	
N60	G00 X100.0 Z120.0	
N70	G90 X42.0 Z-59.0 F0.3	G90 外圆切削固定循环，粗车右端外轮廓
N80	X32.0 Z-39.0	
N90	X28.0 Z-24.0	
N100	G00 X100.0 Z120.0 M05 M09	返回换刀点，停主轴，关切削液
N110	M30	程序结束
N120	%	程序结束符
工序二：掉头，自定心卡盘夹持 ϕ42mm 外圆，车总长，钻孔，粗、精车左端轮廓		
序号	程序	简单说明
	%	程序起始符
	O0002	程序名
N10	G50 X100.0 Z120.0	建立工件坐标系
N20	T0202 M03 S800	调用 2 号刀具，主轴正转，转速 800r/min
N30	G00 G99 X65.0 Z2.0 M08	快速定位于 ϕ65mm 直径，距端面正向 2mm，开切削液
N40	G01 X65.0 Z0.0	车右端面
N50	G90 X18.0 Z3.0 F0.3	G90 外圆切削固定循环，车总长
N60	Z1.0	
N70	Z0.0 F0.1	
N80	G00 X100.0 Z120.0	返回换刀点
N90	T0101	选用 1 号刀具
N100	G00 X65.0 Z2.0 M08	快速定位于 ϕ65mm 直径，距端面正向 2mm，开切削液
N110	G90 X42.0 Z-35.0 F0.2	G90 外圆切削固定循环，粗车右端外轮廓
N120	X40.0 Z-35.0 F0.1	G90 外圆切削固定循环，精车右端外轮廓
N130	X28.0 Z-24.0	
N140	G00 X100.0 Z120.0	返回换刀点
N150	T0303 M03 S600	主轴正转，调用 3 号内孔车刀
N160	G00 X18.0 Z2.0	快速定位于 ϕ18mm 直径
N170	G71 U1.5 R1.0	复合循环粗车左端轮廓
N180	G71 P190 Q250 U-0.5 W0.1 F0.2	
N190	G01 Z0	左轮廓粗、精加工
N200	G01 Z-20.0	
N210	X22.0	
N220	X20.0 Z-22.0	
N230	Z-35.0	
N240	X20.0	

（续）

工序二：掉头，自定心卡盘夹持 ϕ42mm 外圆，车总长，钻孔，粗、精车左端轮廓		
序号	程序	简单说明
N250	G70 P180 Q250 F0.1	G70 精车指令
N260	G00 X100.0 Z120.0 M05 M09	返回换刀点，停主轴，关切削液
N270	M30	程序结束
N280	%	程序结束符

工序三：精车右端轮廓		
序号	程序	简单说明
	%	程序起始符
	O0003	程序名
N10	G50 X100.0 Z120.0	建立工件坐标系
N20	T0101 M03 S800	调用 2 号刀具，主轴正转，转速 800r/min
N30	G00 G99 X65.0 Z2.0 M08	快速定位于 ϕ65mm 直径，距端面正向 2mm
N40	G71 U1.5 R1.0	复合循环车右端外轮廓
N50	G71 P60 Q150 U-0.5 W0.1 F0.2	
N60	G00 X25.0	右端外轮廓精加工
N70	G01 Z0.0	
N80	X23.8 Z-2.0	
N90	Z-25.0	
N100	X26.0	
N110	X30.0 W-2.0	
N120	Z-40.0	
N130	G03 X40.0 W-13.2 R20.0	
N140	G01 Z-60.0	
N150	X50.0	
N160	G70 P60 Q150 F0.1	精车指令
N170	G00 X100.0 Z120.0	返回换刀点
N180	T0404 M03 S300	主轴正转 300r/min，调用 4 号外沟槽刀
N190	G00 X30.0 Z-25.0	快速定位于 ϕ30mm 直径，外沟槽处
N200	X20.0	车沟槽
N210	X30.0	退刀
N220	G00 X100.0 Z120.0	返回换刀点
N230	T0505 M03 S800	主轴正转 800r/min，调用 5 号外螺纹车刀
N240	G00 X26.0 Z5.0	快速定位于 ϕ26mm 直径处
N250	G92 X23.0 Z-21.0 F1.5	固定循环车螺纹
N260	X22.5	
N270	X22.3	
N280	X22.05	

（续）

工序三：精车右端轮廓		
序号	程序	简单说明
N290	G00　X100.0　Z120.0　M05　M09	返回换刀点，停主轴，关切削液
N300	M30	程序结束
N310	%	程序结束符

6.4　数控铣削及加工中心加工

6.4.1　数控铣削及加工中心的结构

数控铣床是一种用途广泛的机床，分为立式和卧式两种。数控铣床主要加工平面和孔形状的零件，坐标系统也是采用笛卡儿坐标系，编程指令也分为准备功能和辅助功能两大类。数控加工中心是一种带有刀库并能自动更换刀具，对工件能够在一定的范围内进行多种加工操作的数控机床。它把铣削、镗削、钻削、攻螺纹和切削螺纹等功能集中在一台设备上，使其具有多种工艺手段。工件一次装夹后能完成较多的加工步骤，加工精度较高，生产率也高，就中等加工难度的批量工件来说，其效率是普通设备的5~10倍，特别是它能完成许多普通设备不能完成的加工。

数控铣床和加工中心可分为立式铣床、卧式加工中心和龙门加工中心，如图6-34所示，一般由床身、主轴箱、工作台、底座、立柱、横梁、进给机构、辅助系统（气液、润滑、冷却）、控制系统等组成；加工中心还有自动换刀装置。

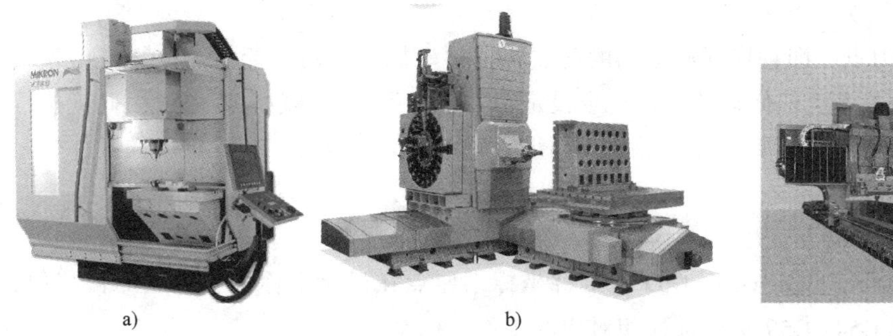

a)　　b)　　c)

图6-34　数控铣床和加工中心分类

a）立式铣床　b）卧式加工中心　c）龙门加工中心

6.4.2　数控铣床及加工中心编程

1. 数控铣床编程特点

1）在程序中，可采用绝对尺寸编程，也可以采用增量尺寸编程，为程序编制提供了方便。

2）在编程时，数控铣床点定位并结合固定循环指令，可实现钻孔、扩孔、锪孔、铰孔

和镗孔等加工，提高了编程效率。

3）在编程时，利用刀具半径补偿指令，只需要按加工零件的实际轮廓进行编程，免除了复杂的刀具中心轨迹计算。

4）当刀具磨损、更换新刀或刀具安装有误差时，可以利用刀具长度补偿指令，补偿刀具在长度方向上的尺寸变化，不必重新编制加工程序。

5）在加工程序的若干位置上，如果存在某一固定程序且重复出现的情况，在编程时可以采用调用子程序指令进行编程，并且在子程序中还可以嵌套下一级子程序，使程序的编制工作量减少。

2. 工件坐标系的建立

在数控铣床编程时，采用机床坐标系进行编程非常不方便，通常使用工件坐标系来编程。工件坐标系是以工件或夹具上某一点相对机床坐标原点为编程原点所建立的坐标系，它是用来确定工件几何形体上各要素的位置而设置的坐标系。工件坐标系的原点称为工件原点，也称为工件零点。工件原点的位置可以任意设定，是根据零件的特点选定的。在数控铣削编程时，工件原点的选择遵循以下原则：

1）工件原点应设在零件图的尺寸基准上。

2）工件原点设在对称零件的对称中心上。

3）一般零件设在工件外轮廓的某一角上。

4）Z 轴方向的工件原点一般设在工件表面上。

5）尽量选在精度较高的工件表面上。

3. 设定工件坐标系指令（G92）

设定工件坐标系指令（G92）用于在数控程序中建立工件坐标系。

指令格式：

G92　X__　Y__　Z__

X、Y 和 Z 为起刀点，即程序开始运动的起点在工件坐标系中的坐标值。执行该指令只是设定坐标系，机床未产生任何运动。该指令设定工件坐标系与刀具位置有关，因此，执行该指令前，刀具要放在程序所要求的位置上，如果刀具在不同的位置，则设定出的工件坐标系的坐标原点也不同。

4. 选择工件坐标系指令（G54～G59）

在机床 MDI 方式下，设定 G54～G59 各工件坐标系原点在机床坐标系中对应的偏移值，然后，在程序中通过 G54～G59 指令选择相对应的工件坐标系。

5. 平面选择（G17/ G18/G19）

坐标平面选择指令用于选择圆弧插补平面和刀具补偿平面。G17 是选择 XOY 平面，G18 是选择 XOZ 平面，G19 是选择 YOZ 平面。

该组指令为模态指令，数控铣床上数控系统初始状态一般默认为 G17 状态，如果在其他平面上加工，则应该用坐标平面选择指令。

6. 绝对坐标值和相对坐标值（G90/G91）

绝对坐标值编程用 G90 指令，相对坐标值编程用 G91 指令，G90 和 G91 指令是模态 G 指令，在同一程序段中只能用一种。

7. 插补功能指令

（1）快速点定位指令（G00）

指令格式：

G00　X__　Y__　Z__

X、Y、Z 是刀具移动的终点坐标值，刀具快速移动到指定点。G00 的运动速度、运动轨迹由系统确定，其运动轨迹一般不是一条直线，而是若干条直线段的组合，在编程时要注意避免刀具与工件或机床发生碰撞。

（2）直线插补指令（G01）

指令格式：

G01　X__　Y__　Z__　F__

刀具根据 F 指令的速度从当前位置按直线移动到指定点。刀具沿 X、Y、Z 方向执行单轴移动，或在各坐标面内执行任意斜率的直线运动，也可执行三轴联动，刀具沿指定空间直线移动。F 指令的进给速度一直到接收新的 F 指令前均有效。

（3）圆弧插补指令（G02/G03）

指令格式：

XY 平面圆弧：

$$G17\begin{Bmatrix}G02\\G03\end{Bmatrix}\quad X\_\quad Y\_\quad \begin{Bmatrix}R\_\\I\_\ J\_\end{Bmatrix}\quad F\_$$

（G17 可省略）

XZ 平面圆弧：

$$G18\begin{Bmatrix}G02\\G03\end{Bmatrix}\quad X\_\quad Z\_\quad \begin{Bmatrix}R\_\\I\_\ K\_\end{Bmatrix}\quad F\_$$

YZ 平面圆弧：

$$G19\begin{Bmatrix}G02\\G03\end{Bmatrix}\quad Y\_\quad Z\_\quad \begin{Bmatrix}R\_\\J\_\ K\_\end{Bmatrix}\quad F\_$$

G17、G18 和 G19 是平面指定指令；G02 是顺时针旋转加工，G03 是逆时针旋转加工；I、J 和 K 为圆心相对于圆弧起始点的增量尺寸，R 为圆弧半径，圆心角 $<180^\circ$ 时取正，圆心角 $\geq 180^\circ$ 时取负，I、J 和 K 与 R 同时存在时，R 有效，整圆编程时不可以使用 R，只能用 I、J、K；F 为沿圆弧移动的速度。

8. 刀具补偿指令

（1）刀具半径补偿指令（G41/G42/G40）　在零件轮廓铣削时，由于刀具半径尺寸的影响，刀具的中心轨迹与零件轮廓一般是不一致的。为避免计算刀具中心轨迹，数控系统提供了刀具半径补偿功能。采用刀具半径补偿指令，在编程时只需要按零件轮廓编制，数控系统自动计算刀具中心轨迹，并使刀具按此轨迹运动，从而简化程序编制过程。

指令格式：

G17/G18/G19 G41/G42 G00/G01　X__　Y__　Z__　D__　（建立刀具半径补偿）

⋮　（轮廓加工铣削程序段）

G17/G18/G19 G40 G00/G01　X__　Y__　Z__　（切削刀具半径补偿）

G17/G18/G19 是平面选择指令，当选择某一平面进行刀具半径补偿时，只是影响该坐

标平面的坐标轴移动，而对另一坐标轴不起作用。

G41 指令是刀具半径左补偿指令，即沿刀具进刀方向看去，刀具中心在零件轮廓的左侧。G42 指令是刀具半径右补偿指令，即沿刀具进刀方向看去，刀具中心在零件轮廓的右侧。

G40 指令是取消刀具半径补偿指令，即取消 G41 或 G42 指令的刀具半径补偿。

G00/G01 是刀具移动指令，无论是建立还是取消刀具半径补偿，必须有补偿平面坐标轴的移动。

X、Y、Z 是刀具插补终点坐标值，平面选择指令选定的平面坐标轴外的另一坐标轴可不写。

D 是刀具半径补偿功能字，其后两位数是补偿编号，该补偿编号对应的存储值是刀具半径补偿值。

使用刀具半径补偿指令时应注意：

从无刀具补偿状态进入刀具半径补偿状态时，刀具必须移动一段距离，否则，刀具会沿运动法向直接偏移一个半径量，容易导致意外，尤其是在加工全切削的型腔时，刀具无回转空间，会被崩断；在用 G40 指令取消 G41、G42 指令时，其移动指令只能用 G00 或 G01；在 G41/G42 与 G40 之间的程序段，不允许有第三轴的移动；为保证切削轮廓的完整性，在切入点与切出点重合时，一般采用从刀具补偿起点到工件切入点分两段程序的方法，第一段进行刀具补偿，第二段为过渡段；从工件切出点到刀具撤销补偿的终点也要分为两段，第一段为过渡段，第二段撤销刀具补偿。

（2）刀具长度补偿指令（G43/G44/G49） 刀具长度补偿指令一般用于刀具轴向（Z 方向）的补偿，该指令使刀具在 Z 方向上的实际位移比程序给定的值增加或减少一个偏移量。这样当刀具在长度方向的尺寸发生变化时，可以在不改变程序的情况下，通过改变偏移量加工出所要求的零件。

指令格式：

G43/G44 G00/G01 Z__ H__ （建立刀具长度补偿）

⋮ （铣削加工程序段）

G49 G00/G01 Z__ （切削刀具长度补偿）

G43 是刀具长度正补偿指令，即把刀具向上抬起；G44 是刀具长度负补偿指令，即把刀具向下补偿。G49 是取消刀具长度补偿指令。

Z 是程序中刀具目标点的坐标值，是理想状态刀具刀位点应该到的编程终点。

H 为刀具长度补偿功能字，其后面一般用两位数字表示补偿编号。偏置号可用 H00~H99 来指定。偏置值与偏置号对应，可通过 MDI/CRT 先设置在偏置存储器中。对应偏置号 00 即 H00 的偏置值通常为 0，因此对应于 H00 的偏置量不设定。

在使用 G43、G44 指令时，无论是用绝对尺寸还是增量尺寸指令编程，程序中指定的 Z 轴终点值，都要与 H 指令中所对应的偏移量进行运算。在使用 G43 指令时，加上偏移量，即 Z 实际值 = Z 指令值 + H××；在使用 G44 指令时，减去偏移量，即 Z 实际值 = Z 指令值 − H××。然后把运算结果作为终点坐标值进行加工。

9. 孔加工固定循环

在数控铣床上，钻孔、镗孔、攻螺纹等经常需要重复一系列的加工动作，且动作循环已经典型化。这些典型动作已经预先编好程序，需要时可用固定循环的 G 指令进行调用，从而简化编程过程。

（1）孔加工固定循环动作　如图 6-35 所示，孔加工固定循环动作有三个关键点，即 A 点、R 点、B 点，图中粗实线箭头表示切削进给路线，虚线箭头表示快速进给路线。

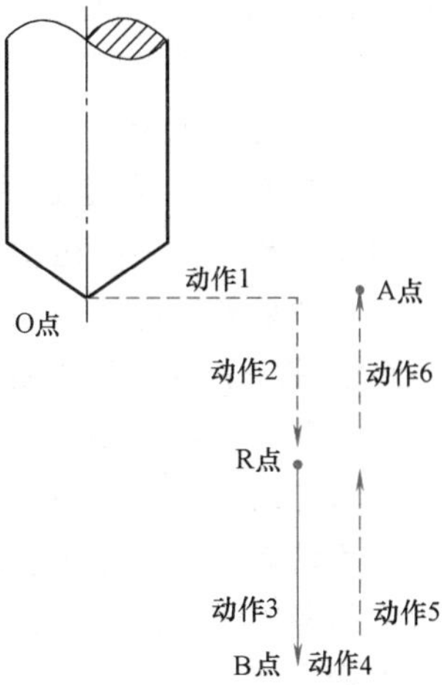

A 点：初始点，其所在平面称为初始平面。

R 点：距孔表面 2～5mm 安全距离，其所在平面称为 R 平面。

B 点：切削终点，不通孔时为孔底 Z 向高度；通孔时为伸出工件底平面一段距离。钻孔时还应当考虑钻尖对孔深的影响。

图 6-35　固定循环动作

——切削进给　- - - -—快速进给

（2）孔加工固定循环指令（G80/G81/G83/G84）

指令格式：

G90/G91 G98/G99　G__　X__　Y__　Z__　R__　Q__　P__　F__　L__

G90/G91 是坐标方式指令，采用 G90 时，X、Y、Z 和 R 均为绝对坐标值；采用 G91 时，X、Y、Z 和 R 均为绝对坐标值。

G98/G99 是退刀点指令，采用 G98 时，刀具退刀到初始点，一般用在单孔或最后一个孔加工；采用 G99 时，刀具退刀到 R 点，一般用在多孔加工。G 是孔加工方式，其代码见表 6-2。

表 6-2　常用孔加工方式 G 代码

序号	G 代码	孔加工动作（-Z 方向）	在孔底动作	刀具退刀方式（+Z 方向）	用途
1	G80	无	无	无	取消固定循环
2	G81	切削进给	无	快速	钻孔（中心孔、浅孔）
3	G83	间歇进给	无	快速	往复排屑钻深孔
4	G84	切削进给	暂停，主轴反转	切削进给	攻右旋螺纹

X、Y 是定位点的 X、Y 轴坐标值。Z 是切削终点 Z 轴坐标值。R 是 R 点 Z 轴坐标值。Q 是 G83 加工方式时每次加工深度，为增量值且用正值表示。P 是孔底暂停时间，单位为 ms。F 是切削进给速度，单位为 mm/min。L 是孔加工重复次数，L1 可省略。当为 L0 时不执行加工动作；采用 G90 指令时刀具在原来的孔位重复加工；采用 G91 指令时可实现分布在一条直线上的若干等距孔的加工。

6.4.3　数控铣床及加工中心操作训练

数控铣床及加工中心配用的数控系统不同，其操作面板的形式也不同，但是，各种开关、按钮的功能及操作方法基本相同。

1. FANUC 数控铣床的操作步骤

当加工程序编制完成之后，就可操作机床对工件进行加工。数控铣床的基本操作有开机、手动操作、自动运行操作、程序的输入编辑、刀具补偿、对刀、工件坐标系的设定、程序模拟检测或试运行操作、自动加工操作和机床急停等。

（1）开机　在机床电源接通之前，检查电源的柜内断路器是否全部接通，将电源框门关好后，先打开机床电源，再按操作面板上的“CNC POWER ON”按钮方能打开机床主电源开关。当 CRT 屏幕上显示 X、Y、Z 的坐标位置时，即可开始工作。当自动工作循环结束，机床运动部件停止运动后，按操作面板上的“CNC POWER OFF”按钮，断开数控系统的电源，然后切断电源柜上的机床电源开关。

（2）手动操作　数控铣床的手动操作包括以下五种：

1）回参考点（机械坐标零点）。起动机床执行具体运行之前，都必须进行手动返回参考点。这是为了使机床系统能够进行复位，找到机床坐标（即机械坐标）全部为零点的坐标值。手动返回参考点之前，一定要将机械坐标（即综合）画面调出，并使机械坐标上 X、Y 和 Z 的各轴坐标值都必须是负值（-30.000mm 以上）。只有在这种情况下才可进行返回参考点的操作。

具体操作步骤：①将方式选择旋钮旋转到手动，并回零；②点动按钮+方向，选择返回的坐标轴（一般先选择 Z 轴）；③按下+方向按钮，直到该选择返回轴的回零结束灯亮。其他各轴按上述同样步骤操作即可。

2）连续进给和快速进给。在 JOG 方式中，持续按下操作面板上的进给轴及其方向选择按钮，会使刀具沿着该轴的所选方向连续移动，旋转快速进给旋钮会使刀具沿着所选轴，快速移动。

具体操作步骤：①将方式选择旋钮旋转到手动进给（或快速移动）位置上；②按进给轴和方向选择按钮，选择移动的轴和方向；③按动方向按钮，并注意运动方向；④各轴的移动按上述步骤操作即可。

3）手轮进给（手摇脉冲发生器）。在手轮进给方式中，刀具可以通过旋转机床操作面板上的手摇发生器与电子倍率修调进行微量移动，在设定工件坐标系时，可使用手轮进给轴选择开关，选择要移动的轴进行精确定位。

具体操作步骤：①将方式选择旋钮旋转到手轮进给位置上；②旋转轴向选择开关选择所要移动的轴；③将手轮进给倍率放宽到所需移动的倍率位置；④旋转手轮以对应刀具移动方向。

4）主轴手动操作。在利用机床手动铣削时，需对机床主轴进行手动操作。在此之前应在 MDI 操作画面上，将机床主轴转速值存入到机床系统外的存储器中方可以在机械操作面板主轴正、反转按钮上操作。

5）冷却泵启停操作。在进行手动铣削时，需要手动启动机床冷却泵开关，在 JOG 状态下开启或关闭切削液。

（3）自动运行操作　用编程程序运行 CNC 机床称为自动运行。机床的自动运行也称为机床的自动循环，自动运行前必须使各坐标轴返回参考点，并有结构完整的数控程序。

1）内存运行。程序事先存储到存储器中。当选择了这些程序中的一个并按下机床操作面板上的循环起动按钮后，起动自动运行。在自动运行中，按下机床操作面板上的进给暂停按钮后，自动运行可临时中止。当再次按下循环起动按钮后，自动运行又重新进行。当 MDI 面板上的复位按钮被按下后，自动运行被中止，并进入复位状态。

2）MDI 运行。在 MDI 方式中，通过 MDI 面板，可以编制最多四行的程序并被执行。程序格式与通常程序一样。MDI 程序适用于简单的测试操作，所编制的程序将不保留在存储器内。

具体操作步骤：①将方式选择旋钮旋转到“MDI”的位置；②按下“PRDG”程序显示键，使屏幕显示“MDI”程序画面；③输入简单测试程序；④按下循环起动按钮，即进入 MDI 运行。

（4）程序的输入编辑　在编制零件加工程序之后，将加工程序输入到机床系统内存储器中进行编辑，编辑操作包括插入、修改、删除和字的替换及程序号的检索、字检索、地址检索等，这是程序编辑之前的必要操作。

具体操作步骤：①将方式选择旋钮旋转到编辑位置；②按下程序键，使屏幕显示程序画面；③按下 DIR 软键，显示程序目录；④输入地址 O，并接着输入程序号（4 位数字），按下插入键，此时程序号码被输入到程序目录上，屏幕显示转换成程序画面；⑤按下 EOB（程序段号），插入后即可将编制好的程序输入到系统的内存储器中进行编辑。

（5）刀具补偿

1）刀具长度补偿。刀具长度补偿的 Z 轴的零点设在主轴端面上，而不设在刀尖上才用长度补偿。零点设在主轴端面上的长度补偿补的是刀长，就是指从主轴端面到刀尖之间的距离。刀具补偿是为了使刀具顶端（通常是刀尖）到达编程位置而进行的刀具位置补偿。补偿功能代码 H__，就是长度补偿代码号。

2）刀具半径补偿。在数控铣床上进行零件加工时，编程是以主轴的轴线，而实际刀具是有半径的，所以在铣削零件时必须使用半径补偿。补偿功能代码 D__，就是刀具半径补偿代码号。

具体操作步骤：①将方式选择旋钮置于任何位置均可；②按下 OFFSET 键或软键，使屏幕显示刀具补偿画面；③将光标移到要设定或改变补偿的位置上；④输入设定的值和要修改的补偿值；⑤按下输入键，刀具的补偿值或修改值即显示在光标停留的位置上。

（6）对刀　对刀是在工件装夹完成以后进行的操作，目的是寻找工作原点在机床坐标系中的位置，其本质就是建立工件坐标系与机床坐标系的关系，为零件加工程序的自动运行做准备。

具体操作步骤：①将方式选择旋钮旋转到手动输入位置，按下 PROG（程序）功能键，使屏幕显示 MDI 程序画面，输入正转与速度指令，使主轴转动起来；②将方式选择旋钮旋转到手轮进给位置，手摇轮移动三轴，使刀具切削中心点精确地定位到工件的所设定的位置，这样就达到了对刀的要求。

（7）工件坐标系的设定　在数控铣床的系统中设置有 G54~G59 六个可供操作者选择的工件坐标系的工件原点偏值。操作者可根据需要选用其中一个或同时选用几个来确定一个或几个工件坐标系，这样就可以对应加工一个或同时加工几个工件。

（8）程序模拟检测或试运行操作　在零件程序编辑完成后，并进行人为目测检查认定无编辑错误后，利用机床的模拟刀具轨迹图形检测程序或利用试运行单段功能做最后的检测。

1）模拟检测的操作：①调出程序编辑窗口和所需加工零件的程序，将光标停留在程序名上；②将方式选择开关旋转到自动位置上；③按下 CUSTOM/GRAPH 功能键，使屏幕显示模拟画面；④将机床锁定开关锁定；⑤按下循环按钮，即可通过观察屏幕上的刀具轨迹，检查程序的加工全过程。

2）程序试运行的操作：①调出程序，将光标停留在程序名上，并按下检索键；②将方式选择按钮旋转到自动位置上；③放开机床锁定开关，并打开程序单段运行开关；④按下循环起动按钮，开始进入自动运行。当程序执行完一段后，自动运行停止，再次按下循环起动按钮，自动运行功能再次起动运行。如此循环，程序一段一段执行，直到程序执行结束。

（9）自动加工操作　当工件程序经编辑存入 CNC 中，并经模拟或试运行检测无编辑语法错误时，将机床锁定开关放开并断开单段运行开关，在进行机床回零操作后，按下循环起动按钮，开始进行工件程序的自动运行。

需要注意的是，当零件程序进入自动运行前，应进行回零操作，以消除机械位置与系统内的数值的误差。在进入自动运行加工过程中，不得进行其他操作，以免出现机床与系统故障或机床加工事故。

（10）机床急停操作　机床在手动或自动运行中，一旦发现异常情况，应立即停止机床的运行。使用急停按钮或进给保持按钮均可使机床停止。

1）使用急停按钮。如果机床运行时按下急停按钮，则机床进给运动和主轴运动会立即停止工作。待故障排除重新执行程序，恢复机床的工作时，顺时针旋转该按钮，按下机床复位按钮复位后，进行手动返回机床参考点的操作。

2）使用进给保持按钮。机床在运行时按下进给保持“FEED HOLD”按钮，机床处于保持状态。待急停解除之后，按下循环起动按钮恢复机床运动状态，无须进行返回参考点的操作。

2. 数控铣床操作过程中的注意事项

1）每次开机前要检查一下铣床润滑油泵中的润滑油是否充裕，切削液是否足够等。

2）开机时，首先打开总电源，然后按下 CNC 电源中的开启按钮，把急停按钮顺时针旋转，按下铣床复位按钮，使处于待命状态。

3）在手动操作时，必须时刻注意，在进行 X、Y 方向移动前，必须使 Z 轴处于抬刀位置。移动过程中，不能只看 CRT 屏幕中坐标位置的变化，要观察刀具的移动。

4）在编程过程中，对于初学者来说，尽量少用 G00 指令。在走空刀时，应把 Z 轴的移动与 X、Y 轴的移动分开进行，即多抬刀、少斜插，避免刀具碰到工件而发生破坏。

5）在利用 DNC 功能时，要注意铣床的内存容量，一般从计算机向铣床传输的程序总字节数应小于 23kB。如果程序比较长，则必须采用由计算机边传输边加工的方法，但程序段号不得超过 N9999。如果程序段超过 1 万个，可以借助程序编辑功能，把程序段号取消。

6）铣床出现报警时，要根据报警号查找原因，及时解除报警，不可关机了事，否则开机后仍处于报警状态。

3. 零件加工训练

要求数控机床系统为 FANUC 0i。工件毛坯：铝材，尺寸为 ϕ90mm×65mm。零件如图 6-36 所示，工件材料为铝材 LY12，毛坯已在车床上加工，外六方已加工成 ϕ81mm 的圆，ϕ60mm 的圆台处已加工成 ϕ70mm 的圆。采用立铣刀，刀具直径为 ϕ16mm。零件需要铣外

轮廓、钻孔、铣凹台等。

加工工艺流程：

坯料→铣上圆面→铣六方。毛坯已在车床加工过，侧面加工余量不大，可以一刀加工完成。在高度方向分为两次进给加工。加工分为粗加工和精加工，用立铣刀加工。

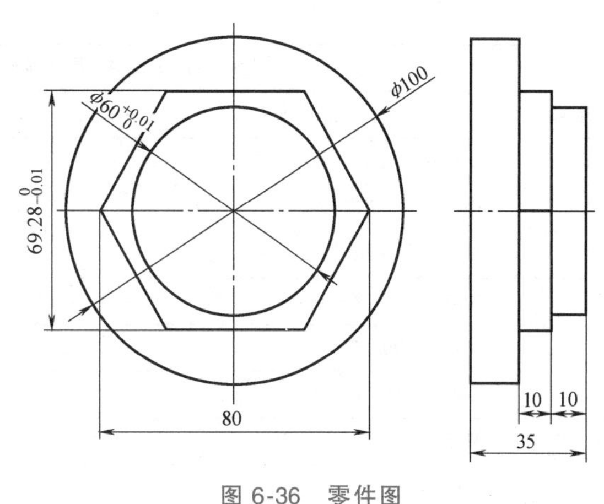

图 6-36　零件图

装夹时，用百分表固定在主轴上，触头接触工件母线，上下移动主轴，找正工件装夹垂直度。然后，手动旋转主轴，根据百分表的读数在 XOY 平面移动工件，直到旋转主轴百分表的读数不变，则工件中心与主轴中心重合。Z 轴采用试切法对刀。

按以下四个基本步骤完成各工艺流程的加工程序。

第 1 步，建立工件坐标系。工件原点建立在工件上表面与轴线的交点上。

第 2 步，确定进给轨迹。

第 3 步，计算各刀位点的坐标值。

第 4 步，编制加工程序。编制的加工程序见表 6-3。

表 6-3　工艺程序

数控铣床程序卡	编程原点	工件上表面与轴线交点				
	零件名称	凸台	零件图号		材料	硬铝 LY12
	机床型号	MYNX530	夹具名称	自定心卡盘	实训车间	数控中心

工序一：用自定心卡盘夹持毛坯外圆，粗加工		
序号	程序	简单说明
	%	程序起始符
	O0001	程序名
N10	G17　G40　G80　G49	设置初始状态
N20	G90　G92　X100.0　Y100.0　Z100.0	建立工件坐标系
N30	M03　S1200	主轴正转，转速 1200r/min
N40	G00　X-45.0　Y-70.0	快速定位，切削液开
N50	Z10.0　M08	
N60	G01　Z0　F150	Z 向进给
	M98　P20002	调用子程序 O0002
	G90 G01　Z-15.0	Z 向进给
	M98　P20003	调用子程序 O0003
	G90　G00　Z50.0　M09	提刀，切削液关
	M05	关主轴
	M30	程序结束
	%	程序结束符
工序二：测量工件，调整刀补，按循环按钮，精加工		
序号	程序	简单说明
	M03　S1200	主轴正转，转速 1200r/min
	G00　X-45.0　Y-70.0	快速定位，切削液开

（续）

工序二：测量工件，调整刀补，按循环按钮，精加工		
序号	程序	简单说明
	Z10.0　M08	快速定位，切削液开
	G01　Z0　F150	Z 向进给
	M98　PO0002	调用子程序 O0002
	G90　G01　Z-10.0	Z 向进给
	M98　PO0003	调用子程序 O0003
	G90　G00　Z50.0　M09	提刀，切削液关
	M05	关主轴
	M30	程序结束
	%	程序结束符
粗加工圆柱子程序		
序号	程序	简单说明
	%	程序起始符
	O0002	程序名
N70	G91　G01　Z-5.0　F150	每次切深 5mm
N80	G90　G41　G01　X-32.5　Y-32.5　D01	建立刀具半径补偿
N90	Y0	圆弧切向切入
N100	G02　I32.5　F150	加工圆柱面
N110	G01　Y32.5	圆弧切向切出
	G40　G00　X-45.0　Y-70.0	取消刀具补偿
	M99	返回主程序
	%	程序结束符
粗加工六方子程序		
序号	程序	简单说明
	%	程序起始符
	O0003	程序名
	G91　G01　Z-5.0　F150	每次切深 5mm
	G90　G41　G01　X-5.0　Y-43.3　D02	建立刀具半径补偿
	X-40.0　Y0	粗加工六方
	X-20.0　Y-34.6	
	X20.0	
	X40.0　Y0	
	X20.0　Y34.6	
	X-30.0	
	G40　G00　X-45.0　Y-70.0	取消刀具补偿
N10	M99	返回主程序
N20	%	程序结束符

（续）

精加工圆柱子程序		
序号	程序	简单说明
	%	程序起始符
	O0004	程序名
	G91 G01 Z-10.0 F100	切深 10mm
	G90 G41 G01 X-32.5 Y-32.5 D01	建立刀具半径补偿
N30	Y0	圆弧切向切入
	G02 I32.5 F100	精加工圆柱面
	G01 Y32.5	圆弧切向切切出
	G40 G00 X-45.0 Y-70.0	取消刀具补偿
	M99	返回主程序
	%	程序结束符
精加工六方子程序		
序号	程序	简单说明
	%	程序起始符
	O0005	程序名
	G91 G01 Z-10.0 F100	每次切深 5mm
	G90 G41 G01 X-5.0 Y-43.3 D02	建立刀具半径补偿
	X-40.0 Y0	精加工六方
	X-20.0 Y-34.6	
	X20.0	
	X40.0 Y0	
	X20.0 Y34.6	
	X-30.0	
	G40 G00 X-35.0 Y-70.0	取消刀具补偿
	M99	返回主程序
	%	程序结束符

6.5 智能制造技术

6.5.1 智能制造的技术内涵

制造是社会创造产品和物质活动的基础，包括设计、加工、装配及服务等整个产品创新链和产业链。智能制造是先进制造技术与信息技术的深度融合，通过对产品全生命周期中设计、加工、装配及服务等环节的制造活动进行知识表达与学习、信息感知与分析、智能优化与决策、精准控制与执行，实现制造过程、制造系统与制造装备的知识推理、动态传感与自主决策。智能制造包括制造对象的智能化、制造过程的智能化、制造工具的智能化三个不同层面。制造对象的智能化，即制造出来的产品与装备是智能的。制造过程的智能化，即要求产品的设计、加工、装配、检测、服务等每个环节都具有智能特性。制造工具的智能化，即

通过智能机床、智能工业机器人等智能制造工具，实现制造过程的自动化、精益化、智能化，进一步带动智能装备水平的提升。

6.5.2 智能制造的主要特点

智能制造集自动化、柔性化、集成化和智能化于一身，具有实时感知、优化决策、动态执行三个方面的优点。智能制造在实际应用中具有以下特征：

1. 自组织能力和自律能力

智能制造中的各组成单元能够根据工作任务需要，集结成一种超柔性最佳结构，并按照最优方式运行。其柔性不仅表现在运行方式上，也表现在结构组成上。例如，在当前任务完成后，该结构将自行解散，以便在下一任务中能够组成新的结构。

智能制造具有搜集与理解环境信息及自身信息并进行分析判断和规划自身行为的能力。强有力的知识库和基于知识的模型是自律能力的基础。智能制造系统能监测周围环境和自身作业状况并进行信息处理，根据处理结果自行调整控制策略，以采用最佳运行方案，从而使整个制造系统具备抗干扰、自适应和容错等能力。

2. 自学习和自维护能力

智能制造以原有的专家知识为基础，在实践中不断进行学习，完善系统知识库，并剔除其中不适用的知识，使知识库趋于合理化。与此同时，它还能对系统故障进行自我诊断、排除和修复，从而能够自我优化并适应各种复杂环境。

3. 整个制造环境的智能集成

智能制造在强调各子系统智能化的同时，更注重整个制造环境的智能集成，这是它与面向制造过程中特定应用的“智能化孤岛”的根本区别。智能制造将各个子系统集成为一个整体，实现系统整体的智能化。

4. 人机一体化

智能制造不单强调人工智能，而且是一种人机一体化的智能模式，是一种混合智能。人机一体化一方面突出了人在制造环境中的核心地位，同时在智能机器的配合下，更好地发挥了人的潜能，使人机之间表现出一种平等共事、相互“理解”、相互协作的关系，使两者在不同的层次上各显其能，相辅相成。因此，在智能制造中，高素质、高智能的人将发挥更好的作用，机器智能和人的智能将真正地集成在一起。

6.5.3 汽车智能制造案例

1. 长安汽车 2025 规划重要战略

工业与信息化部 2015 年智能制造试点示范项目共有 6 个要素条件，长安汽车已实施 5 个，形成了可示范的汽车产业全价值链智能制造应用，见表 6-4。

2. 实现世界一流汽车目标的重要战略

智能制造是长安汽车实现世界一流汽车目标的重要战略。长安汽车公司在全球五国七地协同研发：在中国、美国、英国、意大利和日本五大研发中心，设有一、二中心，NVH 研究所，设计中心，整车性能所，碰撞安全所，试验检测所，电装中心，底盘中心和 CAE 工程所等不同业务部门，进行协同研发，如图 6-37 所示。通过多年探索和发展，长安汽车具备了“5+2”能力，即造型与总布置能力、结构设计与性能开发能力、仿真分析能力、样车制作与工艺能力和试验验证与评价能力，以及数字化协同研发能力+项目管理能力。

表 6-4 智能制造试点示范项目要素条件

智能制造试点示范项目要素条件	智能化	长安汽车已实施要素
以数字化工厂/智能工厂为方向的流程制造试点示范项目	—	—
以数字化车间/智能工厂为方向的离散制 造试点示范项目	智能化工厂	数字化工厂、ERP(企业资源计划)、MES(生产信息化管理系统)、PLM(产品生命周期管理)CAX(CAD,CAE、CAM 等的统称)、PDM[BOM(物料清单)]
以信息技术深度嵌入为代表的智能装备（产品)试点示范项目	智能化产品	智能驾驶技术(疲劳监测、自动泊车等)、智能互联系统[inCall3.0(语音交互系统)、TBOX(车联网系统)]
以个性化定制、网络协同开发、电子商务为代表的智能制造新业态、新模式试点示范项目	智能新模式	个性化定制、CRM(客户关系管理系统)、电子商务
以物流管理、能源管理智慧化为方向的智能化管理试点示范项目	智能化管理	OTD(订单到交付)、能源管理、BI(商务智能)、大数据
以在线监测、远程诊断与云服务为代表的智能服务试点示范项目	智能化服务	车联网应用服务、远程故障诊断

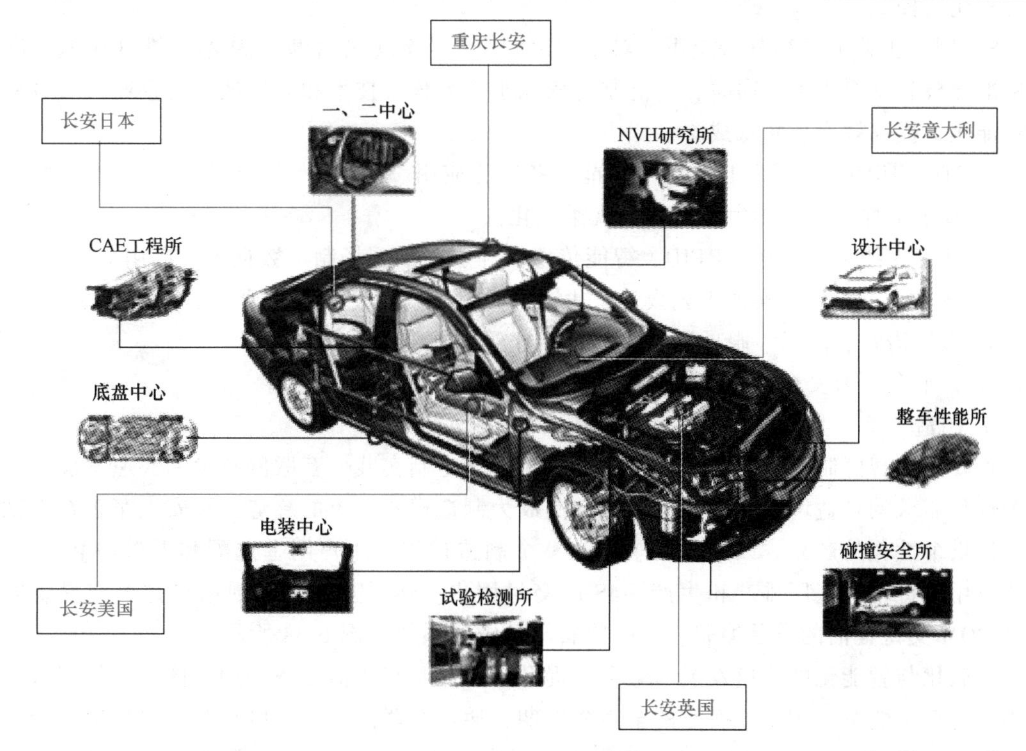

图 6-37 长安汽车五大研发中心

3. 智能产品——打造智能化产品实践

长安汽车产品智能化水平处于自主品牌领先地位。2015 年上海车展首发的 CS75 四驱车型荣获“2014 年度智能汽车”称号。该车型配置了多项智能驾驶技术：疲劳监测、车道偏离警示 LDW、全景辅助系统、引导式泊车辅助 APA、盲区监测 BSD、换道辅助 LCDA 和后方横向预警，未来 2~3 年将实现的智能驾驶技术有：全速自适应巡航 ACC、自动紧急制动 AES、自动泊车、车道保持辅助 LKA 和夜视系统 NV。该车型配置的智能互联系统为 in-Call3.0 和 TBOX。

4. 智能制造——建设数字化制造工厂实践

长安汽车以 OTD 为核心，推进数字化制造一线贯通，加快数字化工厂建设，深度推进物联网技术应用，开展大数据分析，构建新的生产方式。

具体采取措施如下：

1）以 OTD 为核心，导入零部件物流精益管理系统、整车物流管理系统、一车一单管理系统，持续推进数字化制造一线贯通，用数据展现和管理制造过程，持续改善管理。

2）智能化工业装备应用。引入 3D 打印技术并运用到生产实践中；提高生产线和设备自动化，应用系统与设备的高度集成，建设数字化工厂。

3）柔性制造和虚拟仿真应用。以工艺为先导，形成一个自动化生产的有机整体，既具有一定范围的适用性，又具有较好的可变性，实现大规划定制化和个性化需求。

4）物联网技术应用。引入无线传感网络、RFID（无线射频识别技术）、传感器和服务的现场制造数据采集应用，通过将无线传感网络用于生产现场，实现生产现场设备识别和整车可视化监控。

5）制造工业大数据分析应用。对生产过程全程自动数据采购，从不同维度快速、高效及精准分析和支撑决策。同时，智能制造依托于 7 大核心技术和其发展，使企业生产过程全面智能化，提高效率、降低成本。

① 3D 打印制造技术和自动化、智能设备广泛应用。

② 基于个性化需求的生产计划实现柔性化。

③ 基于无线传感网络、RFID、智能传感器和服务的现场制造数据采集应用。

④ 通过虚拟设计，实现工艺设计、生产产品制造仿真、物流仿真、装配仿真等。

⑤ 通过语音、图形、眼球跟踪、肢体动作等方式实现人机交互。

⑥ 云平台、云安全网络和云服务。

⑦ 制造工业大数据分析。

长安汽车智能制造系统主要围绕大规模个性化定制实践。互联网技术的快速发展以及用户个性化需求的日益增长，使得个性化定制成为制造模式变革的趋势，长安汽车正在尝试为用户提供个性化的产品。以用户需求驱动整个制造过程：用户网上选配和下单→4S 店接收和执行用户订单→工厂排产和生产→4S 店交付用户。通过互联网实现用户订单交易。通过超级 BOM 支持灵活的产品编码。产品物料清单编码系统如图 6-38 所示。

互联化与智能化的快速发展与融合，提升了产品与车生活服务的用户体验，长安汽车围绕用户选车、购车、用车、换车的全生命周期，通过互联网、车联网将为用户打造一个生态服务圈。开展 O2O（线上到线下）整车及售后电商服务；建立 TSP 服务系统，提供随车智能服务；通过车联网提供主动维修服务，促使由以产品为中心向以客户为中心转型。

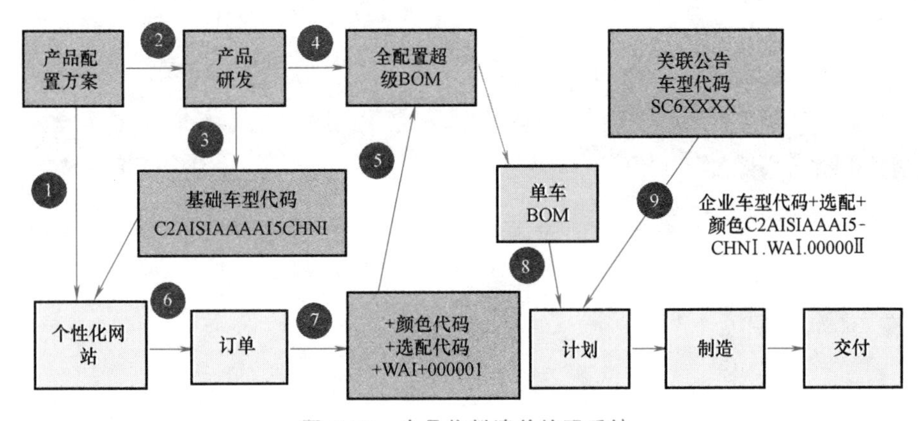

图 6-38　产品物料清单编码系统

以客户为中心，建立完善的客户关系管理体系，搭建基于互联网的 CRM 系统，建立统一客户体验平台、开展大数据分析，提升客户满意度，赢取客户忠诚，创造客户价值，创建长安智能制造系统，如图 6-39 所示。

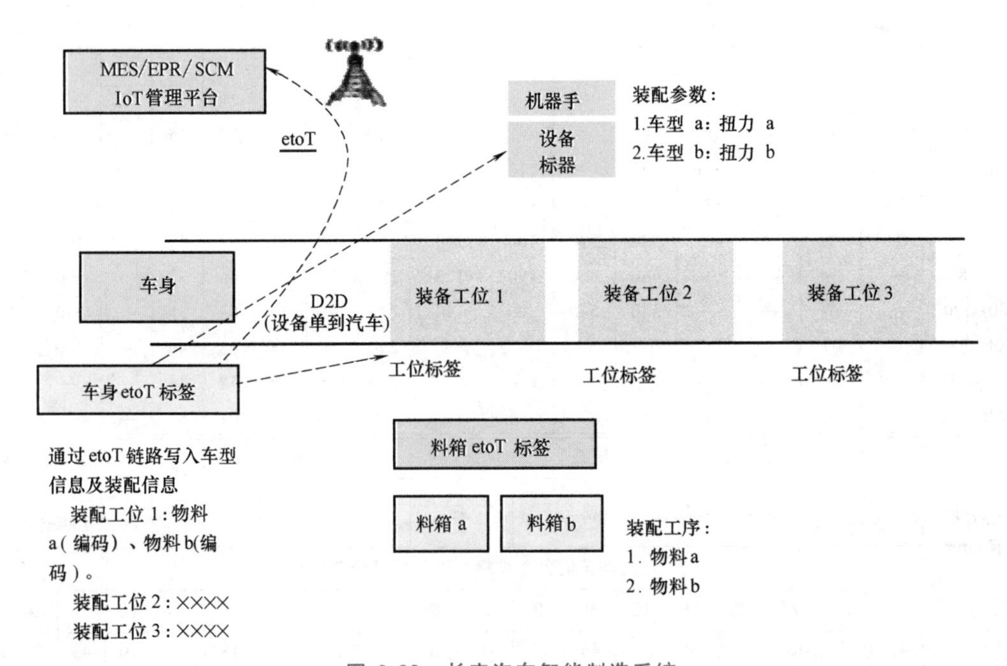

图 6-39　长安汽车智能制造系统

附录

附表1　孔加工的经济精度

孔的公称直径/mm	钻及扩钻孔				扩孔				铰孔						拉孔	
	无钻模		有钻模		粗扩	铸孔或冲孔后一次扩孔		钻扩后精扩	半精铰		精铰		细铰		粗拉铸孔或冲孔	
	加工的公差等级(IT)和标准公差值/μm															
	13	11	13	11	13	13	11	10	11	10	9	8	7	6	11	10
≤3	—	60	—	60	—	—	—	—	—	—	—	—	—	—	—	—
>3~6	—	75	—	75	—	—	—	—	75	48	30	18	12	8	—	—
>6~10	—	90	—	90	—	—	—	—	90	58	36	22	15	9	—	—
>10~18	270	—	—	110	270	—	110	70	110	70	43	27	18	11	—	—
>18~30	330	—	—	130	330	—	130	84	130	84	52	33	21	—	—	—
>30~50	390	—	390	—	390	390	160	100	160	100	62	39	25	—	160	100
>50~80	—	—	460	—	460	460	190	120	190	120	74	46	30	—	190	120
>80~120	—	—	—	—	540	540	220	140	220	140	87	54	35	—	220	140
>120~180	—	—	—	—	—	—	—	—	250	160	100	63	40	—	250	160
>180~250	—	—	—	—	—	—	—	—	290	185	115	72	46	—	—	—
>250~315	—	—	—	—	—	—	—	—	320	210	130	81	52	—	—	—

孔的公称直径/mm	拉孔			镗孔							磨孔				研磨	用钢球、挤压杆校正，用钢球或滚柱扩孔的挤孔			
	粗拉或钻孔后精拉孔			粗	半精	精			细		粗		精						
	加工的公差等级(IT)和标准公差值/μm																		
	9	8	7	13	11	10	9	8	7	6	9	8	8	7	6	10	9	8	7
>10~18	43	27	18	270	110	70	43	27	18	11	43	27	27	18	11	70	43	27	18
>18~30	52	33	21	330	130	84	52	33	21	13	52	33	33	21	13	84	52	33	21
>30~50	62	39	25	390	160	100	62	39	25	16	62	39	39	25	16	100	62	39	25
>50~80	74	46	30	460	190	120	74	46	30	19	74	46	46	30	19	120	74	46	30
>80~120	87	54	35	540	220	140	87	54	35	22	87	54	54	35	22	140	87	54	35
>120~180	100	63	40	630	250	160	100	63	40	—	100	63	63	40	25	160	100	63	40
>180~250	—	—	—	720	290	185	115	72	46	—	115	72	72	46	29	185	115	72	46
>250~315	—	—	—	810	320	210	130	81	52	—	130	81	81	52	32	210	130	81	52
>315~400	—	—	—	890	360	230	140	89	57	—	140	89	89	57	36	230	140	89	57
>400~500	—	—	—	970	400	250	155	97	63	—	155	97	97	63	40	250	155	97	63

附表 2　圆柱形外表面加工的经济精度

公称直径/mm	车					磨				研磨	用钢球或滚柱工具滚压			
	粗	半精或一次加工		精		一次加工	粗	精						
	加工的公差等级(IT)和标准公差值/μm													
	12~14	13	11	10	9	7	9	7	6	5	10	9	7	6
≤3	250~100	140	60	40	25	10	25	10	6	4	40	25	10	6
>3~6	300~120	180	75	48	30	12	30	12	8	5	48	30	12	8
>6~10	360~150	220	90	58	36	15	36	15	9	6	58	36	15	9
>10~18	430~180	270	110	70	43	18	43	18	11	8	70	43	18	11
>18~30	520~210	330	130	84	52	21	52	21	13	9	84	52	21	13
>30~50	620~250	390	160	100	62	25	62	25	16	11	100	62	25	16
>50~80	740~300	460	190	120	74	30	74	30	19	13	120	74	30	19
>80~120	870~350	540	220	140	87	35	87	35	22	15	140	87	35	22
>120~180	1000~400	630	250	160	100	40	100	40	25	18	160	100	40	25
>180~250	1150~460	720	290	185	115	46	115	46	29	20	185	115	46	29
>250~315	1300~520	810	320	210	130	52	130	52	32	23	210	130	52	32
>315~400	1400~570	890	360	230	140	57	140	57	36	25	230	140	57	36
>400~500	1550~630	970	400	250	155	63	155	63	40	27	250	155	63	40

附表 3　平面加工的经济精度

公称尺寸(高或厚)/mm	刨削和圆柱铣刀及面铣刀铣削									拉削					磨削					研磨	用钢球或滚柱工具滚压		
	粗			半精或一次加工		精	细			粗拉铸面及冲压表面		精拉			一次加工		粗	精	细				
	加工的公差等级(IT)和标准公差值/μm																						
>10~18	430	270	110	270	110	70	43	18	11	—	—	—	—	—	43	18	43	18	11	8	70	43	18
>18~30	520	330	130	330	130	84	52	21	13	130	84	52	21	13	52	21	52	21	13	9	84	52	21
>30~50	620	390	160	390	160	100	62	25	16	160	100	62	25	16	62	25	62	25	16	10	100	62	25
>50~80	740	460	190	460	190	120	74	30	19	190	120	74	30	19	74	30	74	30	19	13	120	74	30
>80~120	870	540	220	540	220	140	87	35	22	220	140	87	35	22	87	35	87	35	22	15	140	87	35
>120~180	1000	630	250	630	250	160	100	40	25	250	160	100	40	25	100	40	100	40	25	18	160	100	40
>180~250	1150	720	290	720	290	185	115	46	29	290	185	115	46	29	115	46	115	46	29	20	185	115	46
>250~315	1300	810	320	810	320	210	130	52	32	—	—	—	—	—	130	52	130	52	32	23	210	130	52
>315~400	1400	890	360	890	360	230	140	57	36	—	—	—	—	—	140	57	140	57	36	25	230	140	57
>400~500	1550	970	400	970	400	250	155	63	40	—	—	—	—	—	155	63	155	63	40	27	250	155	63

注：1. 表内资料适用于尺寸小于 1m，结构刚性好的零件加工，用光洁的加工表面作为定位和测量基准。

2. 面铣刀铣削的加工精度在相同的条件下大体上比圆柱铣刀铣削高一级。

3. 细铣仅用于面铣刀铣削。

附表 4　米制螺纹的加工的经济精度

加工方法		精度等级	加工方法	精度等级
车削	外螺纹	4~6	带径向或切向梳刀的自动张开式板牙头	6
	内螺纹	6~7		
用梳形刀车螺纹	外螺纹	4~6	旋风切削	4~6
	内螺纹	6~7	搓丝板搓螺纹	6
用丝锥攻内螺纹		4~7	搓丝模滚螺纹	4~6
用圆板牙加工外螺纹		4~6	单线或多线砂轮磨螺纹	4 或更高
带圆梳刀自动张开式板牙		4~6	研磨	4

附表 5 圆柱形深孔加工的经济精度

加工方法		经济精度 IT	加工方法	经济精度 IT
用麻花钻、扁钻、环孔钻钻孔	钻头回转 工件回转 钻头和工件都回转	11~12,13 11 11	镗刀块镗孔	7~8,9
扩钻 扩孔		11 8,9~11	铰孔 磨孔 珩孔 研磨	7~8,9 7 7 5~7
锪孔钻钻孔或镗孔	刀具回转 工件回转 刀具和工件都回转	8,9~11 8,9 8,9		

附表 6 各种加工方法所能达到的表面粗糙度值

加工方法	表面粗糙度 *Ra*/μm	加工方法	表面粗糙度 *Ra*/μm
车削外圆：粗车	40~10	插削：	20~2.5
半精车	10~1.25	拉削：精拉	2.5~0.32
精车	2.5~0.63	细拉	0.32~0.08
细车	1.25~0.16	推削：精推	1.25~0.16
车削端面：粗车	20~5	细推	0.63~0.02
半精车	10~2.5	外圆及内圆磨削：	
精车	10~1.25	半精磨（一次加工）	10~0.63
细车	1.25~0.32	精磨	1.25~0.16
车削割槽和切断：		细靡	0.32~0.08
一次行程	20~10	镜面磨削	0.08~0.01
二次行程	10~2.5	平面磨：精磨	5~0.16
镗孔：粗镗	20~5	细磨	0.32~0.01
半精镗	10~2.5	珩磨：粗珩（一次加工）	1.25~0.16
精镗	5~0.63	精珩	0.63~0.02
细镗（金刚镗床镗孔）	1.25~0.16	超精加工：精	1.25~0.08
钻孔：	20~1.25	细	0.16~0.04
扩孔：粗扩（有毛面）	20~5	镜面的（两次加工）	0.04~0.01
精扩	10~1.25	抛光：精抛光	1.25~0.08
锪孔、倒角	5~1.25	细（镜面的）抛光	0.16~0.01
铰孔：		砂带抛光	0.32~0.08
		电抛光	2.5~0.01
一次铰孔 钢	10~2.5	研磨：粗研	0.63~0.16
黄铜	10~1.25	精研	0.32~0.04
二次铰孔（精铰） 铸铁	5~0.63	细研（光整加工）	0.08~0.01
钢、轻合金	2.5~0.63	手工研磨	1.25~0.01
黄铜、青铜	1.25~0.32	机械研磨	0.32~0.08
细铰 钢	1.25~0.16	砂布抛光（无润滑油）：	
轻合金	1.25~0.32	原始表面粗糙度 *Ra* 值 砂布粒度	
黄铜、青铜	0.32~0.08	≤6.2μm F24	2.5~1.25
铣削：		≤3.2μm F36	1.25~0.63
圆柱铣刀 精铣	20~2.5	≤(3.2~1.6)μm F60	0.63~0.32
精铣	5~0.63	≤(3.2~1.6)μm F80	0.32~0.16
细铣	1.25~0.32	≤1.6μm F100	0.16~0.08
面铣刀 粗铣	20~2.5	≤(1.6~0.8)μm F140	0.08~0.04
精铣	5~0.32	≤0.8μm F180~F250	0.04~0.02
细铣	1.25~0.16	钳工锉削：	20~0.63
高速铣削 粗铣	2.5~0.63	刮研：25mm×25mm 内的点数	
精铣	0.63~0.16	4~6 点	1.25~0.63
刨削：粗刨	10~5	10~14 点	0.63~0.32
精刨	10~1.25	16~20 点	0.32~0.16
细刨（光整加工）	1.25~0.16	20~25 点	0.16~0.08
槽的表面	10~2.5	>25 点	0.08~0.04

附表 7　中心线平行的孔的相互位置精度

加工方法	工具的定位	两孔中心线间的距离误差或从孔中心线到平面的距离误差/mm	加工方法	工具的定位	两孔中心线间的距离误差或从孔中心线到平面的距离误差/mm
在立钻或摇臂钻上钻孔	用钻模	0.1~0.2	在卧式镗床上镗孔	用镗模	0.05~0.08
	按划线	1.0~3.0		按定位样板	0.08~0.2
在立钻或摇臂钻上镗孔	用镗模	0.05~0.08		按定位器的指示读数	0.04~0.06
在车床上镗孔	按划线	1.0~2.0		用量块	0.05~0.1
	用带有滑座的角尺	0.1~0.3		用内径规或塞尺	0.05~0.25
在坐标镗床上镗孔	用光学仪器	0.004~0.015		用程序控制的坐标装置	0.04~0.05
在金刚镗床上镗孔	—	0.008~0.02		用游标尺	0.2~0.4
在多轴组合机床上镗孔	用镗模	0.03~0.05		按划线	0.4~0.6

附表 8　中心线垂直的孔的相互位置精度

加工方法	工具的定位	在 100mm 长度上中心线的垂直度/mm	中心线的偏移公差/mm	加工方法	工具的定位	在 100mm 长度上中心线的垂直度/mm	中心线的偏移公差/mm
在立钻上钻孔	用钻模	0.1	0.5	卧式镗床上镗孔	用镗模	0.04~0.2	0.02~0.06
	按划线	0.5~1.0	0.2~2				
在铣床上镗孔	回转工作台	0.02~0.05	0.1~0.2		回转工作台	0.06~0.3	0.03~0.08
	回转分度头	0.05~0.1	0.3~0.5		按指示器调整零件的回转	0.05~0.15	0.5~1
在多轴组合机床上镗孔	用镗模	0.02~0.05	0.01~0.03		按划线	0.5~1.0	0.5~2.0

附表 9　各种机床加工时的几何形状精度

机床类型			圆度/mm	锥度	[平面度(凹入)/mm]/(直径/mm)
普通车床	最大加工直径/mm	≤400	0.02	0.015 : 100	0.03/200 0.04/300 0.05/400 0.06/500 0.08/600 0.10/700 0.12/800 0.14/900 0.16/1000
		≤800	0.03	0.05 : 300	
		≤1600	0.04	0.06 : 300	
提高精度的车床			0.01	0.02 : 150	0.02 : 200
外圆磨床	最大磨削直径/mm	≤200	0.006	0.011 : 500	
		≤400	0.008	0.02 : 1000	
		≤800	0.012	0.025 : 全长	
无心磨床			0.01	0.008 : 100	圆度 0.003
珩磨机			0.01	0.02 : 300	
			(钻孔的偏斜度/mm)/(长度/mm)		
			划线法		用钻模
立式钻床			0.3/100		0.1/100
摇臂钻床			0.3/100		0.1/100

机床类型			圆度/mm	锥度	[平面度(凹入)/mm]/(直径/mm)	[孔中心线的平行度/mm]/(长度/mm)	[孔与端面的垂直度/mm]/(长度/mm)
卧式镗床	镗杆直径/mm	≤100	外圆 0.05 内孔 0.04	0.04 : 200	0.04/300	0.05/300	0.05/300
		≤160	外圆 0.05 内孔 0.05	0.05 : 300	0.05/500		
		>160	外圆 0.06 内孔 0.05	0.06 : 400			
内圆磨床	最大孔径/mm	≤50	0.008	0.008 : 200	0.009		0.015
		≤200	0.015	0.015 : 200	0.013		0.018
		≤800	0.02	0.02 : 200	0.02		0.022
立式金刚镗床			0.008	0.02 : 300			0.03/300

（续）

<table>
<tr><th colspan="3" rowspan="2">机床类型</th><th colspan="2" rowspan="2">(平面度/mm)/(长度/mm)</th><th rowspan="2">[平行度(加工面对基准面)/mm]/(长度/mm)</th><th colspan="2">(垂直度/mm)/(长度/mm)</th></tr>
<tr><th>加工面对基准面</th><th>加工面相互间</th></tr>
<tr><td colspan="3">卧式铣床</td><td colspan="2">0.06/300</td><td>0.06/300</td><td>0.04/150</td><td>0.05/300</td></tr>
<tr><td colspan="3">立式铣床</td><td colspan="2">0.06/300</td><td>0.06/300</td><td>0.04/150</td><td>0.05/300</td></tr>
<tr><td rowspan="2">龙门铣床</td><td rowspan="4">最大加工宽度/mm</td><td>≤2000</td><td colspan="2" rowspan="2">0.05/1000</td><td rowspan="2">0.03/1000
0.05/2000
0.06/3000
0.07/4000
0.10/6000
0.13/8000</td><td rowspan="2">0.03/1000</td><td>0.06/300</td></tr>
<tr><td>>2000</td><td>0.10/500</td></tr>
<tr><td rowspan="2">龙门刨床</td><td>≤2000</td><td colspan="2" rowspan="2">0.03/1000</td><td rowspan="2">0.03/1000
0.05/2000
0.06/3000
0.07/4000
0.10/6000
0.12/8000</td><td rowspan="2"></td><td>0.03/300</td></tr>
<tr><td>>2000</td><td>0.05/500</td></tr>
<tr><td rowspan="4">插床</td><td rowspan="4">最大插削长度/mm</td><td>≤200</td><td colspan="2">0.05/300</td><td></td><td>0.05/300</td><td>0.05/300</td></tr>
<tr><td>≤500</td><td colspan="2">0.05/300</td><td></td><td>0.05/300</td><td>0.05/300</td></tr>
<tr><td>≤800</td><td colspan="2">0.06/500</td><td></td><td>0.06/500</td><td>0.06/500</td></tr>
<tr><td>≤1250</td><td colspan="2">0.07/500</td><td></td><td>0.07/500</td><td>0.07/500</td></tr>
<tr><td rowspan="4">平面磨床</td><td colspan="2">立轴矩台、卧轴矩台 *Ra*0.8μm</td><td colspan="2"></td><td>0.02/1000</td><td></td><td></td></tr>
<tr><td colspan="2">卧轴矩台(高精度)*Ra*0.2μm</td><td colspan="2"></td><td>0.009/500</td><td></td><td>0.01/100</td></tr>
<tr><td colspan="2">卧轴圆台 *Ra*0.4μm</td><td colspan="2"></td><td>0.02/工作台直径</td><td></td><td></td></tr>
<tr><td colspan="2">立轴圆台 *Ra*0.8μm</td><td colspan="2"></td><td>0.03/1000</td><td></td><td></td></tr>
<tr><td rowspan="4">牛头刨床</td><td colspan="2">最大刨削长度/mm</td><td>上加工面</td><td>侧加工面</td><td></td><td>加工面间的平行度</td><td></td></tr>
<tr><td colspan="2">≤250</td><td>0.02</td><td>0.04</td><td>0.04/最大行程</td><td>0.06/最大行程</td><td></td></tr>
<tr><td colspan="2">≤500</td><td>0.04</td><td>0.06</td><td>0.06/最大行程</td><td>0.08/最大行程</td><td></td></tr>
<tr><td colspan="2">≤1000</td><td>0.06</td><td>0.07</td><td>0.07/最大行程</td><td>0.12/最大行程</td><td></td></tr>
</table>

附表10　外圆及内孔表面的机械加工工艺路线

加工表面	加工要求	加工方案	说　明
外圆	IT8 表面粗糙度 Ra1.6～0.8μm	粗车→ 半精车→ 精车	①适于加工除淬火钢以外的各种金属 ②若在精车后再加一道抛光工序，表面粗糙度Ra值可达0.2～0.05μm
	IT6 表面粗糙度 Ra0.4～0.2μm	粗车→ 半精车→ 粗磨→ 精磨	①适于加工淬火钢件，但也可用于加工未淬火钢件或铸铁件 ②不宜用于加工非铁金属（因切屑易于堵塞砂轮）
	IT5 表面粗糙度 Ra0.1～0.01μm	粗车→ 半精车→ 粗磨 精磨→ 研磨	①适于加工淬火钢件，但也可用于加工未淬火钢件或铸铁件 ②不宜用于加工非铁金属（因切屑易于堵塞砂轮） ③可用镜面磨削代替研磨作终工序 ④常用于加工精密机床的主轴颈外圆
内孔	IT7 表面粗糙度 Ra1.6～0.8μm	钻→ 扩→ 粗铰→ 精铰	①适于成批和大批大量生产 ②常用于加工未淬火钢和铸铁上的小孔（小于ϕ50mm），也可用于非铁金属（但表面粗糙度不易保证） ③在单件小批生产时用手铰（精度可更高，表面粗糙度值更小）
	IT7～IT8 表面粗糙度 Ra1.6～0.8μm	粗镗→ 半精镗→ 精镗两次	①多用于加工毛坯上已铸出或锻出的孔 ②一般大量生产中用浮动镗杆加镗模或用刚性主轴的镗床来加工
	IT6～IT7 表面粗糙度 Ra0.4～0.1μm	粗镗（或扩孔）→ 半精镗→ 粗磨→ 精磨	①主要适用于加工精度和表面粗糙度要求较高的淬火钢件，对铸铁或未淬火钢则磨孔生产率不高 ②当孔的要求更高时，可在精磨之后再进行珩磨或研磨
	IT7 表面粗糙度 Ra0.8～0.4μm	钻（或扩孔）→ 拉（或推孔）	①主要用于大批大量生产（如能利用现成拉刀，也可用于小批生产） ②只适用于中、小零件的中小尺寸的通孔，且孔的长度一般不宜超过孔径的3～4倍
	IT6～IT7 表面粗糙度 Ra0.2～0.1μm	钻（或粗镗）→ 扩（或半精镗）→ 精镗→ 金刚镗→ 脉冲滚挤	①特别适于成批、大批、大量生产非铁金属零件上的中小尺寸孔 ②也可用于铸铁箱体孔的加工，但滚挤效果通常不如非铁金属显著

附表 11　平面的机械加工工艺路线

加工表面	加工要求	加工方案	说　明
平面	IT7～IT8 表面粗糙度 $Ra2.5\sim1.6\mu m$	粗刨→ 半精刨→ 精刨	①因刨削生产率较低，故常只用于单件和中小批生产 ②加工一般精度的未淬硬表面 ③因调整方便故适应性较大，可在工件的一次装夹中完成若干平面、斜面、倒角、槽等加工
	IT7 表面粗糙度 $Ra2.5\sim1.6\mu m$	粗铣→ 半精铣→ 精铣	①大批大量生产中一般平面加工的典型方案 ②若采用高速密齿精铣，质量和生产率有更大提高
	IT5～IT6 表面粗糙度 $Ra0.8\sim0.1\mu m$	粗刨(铣)→ 半精刨(铣)→ 精刨(铣)→ 刮研	①刮研可达很高精度(平面度、表面接触斑点数、配合精度) ②但劳动量大、效率低，故只适用于单件、小批生产
	IT5 表面粗糙度 $Ra0.8\sim0.2\mu m$	粗刨(铣)→ 半精刨(铣)→ 精刨(铣)→ 宽刀低速精刨	①宽刀低速精刨可大致取代刮研 ②适用于加工批量较大，要求较高的不淬硬平面
	IT5～IT6 表面粗糙度 $Ra0.8\sim0.2\mu m$	粗铣→ 半精铣→ 粗磨→ 精磨	①适用于加工精度要求较高的淬硬和不淬硬平面 ②对要求更高的平面可后续滚压或研磨工序
	IT8 表面粗糙度 $Ra0.8\sim0.2\mu m$	①粗铣→ 拉削 ②拉削	①适于加工中、小平面 ②生产率很高，用于大量生产 ③刀具价格昂贵
	IT7～IT8 表面粗糙度 $Ra2.5\sim1.6\mu m$	对大型圆盘、圆环等回转零件的端平面，一般常在车床(立式车床)上与外圆(或孔)一同加工(粗车→半精车→精车)，这还可保证它们之间的相互位置精度	

参考文献

[1] 张进生. 机械类专业实习教程［M］. 济南：山东大学出版社，1993.

[2] 张进生. 机械制造工艺与夹具设计指导［M］. 北京：机械工业出版社，1995.

[3] 戴可德. 机械工业企业工业管理［M］. 北京：机械工艺师杂志社，1989.

[4] 巩秀长，等. 机床夹具设计原理［M］. 济南：山东大学出版社，1993.

[5] 马贤智. 夹具与附具标准应用手册［M］. 北京：机械工业出版社，1996.

[6] 艾兴，肖诗纲. 切削用量手册［M］. 北京：机械工业出版社，1985.

[7] 金属机械加工工艺人员手册增订组. 金属机械加工工艺人员手册［M］. 上海：上海科学技术出版社，1981.

[8] 谭建荣，刘振宇，等. 智能制造：关键技术与企业应用［M］. 北京，机械工业出版社，2017.

[9] 吴劲浩. 长安汽车智能制造探索与实践［J］. 汽车工艺师，2016（3）：20-24.